2022

中国科技统计年鉴

CHINA STATISTICAL YEARBOOK ON SCIENCE AND TECHNOLOGY

国家统计局社会科技和文化产业统计司
科 学 技 术 部 战 略 规 划 司 编

Compiled By

Department of Social,Science and Technology,and Cultural Statistics National Bureau of Statistics

Department of Strategy and Planning Ministry of Science and Technology

中国统计出版社
China Statistics Press

图书在版编目（CIP）数据

中国科技统计年鉴. 2022 = China Statistical Yearbook on Science and Technology 2022 : 汉英对照/ 国家统计局社会科技和文化产业统计司, 科学技术部战略规划司编. -- 北京 : 中国统计出版社, 2022.12
ISBN 978-7-5230-0026-7

Ⅰ. ①中… Ⅱ. ①国… ②科… Ⅲ. ①科技统计－中国－2022－年鉴－汉、英 Ⅳ. ①G322-66

中国版本图书馆 CIP 数据核字(2022)第 213969 号

中国科技统计年鉴 2022

作　　者/国家统计局社会科技和文化产业统计司　科学技术部战略规划司
责任编辑/李　冲
执行编辑/张　怡
封面设计/李雪燕
出版发行/中国统计出版社有限公司
通信地址/北京市丰台区西三环南路甲 6 号　邮政编码/100073
发行电话/邮购（010）63376909　书店（010）68783171
网　　址/ http://www.zgtjcbs.com
印　　刷/河北鑫兆源印刷有限公司
经　　销/新华书店
开　　本/880mm×1230mm　1/16
字　　数/530 千字
印　　张/16.5
版　　别/2022 年 12 月第 1 版
版　　次/2022 年 12 月第 1 次印刷
定　　价/260.00 元

《中国科技统计年鉴2022》
编辑委员会和编辑部

编辑委员会

编辑部

CHINA STATISTICAL YEARBOOK ON SCIENCE AND TECHNOLOGY 2022
Editorial Board and Editorial Staff

编 者 说 明

《中国科技统计年鉴 2022》是国家统计局社会科技和文化产业统计司和科学技术部战略规划司共同编辑的反映我国科技活动情况的统计资料书，收录了全国和各省、自治区、直辖市以及国务院有关部门 2021 年度科技统计数据。

全书内容分为十个部分。第一部分为反映全社会科技活动的综合统计资料。第二、三、四部分分别为企业、研究与开发机构和高等学校科技活动统计资料，其中企业的口径为规模以上企业，包括规模以上采矿业，制造业，电力、热力、燃气及水生产和供应业，特、一级总承包、专业承包建筑业，交通运输、仓储和邮政业，信息传输、软件和信息技术服务业，租赁和商务服务业，科学研究和技术服务业，水利、环境和公共设施管理业，卫生和社会工作，文化、体育和娱乐业等企业法人单位；研究与开发机构的口径为地级及以上独立核算的政府属科学研究与技术开发机构、科学技术信息和文献机构；高等学校包括全日制高校及其附属医院。第五部分为高技术产业发展统计资料。第六部分为企业创新活动统计资料。第七部分为国家科技计划统计资料。第八部分为科技活动成果统计资料。第九部分为综合技术服务部门和科协活动有关资料。第十部分为国际科技统计资料。最后附有主要统计指标解释。

本年鉴所涉及的全国性统计数据，除专利、国际比较指标等特殊注明外，均未包括香港、澳门特别行政区和台湾省数据。

本书有关符号说明："空格"表示该项统计指标数据不足本表最小单位数、不详或无该项数据；"#"表示是其中的主要项；"*"或"①"表示本表下有注解。

本书中因小数取舍而产生的误差均未做配平处理。

参与本书编辑的还有教育部、国防科技工业局、财政部、自然资源部、商务部、市场监督管理总局、国家知识产权局、中国科学院、应急管理部、中国气象局、中国科协、农业农村部等相关单位。我们对上述单位在本书的编辑过程中给予的大力支持与合作，表示衷心感谢。

FOREWORD

China Statistical Yearbook on Science and Technology 2022 is prepared jointly by the Department of Social, Science and Technology, and Cultural Statistics National Bureau of Statistics and the Department of Strategy and Planning of Science and Technology. The Yearbook, which covers data series at the national, provincial and local levels, and autonomous regions, as well as departments directly under the State Council, reports on the development of China's science and technology activities.

The yearbook contains the following ten parts. The first part reflects general science and technology(S&T) information on whole society; The second part, the third part and the forth part reflect respectively S&T information about Enterprises, Independent Research Institutions and Institutions of Higher Education. The caliber of enterprises refers to enterprises above scale, including mining industry, manufacturing industry, electric power, heat power, gas and water production and supply industry above scale. Special, first-class general contracting, professional contracting construction; Transportation, storage and postal services, information transmission, software and information technology services, leasing and business services, scientific research and technology services, water conservancy, environment and public facilities management, health and social work, culture, sports and entertainment. Independent Research Institutions cover the municipal and above and independent accounting scientific research and technological development institutions which belong to government; Institutions of Higher Education cover Institutions of Higher Education and affiliated hospitals. The fifth part contains information on High Technology Industry. The sixth part contains information on innovation activities of enterprises. The seventh part contains information on National Program for Science and Technology. The eighth part contains information on results of S&T activities. The ninth part covers Scientific and Technologic Service and S&T activities of China Associations for S&T. The tenth part contains information on the international comparisons.

Except for patent, international comparison index and special indication, the national statistical data involved in this yearbook do not include data from Hong Kong, Macao special Administrative Region and Taiwan Province.

Notations used in this book:"(blank space)"indicates that the figure is not large enough to be measured with the smallest unit in the table or data are unknown or are not available; "#" indicates a major breakdown of the total; and "*" or "①" indicates footnotes at the end of the table.

Statistical discrepancies due to rounding are not adjusted in the yearbook.

The institutions participating editing this volume include: Ministry of Education, Sate Administration of Science, Technology and Industry for National Defense, Ministry of Finance, Ministry of Natural Resources, Ministry of Commerce, State Administration for Market Regulation, State Intellectual Property Office, Chinese Academy of Sciences, Ministry of Emergency Management, China Meteorological Administration, China Association for Science and Technology, Ministry of Agriculture and rural areas. We would like to express our gratitude to these institutions of the State Council for their cooperation and support in sparing no effort to provide all the required data.

目　录　Contents

一、综合

General

二、企业
Enterprises

三、研究与开发机构
R&D Institutions

四、高等学校
Higher Education

五、高技术产业
High-tech Industry

六、企业创新活动
Innovation Activities of Enterprises

七、国家科技计划
National Program for Science and Technology Development

八、科技活动成果
Results of Science and Technology Activities

九、科技服务

Scientific and Technologic Services

十、国际比较

International Comparison

一、综合

General

1-1 研究与试验发展(R&D)人员(2021年)
R&D Personnel (2021)

单位：人 (person)

项 目	Item	R&D人员 Total	#女性 Female	#全时人员 Full-time Personnel	#博士毕业 Doctor	#硕士毕业 Master	#本科毕业 Under-graduate
全 国	**National Total**	**8580860**	**2223984**	**5706499**	**732837**	**1256481**	**3380044**
按执行部门分	**by Performer**						
企 业	Enterprises	6471625	1446518	4602717	48748	447733	2904414
#规上工业企业	Industrial Enterprises above Designated Size	5559580	1234522	3932866	41601	360497	2262364
研究与开发机构	R&D Institutions	529118	178651	415063	123328	201858	142991
高等学校	Higher Education	1407976	538511	601316	537080	562325	279411
其 他	Others	172141	60304	87403	23681	44565	53228
按地区分	**by Region**						
东部地区	Eastern Region	5397687	1381992	3734149	436604	729427	2070613
中部地区	Middle Region	1666138	408932	1071695	116287	219741	683463
西部地区	Western Region	1166256	322559	686129	121929	228355	482018
东北地区	Northeast Region	350778	110501	214523	58016	78960	143951
北 京	Beijing	472860	146000	338322	123535	108029	191799
天 津	Tianjin	166037	45753	105529	19385	29153	77357
河 北	Hebei	213334	59954	126447	11975	37528	78471
山 西	Shanxi	101123	23541	59564	9948	18120	34391
内 蒙 古	Inner Mongolia	50166	14943	24258	4714	9350	20397
辽 宁	Liaoning	189514	54562	117848	23066	31644	87822
吉 林	Jilin	87034	31598	50701	19113	28407	29533
黑 龙 江	Heilongjiang	74230	24341	45974	15837	18909	26596
上 海	Shanghai	344991	98290	254285	51081	58949	169835
江 苏	Jiangsu	1088317	265043	751431	59428	114382	454176
浙 江	Zhejiang	798574	196594	519543	41791	74491	243242
安 徽	Anhui	350238	78742	221365	24712	47389	135443
福 建	Fujian	347528	94631	250603	17256	33285	140327
江 西	Jiangxi	188413	47909	128169	9789	21650	66141
山 东	Shandong	695945	182659	468712	40633	78117	273855
河 南	Henan	346737	90122	220526	16504	44514	143663
湖 北	Hubei	353579	86362	229708	32284	45133	151971
湖 南	Hunan	326048	82256	212363	23050	42935	151854
广 东	Guangdong	1248474	285207	907181	67785	190287	434083
广 西	Guangxi	103691	34025	51095	9924	24820	37967
海 南	Hainan	21627	7861	12096	3735	5206	7468
重 庆	Chongqing	202465	51770	128567	16222	29898	88068
四 川	Sichuan	311721	82227	202840	30106	60970	133048
贵 州	Guizhou	77390	21057	39246	6393	14097	30931
云 南	Yunnan	97539	29605	49909	8893	18527	38721
西 藏	Tibet	3219	1165	1360	250	1060	1439
陕 西	Shaanxi	187874	50471	125088	29419	43215	79236
甘 肃	Gansu	55067	15551	28707	9134	11198	22415
青 海	Qinghai	9438	2716	4415	899	1593	4424
宁 夏	Ningxia	29463	7775	14977	1570	3586	12586
新 疆	Xinjiang	38223	11254	15667	4405	10041	12786

1—2　全国研究与试验发展(R&D)人员全时当量
Full-time Equivalent of R&D Personnel

单位：万人年 (10 000 man-year)

年　份 Year	R&D人员全时当量 Total	基础研究 Basic Research	应用研究 Applied Research	试验发展 Experimental Development
1992	67.43	5.84	20.90	40.70
1993	69.78	6.33	21.49	41.96
1994	78.32	7.64	24.20	46.48
1995	75.17	6.66	22.79	45.71
1996	80.40	6.96	23.65	49.79
1997	83.12	7.17	25.27	50.68
1998	75.52	7.87	24.97	42.68
1999	82.17	7.60	24.15	50.42
2000	92.21	7.96	21.96	62.28
2001	95.65	7.88	22.60	65.17
2002	103.51	8.40	24.73	70.39
2003	109.48	8.97	26.03	74.49
2004	115.26	11.07	27.86	76.33
2005	136.48	11.54	29.71	95.23
2006	150.25	13.13	29.97	107.14
2007	173.62	13.81	28.60	131.21
2008	196.54	15.40	28.94	152.20
2009	229.13	16.46	31.53	181.14
2010	255.38	17.37	33.56	204.46
2011	288.29	19.32	35.28	233.73
2012	324.68	21.22	38.38	265.09
2013	353.28	22.32	39.56	291.40
2014	371.06	23.54	40.70	306.82
2015	375.88	25.32	43.04	307.53
2016	387.81	27.47	43.89	316.44
2017	403.36	29.01	48.96	325.39
2018	438.14	30.50	53.88	353.77
2019	480.08	39.20	61.54	379.37
2020	523.45	42.68	64.31	416.46
2021	571.63	47.19	69.10	455.35

1—3　按执行部门分研究与试验发展(R&D)人员全时当量(2021年)
Full-time Equivalent of R&D Personnel by Performer(2021)

单位：万人年 (10 000 man-year)

项　目	Item	R&D人员全时当量 Total	#研究人员 Researchers	基础研究 Basic Research	应用研究 Applied Research	试验发展 Experimental Development
全　国	**National Total**	**571.63**	**240.55**	**47.19**	**69.10**	**455.35**
企　业	Enterprises	446.39	139.19	2.80	17.78	425.81
#规上工业企业	Industrial Enterprises above Designated Size	382.67	109.29	2.17	13.17	367.33
研究与开发机构	R&D Institutions	46.10	33.49	10.91	16.10	19.09
高等学校	Higher Education	67.18	59.95	31.93	30.68	4.56
其　他	Others	11.97	7.92	1.55	4.54	5.88

1-4 各地区研究与试验发展(R&D)人员全时当量(2021年)
Full-time Equivalent of R&D Personnel by Region (2021)

单位：人年 (man-year)

地 区	Region	R&D人员全时当量 Total	#研究人员 Researchers	基础研究 Basic Research	应用研究 Applied Research	试验发展 Experimental Development
全 国	**National Total**	**5716330**	**2405509**	**471920**	**690956**	**4553469**
东部地区	Eastern Region	3715352	1464381	269176	377466	3068717
中部地区	Middle Region	1079734	441378	68901	129082	881755
西部地区	Western Region	705283	369898	91644	134501	479139
东北地区	Northeast Region	215962	129853	42199	49907	123857
北 京	Beijing	338297	228860	75525	97159	165615
天 津	Tianjin	102986	54614	10203	17827	74956
河 北	Hebei	125609	54856	7965	19360	98285
山 西	Shanxi	57228	26899	7755	11298	38176
内蒙古	Inner Mongolia	26427	13141	3119	5331	17977
辽 宁	Liaoning	116505	62035	14958	19660	81889
吉 林	Jilin	50818	33597	14679	16119	20020
黑龙江	Heilongjiang	48639	34220	12562	14129	21948
上 海	Shanghai	235518	130431	35347	36346	163827
江 苏	Jiangsu	755899	277105	33958	39795	682147
浙 江	Zhejiang	575284	165221	16622	32858	525804
安 徽	Anhui	235292	94302	17459	25311	192522
福 建	Fujian	235412	78980	7090	20997	207326
江 西	Jiangxi	124785	41440	7171	10420	107194
山 东	Shandong	447642	164273	29228	38192	380222
河 南	Henan	222433	82126	7769	20944	193722
湖 北	Hubei	230668	102831	14099	34611	181958
湖 南	Hunan	209329	93781	14648	26498	168184
广 东	Guangdong	885248	303103	50137	71940	763171
广 西	Guangxi	55821	28250	9595	11323	34903
海 南	Hainan	13457	6937	3100	2993	7364
重 庆	Chongqing	123446	53792	8781	17960	96706
四 川	Sichuan	197143	103746	18631	37735	140778
贵 州	Guizhou	43084	19965	6161	8791	28132
云 南	Yunnan	58880	30723	12052	9485	37344
西 藏	Tibet	1568	1186	608	391	569
陕 西	Shaanxi	125281	78128	18373	25605	81304
甘 肃	Gansu	33255	20615	7430	9053	16771
青 海	Qinghai	5204	2839	862	1194	3149
宁 夏	Ningxia	15930	6651	1436	1878	12616
新 疆	Xinjiang	19244	10862	4597	5754	8892

1–5 全国研究与试验发展(R&D)经费内部支出
Intramural Expenditure on R&D

单位：亿元,% (100 million yuan,%)

年 份 Year	R&D经费内部支出 Total	基础研究 Basic Research	应用研究 Applied Research	试验发展 Experimental Development	与国内生产总值之比 of GDP	R&D经费内部支出现价增长 Growth at Current Price	R&D经费内部支出可比价增长 Growth at Constant Price
1995	348.69	18.06	92.02	238.60	0.57		38.18
1996	404.48	20.24	99.12	285.12	0.56	16.00	8.91
1997	509.16	27.44	132.46	349.26	0.64	25.88	23.88
1998	551.12	28.95	124.62	397.54	0.65	8.24	9.22
1999	678.91	33.90	151.55	493.46	0.75	23.19	24.76
2000	895.66	46.73	151.90	697.03	0.89	31.93	29.26
2001	1042.49	55.60	184.85	802.03	0.94	16.39	14.06
2002	1287.64	73.77	246.68	967.20	1.06	23.52	22.78
2003	1539.63	87.65	311.45	1140.52	1.12	19.57	16.54
2004	1966.33	117.18	400.49	1448.67	1.21	27.71	19.41
2005	2449.97	131.21	433.53	1885.24	1.31	24.60	19.92
2006	3003.10	155.76	488.97	2358.37	1.37	22.58	17.95
2007	3710.24	174.52	492.94	3042.78	1.37	23.55	14.66
2008	4616.02	220.82	575.16	3820.04	1.45	24.41	15.42
2009	5802.11	270.29	730.79	4801.03	1.66	25.70	25.96
2010	7062.58	324.49	893.79	5844.30	1.71	21.72	13.89
2011	8687.01	411.81	1028.39	7246.81	1.78	23.00	13.81
2012	10298.41	498.81	1161.97	8637.63	1.91	18.55	15.85
2013	11846.60	554.95	1269.12	10022.53	2.00	15.03	12.60
2014	13015.63	613.54	1398.53	11003.56	2.02	9.87	8.75
2015	14169.88	716.12	1528.64	11925.13	2.06	8.87	8.87
2016	15676.75	822.89	1610.49	13243.36	2.10	10.63	9.10
2017	17606.13	975.49	1849.21	14781.43	2.12	12.31	7.75
2018	19677.93	1090.37	2190.87	16396.69	2.14	11.77	7.99
2019	22143.58	1335.57	2498.46	18309.55	2.24	12.53	11.10
2020	24393.11	1467.00	2757.24	20168.88	2.41	10.16	9.62
2021	27956.31	1817.03	3145.37	22995.88	2.43	14.61	9.81

注：全国R&D经费内部支出与国内生产总值之比已根据国内生产总值最新数据进行了修订。
Note: Ratio of Expenditure on R&D to GDP has been revised by use of latest updated data of GDP.

1–6 按执行部门分组的研究与试验发展(R&D)经费内部支出(2021年)
Intramural Expenditure on R&D by Performer(2021)

单位：亿元 (100 million yuan)

项 目	Item	R&D经费内部支出 Total	基础研究 Basic Research	应用研究 Applied Research	试验发展 Experimental Development
全 国	**National Total**	**27956.31**	**1817.03**	**3145.37**	**22995.88**
企 业	Enterprises	21504.06	166.79	706.19	20631.08
#规上工业企业	Industrial Enterprises above Designated Size	17514.25	112.47	494.54	16907.24
研究与开发机构	R&D Institutions	3717.93	646.11	1196.35	1877.44
高等学校	Higher Education	2180.49	904.52	1054.06	221.91
其 他	Others	553.82	99.61	188.76	265.44

1−7 各地区研究与试验发展(R&D)经费内部支出(2021年)
Intramural Expenditure on R&D by Region (2021)

单位：万元 (10 000 yuan)

地 区	Region	R&D经费内部支出 Total	基础研究 Basic Research	应用研究 Applied Research	试验发展 Experimental Development
全 国	**National Total**	**279563073**	**18170273**	**31453707**	**229958765**
东部地区	Eastern Region	183277121	12637736	18562690	152096368
中部地区	Middle Region	49681526	2360270	5428910	41892346
西部地区	Western Region	36817845	2266823	5605653	28945369
东北地区	Northeast Region	9786580	905444	1856454	7024682
北 京	Beijing	26293208	4225134	6570210	15497865
天 津	Tianjin	5743282	588112	768659	4386511
河 北	Hebei	7454936	168938	600563	6685436
山 西	Shanxi	2518889	120411	338220	2060258
内 蒙 古	Inner Mongolia	1900595	54360	184707	1661528
辽 宁	Liaoning	6004236	411117	872408	4720711
吉 林	Jilin	1836516	276842	388706	1170969
黑 龙 江	Heilongjiang	1945827	217485	595340	1133002
上 海	Shanghai	18197705	1777325	1900886	14539165
江 苏	Jiangsu	34385572	1356698	1793603	31235271
浙 江	Zhejiang	21576904	643462	1384119	19549323
安 徽	Anhui	10061245	741132	842153	8477960
福 建	Fujian	9687292	279200	700612	8707480
江 西	Jiangxi	5021718	209894	425771	4386053
山 东	Shandong	19446588	737455	1193994	17515140
河 南	Henan	10188408	245491	880108	9062809
湖 北	Hubei	11602178	526904	1808407	9266866
湖 南	Hunan	10289088	516438	1134250	8638400
广 东	Guangdong	40021795	2742692	3567249	33711855
广 西	Guangxi	1994572	156119	198661	1639792
海 南	Hainan	469840	118722	82796	268323
重 庆	Chongqing	6038410	297396	749547	4991467
四 川	Sichuan	12145209	581239	2115078	9448892
贵 州	Guizhou	1803506	158706	254831	1389969
云 南	Yunnan	2819392	297409	329100	2192883
西 藏	Tibet	59989	15116	8010	36863
陕 西	Shaanxi	7006207	383640	1173088	5449479
甘 肃	Gansu	1294694	170711	261844	862139
青 海	Qinghai	267745	25451	48239	194055
宁 夏	Ningxia	704410	34101	65065	605244
新 疆	Xinjiang	783118	92574	217485	473058

1-8 各地区研究与试验发展(R&D)经费投入强度
The R&D Expenditure Input Intensity by Region

单位：% (%)

地 区	Region	2012	2013	2014	2015	2016	2017	2018	2019	2020	2021
全 国	**National Total**	**1.91**	**2.00**	**2.02**	**2.06**	**2.10**	**2.12**	**2.14**	**2.24**	**2.41**	**2.43**
北 京	Beijing	5.59	5.61	5.53	5.59	5.49	5.29	5.65	6.30	6.44	6.53
天 津	Tianjin	3.99	4.30	4.37	4.69	4.68	3.68	3.68	3.29	3.44	3.66
河 北	Hebei	1.06	1.16	1.24	1.33	1.35	1.48	1.54	1.62	1.75	1.85
山 西	Shanxi	1.13	1.29	1.26	1.12	1.11	1.02	1.10	1.13	1.20	1.12
内蒙古	Inner Mongolia	0.97	1.03	1.00	1.05	1.07	0.89	0.80	0.86	0.93	0.93
辽 宁	Liaoning	2.19	2.32	2.17	1.80	1.83	1.98	1.96	2.05	2.19	2.18
吉 林	Jilin	1.27	1.27	1.31	1.41	1.34	1.17	1.02	1.27	1.30	1.39
黑龙江	Heilongjiang	1.32	1.39	1.33	1.35	1.28	1.19	1.05	1.08	1.26	1.31
上 海	Shanghai	3.19	3.35	3.41	3.48	3.51	3.66	3.77	4.01	4.17	4.21
江 苏	Jiangsu	2.40	2.51	2.55	2.53	2.62	2.63	2.69	2.82	2.93	2.95
浙 江	Zhejiang	2.10	2.19	2.27	2.32	2.39	2.42	2.49	2.67	2.88	2.94
安 徽	Anhui	1.54	1.71	1.75	1.81	1.81	1.90	1.91	2.05	2.28	2.34
福 建	Fujian	1.34	1.40	1.42	1.47	1.53	1.60	1.66	1.78	1.92	1.98
江 西	Jiangxi	0.89	0.95	0.98	1.03	1.13	1.27	1.37	1.56	1.68	1.70
山 东	Shandong	2.38	2.48	2.57	2.58	2.67	2.78	2.47	2.12	2.30	2.34
河 南	Henan	1.07	1.12	1.16	1.17	1.23	1.30	1.34	1.48	1.64	1.73
湖 北	Hubei	1.70	1.76	1.81	1.85	1.80	1.88	1.96	2.11	2.31	2.32
湖 南	Hunan	1.36	1.39	1.42	1.45	1.52	1.68	1.81	1.97	2.15	2.23
广 东	Guangdong	2.17	2.31	2.35	2.41	2.48	2.56	2.71	2.87	3.14	3.22
广 西	Guangxi	0.86	0.87	0.82	0.72	0.73	0.80	0.74	0.79	0.78	0.81
海 南	Hainan	0.49	0.48	0.49	0.45	0.53	0.51	0.55	0.56	0.66	0.73
重 庆	Chongqing	1.38	1.35	1.38	1.54	1.68	1.82	1.90	1.99	2.11	2.16
四 川	Sichuan	1.47	1.51	1.56	1.66	1.69	1.68	1.72	1.88	2.17	2.26
贵 州	Guizhou	0.62	0.59	0.60	0.59	0.62	0.70	0.79	0.86	0.91	0.92
云 南	Yunnan	0.62	0.62	0.61	0.73	0.81	0.85	0.90	0.95	1.00	1.04
西 藏	Tibet	0.25	0.28	0.25	0.30	0.19	0.21	0.24	0.26	0.23	0.29
陕 西	Shaanxi	2.03	2.15	2.11	2.20	2.20	2.15	2.22	2.27	2.42	2.35
甘 肃	Gansu	1.12	1.11	1.18	1.26	1.26	1.20	1.20	1.26	1.22	1.26
青 海	Qinghai	0.86	0.80	0.78	0.58	0.62	0.73	0.63	0.70	0.71	0.80
宁 夏	Ningxia	0.86	0.90	0.96	0.99	1.08	1.22	1.30	1.45	1.52	1.56
新 疆	Xinjiang	0.54	0.54	0.53	0.56	0.59	0.51	0.50	0.47	0.45	0.49

注：全国R&D经费支出与国内生产总值之比已根据国内生产总值最新数据进行了修订，地区数据作相应修订。
Note: Ratio of Expenditure on R&D to GDP has been revised by use of latest updated data of GDP, regional data are revised accordingly.

1-9 按执行部门分组的研究与试验发展(R&D)经费内部支出
Intramural Expenditure on R&D by Performer

单位：亿元 (100 million yuan)

年 份 Year	R&D经费内部支出 Total	企 业 Enterprises	#规上工业企业 Industrial Enterprises above Designated Size	#大中型工业企业 Large & Medium-sized Industrial Enterprises	研究与开发机构 R&D Institutions	高等学校 Higher Education	其 他 Others
1995	348.7			141.7	146.4	42.3	
1996	404.5			160.5	172.9	47.8	
1997	509.2			188.3	206.4	57.7	
1998	551.1			197.1	234.3	57.3	
1999	678.9			249.9	260.5	63.5	
2000	895.7	537.0		353.4	258.0	76.7	24.0
2001	1042.5	630.0		442.3	288.5	102.4	21.6
2002	1287.6	787.8		560.2	351.3	130.5	18.0
2003	1539.6	960.2		720.8	399.0	162.3	18.1
2004	1966.3	1314.0	1104.5	954.4	431.7	200.9	19.7
2005	2450.0	1673.8		1250.3	513.1	242.3	20.8
2006	3003.1	2134.5		1630.2	567.3	276.8	24.5
2007	3710.2	2681.9		2112.5	687.9	314.7	25.7
2008	4616.0	3381.7	3073.1	2681.3	811.3	390.2	32.9
2009	5802.1	4248.6	3775.7	3210.2	995.9	468.2	89.4
2010	7062.6	5185.5		4015.4	1186.4	597.3	93.4
2011	8687.0	6579.3	5993.8	5030.7	1306.7	688.9	112.1
2012	10298.4	7842.2	7200.6	5992.3	1548.9	780.6	126.7
2013	11846.6	9075.8	8318.4	6744.1	1781.4	856.7	132.6
2014	13015.6	10060.6	9254.3	7319.7	1926.2	898.1	130.7
2015	14169.9	10881.3	10013.9	7792.4	2136.5	998.6	153.5
2016	15676.7	12144.0	10944.7	8289.5	2260.2	1072.2	200.4
2017	17606.1	13660.2	12013.0	8976.2	2435.7	1266.0	244.2
2018	19677.9	15233.7	12954.8	9542.7	2691.7	1457.9	294.6
2019	22143.6	16921.8	13971.1	9996.9	3080.8	1796.6	344.3
2020	24393.1	18673.8	15271.3	10772.3	3408.8	1882.5	428.1
2021	27956.3	21504.1	17514.2	12281.8	3717.9	2180.5	553.8

1-10 按执行部门和支出用途分R&D经费内部支出(2021年)
Intramural Expenditure on R&D by Performer and Use (2021)

单位：亿元 (100 million yuan)

项 目	Item	R&D经费内部支出 Total	日常性支出 Routine Expenses	#人员劳务费 Labor Cost	资产性支出 Assets Expenditure	#仪器和设备 Equipment
全 国	**National Total**	**27956.3**	**25467.7**	**9242.6**	**2487.5**	**2070.3**
企 业	Enterprises	21504.1	20144.6	7525.1	1359.4	1318.7
#规上工业企业	Industrial Enterprises above Designated Size	17514.2	16384.4	5238.4	1129.9	1095.1
研究与开发机构	R&D Institutions	3717.9	3176.6	993.1	540.2	351.1
高等学校	Higher Education	2180.5	1756.8	536.5	423.7	292.6
其 他	Others	553.8	389.6	188.0	164.2	107.9

1–11 各地区按支出用途分研究与试验发展(R&D)经费内部支出(2021年)
Intramural Expenditure on R&D by Region and Use (2021)

单位：万元 (10 000 yuan)

地区	Region	R&D经费内部支出 Total	日常性支出 Routine Expenses	#人员劳务费 Labor Cost	资产性支出 Assets Expenditure	#仪器和设备 Equipment
全国	**National Total**	**279563073**	**254676830**	**92426119**	**24874550**	**20703115**
东部地区	Eastern Region	183277121	167008572	65963128	16256858	13546920
中部地区	Middle Region	49681526	45247087	13291024	4434439	3825755
西部地区	Western Region	36817845	33400593	10388679	3417252	2658397
东北地区	Northeast Region	9786580	9020578	2783289	766002	672043
北京	Beijing	26293208	23059539	10133491	3233669	2632285
天津	Tianjin	5743282	5016821	1815550	726461	373107
河北	Hebei	7454936	7178265	1444049	276672	252717
山西	Shanxi	2518889	2383671	464706	135219	111738
内蒙古	Inner Mongolia	1900595	1698280	312089	202315	191740
辽宁	Liaoning	6004236	5616850	1692556	387387	344144
吉林	Jilin	1836516	1662307	553102	174209	147210
黑龙江	Heilongjiang	1945827	1741422	537630	204405	180689
上海	Shanghai	18197705	16117972	6778343	2068041	1777372
江苏	Jiangsu	34385572	31875096	11730106	2510475	2320612
浙江	Zhejiang	21576904	19514202	7906221	2062701	1860590
安徽	Anhui	10061245	9047051	3074668	1014194	859617
福建	Fujian	9687292	8944013	3766006	743279	617549
江西	Jiangxi	5021718	4515376	1168438	506342	368580
山东	Shandong	19446588	18066106	4956329	1380482	1162416
河南	Henan	10188408	9109453	2791350	1078955	1018021
湖北	Hubei	11602178	10458678	3106923	1143500	1026547
湖南	Hunan	10289088	9732860	2684939	556229	441254
广东	Guangdong	40021795	36853907	17293112	3167889	2499173
广西	Guangxi	1994572	1863587	634201	130985	110286
海南	Hainan	469840	382651	139921	87189	51099
重庆	Chongqing	6038410	5552479	1878703	485931	376247
四川	Sichuan	12145209	10896817	3636518	1248391	943083
贵州	Guizhou	1803506	1646181	515476	157325	114504
云南	Yunnan	2819392	2607696	733587	211696	175127
西藏	Tibet	59989	52735	22367	7254	4135
陕西	Shaanxi	7006207	6384796	1817813	621411	460774
甘肃	Gansu	1294694	1098700	410565	195994	150681
青海	Qinghai	267745	244439	63266	23306	16207
宁夏	Ningxia	704410	621174	127858	83236	80028
新疆	Xinjiang	783118	733709	236239	49408	35587

1－12 按资金来源分研究与试验发展(R&D)经费内部支出
Intramural Expenditure on R&D by Sources

单位：亿元 (100 million yuan)

年 份 Year	R&D经费内部支出 Total	政府资金 Government Funds	企业资金 Self-raised Funds by Enterprises	国外资金 Foreign Funds	其他资金 Other Funds
2004	1966.3	523.6	1291.3	25.2	126.2
2005	2450.0	645.4	1642.5	22.7	139.4
2006	3003.1	742.1	2073.7	48.4	138.9
2007	3710.2	913.5	2611.0	50.0	135.8
2008	4616.0	1088.9	3311.5	57.2	158.4
2009	5802.1	1358.3	4162.7	78.1	203.0
2010	7062.6	1696.3	5063.1	92.1	211.0
2011	8687.0	1883.0	6420.6	116.2	267.2
2012	10298.4	2221.4	7625.0	100.4	351.6
2013	11846.6	2500.6	8837.7	105.9	402.5
2014	13015.6	2636.1	9816.5	107.6	455.5
2015	14169.9	3013.2	10588.6	105.2	462.9
2016	15676.7	3140.8	11923.5	103.2	509.2
2017	17606.1	3487.4	13464.9	113.3	540.5
2018	19677.9	3978.6	15079.3	71.4	548.6
2019	22143.6	4537.3	16887.2	23.9	695.2
2020	24393.1	4825.6	18895.0	90.1	582.5
2021	27956.3	5299.7	21808.8	58.4	789.5

1－13 按执行部门和来源构成分研究与试验发展(R&D)经费内部支出(2021年)
Intramural Expenditure on R&D by Performer and Sources (2021)

单位：亿元 (100 million yuan)

项 目	Item	R&D经费内部支出 Total	政府资金 Government Funds	企业资金 Self-raised Funds by Enterprises	国外资金 Foreign Funds	其他资金 Other Funds
全 国	**National Total**	**27956.3**	**5299.7**	**21808.8**	**58.4**	**789.5**
企 业	Enterprises	21504.1	623.1	20816.9	47.5	16.5
#规上工业企业	Industrial Enterprises above Designated Size	17514.2	511.5	16967.3	22.7	12.8
研究与开发机构	R&D Institutions	3717.9	3007.1	203.9	4.3	502.6
高等学校	Higher Education	2180.5	1249.2	710.4	6.3	214.6
其 他	Others	553.8	420.2	77.6	0.2	55.8

1-14 各地区按资金来源分研究与试验发展(R&D)经费内部支出(2021年)
Intramural Expenditure on R&D by Region and Sources(2021)

单位：万元 (10 000 yuan)

地区	Region	R&D经费内部支出 Total	政府资金 Government Funds	企业资金 Self-raised Funds by Enterprises	国外资金 Foreign Funds	其他资金 Other Funds
全国	**National Total**	**279563073**	**52996614**	**218087996**	**583760**	**7894703**
东部地区	Eastern Region	183277121	32011858	145739925	513222	5012117
中部地区	Middle Region	49681526	6611465	41939572	33503	1096987
西部地区	Western Region	36817845	11566283	23740794	26060	1484708
东北地区	Northeast Region	9786580	2807008	6667706	10976	300890
北京	Beijing	26293208	11864952	12477196	132322	1818738
天津	Tianjin	5743282	1105789	4406542	10101	220849
河北	Hebei	7454936	1013761	6251424	380	189372
山西	Shanxi	2518889	329505	2098493	436	90456
内蒙古	Inner Mongolia	1900595	277023	1566810	3	56759
辽宁	Liaoning	6004236	1360740	4531527	9063	102907
吉林	Jilin	1836516	762557	1049056	1408	23495
黑龙江	Heilongjiang	1945827	683711	1087123	505	174489
上海	Shanghai	18197705	5706263	11812319	156389	522734
江苏	Jiangsu	34385572	2631805	30652841	128231	972694
浙江	Zhejiang	21576904	2013454	19209605	12592	341253
安徽	Anhui	10061245	1464828	8342466	16730	237221
福建	Fujian	9687292	957826	8613756	11223	104487
江西	Jiangxi	5021718	738776	4218771	403	63768
山东	Shandong	19446588	1732299	17505480	19320	189490
河南	Henan	10188408	881257	9079866	1785	225500
湖北	Hubei	11602178	1882483	9357771	13536	348388
湖南	Hunan	10289088	1314616	8842205	613	131653
广东	Guangdong	40021795	4742571	34624866	42490	611868
广西	Guangxi	1994572	357318	1558857	144	78253
海南	Hainan	469840	243138	185895	174	40633
重庆	Chongqing	6038410	882944	4881853	5192	268421
四川	Sichuan	12145209	5131656	6516310	4229	493014
贵州	Guizhou	1803506	417701	1333214	9253	43337
云南	Yunnan	2819392	584081	2094686	321	140304
西藏	Tibet	59989	29938	26238		3813
陕西	Shaanxi	7006207	2987509	3703951	4580	310168
甘肃	Gansu	1294694	470016	763245	632	60801
青海	Qinghai	267745	88370	172531		6844
宁夏	Ningxia	704410	157156	539132		8123
新疆	Xinjiang	783118	182570	583969	1706	14873

1-15 研究与试验发展(R&D)经费外部支出(2021年)
External Expenditure on R&D (2021)

单位：万元 (10 000 yuan)

项 目	Item	R&D经费外部支出 Total	对境内研究机构支出 to Domestic Research Institutions	对境内高等学校支出 to Domestic Higher Education	对境内企业支出 to Domestic Enterprises	对境外机构支出 to Foreign Institutions
全 国	**National Total**	**23497042**	**6131046**	**1707235**	**13226721**	**1931504**
按执行部门分	**by Performer**					
企 业	Enterprises	19241550	4435912	915410	12061874	1828354
#规上工业企业	Industrial Enterprises above Designated Size	12832845	4099679	731866	6463561	1537739
研究与开发机构	R&D Institutions	2547546	1229729	244954	596200	6739
高等学校	Higher Education	1498004	433993	481793	477130	92613
其 他	Others	209941	31412	65079	91516	3798
按地区分	**by Region**					
东部地区	Eastern Region	17463277	4598179	1009467	10060086	1604455
中部地区	Middle Region	2704565	666939	291160	1623573	117434
西部地区	Western Region	2203110	631624	267811	1090053	129086
东北地区	Northeast Region	1126091	234304	138798	453008	80530
北 京	Beijing	2870433	909970	206094	1561994	48514
天 津	Tianjin	385743	70461	33938	199894	77017
河 北	Hebei	349205	227802	19010	95947	5874
山 西	Shanxi	99168	31708	9841	56528	1072
内 蒙 古	Inner Mongolia	102316	44293	12673	44700	568
辽 宁	Liaoning	730505	162010	93421	210998	44672
吉 林	Jilin	263841	34214	18406	183218	27994
黑 龙 江	Heilongjiang	131745	38080	26971	58792	7864
上 海	Shanghai	2224045	307751	124815	1382672	397289
江 苏	Jiangsu	1850921	203141	149796	1224279	268028
浙 江	Zhejiang	2647359	104519	160437	2238667	142256
安 徽	Anhui	550408	76600	53787	390561	27958
福 建	Fujian	270642	40292	30867	172685	26620
江 西	Jiangxi	346215	128607	19446	186639	9846
山 东	Shandong	1129405	219550	126789	651780	113363
河 南	Henan	275445	55302	32029	180445	7437
湖 北	Hubei	847709	254171	102336	448634	42326
湖 南	Hunan	585619	120551	73720	360765	28796
广 东	Guangdong	5635159	2498052	156158	2454777	520723
广 西	Guangxi	103314	24235	6447	59535	3931
海 南	Hainan	100366	16642	1564	77390	4770
重 庆	Chongqing	351485	49311	25272	186454	88857
四 川	Sichuan	635370	196724	86865	298138	8137
贵 州	Guizhou	146596	16844	11181	92866	1209
云 南	Yunnan	167795	23553	27498	93826	22195
西 藏	Tibet	8648	1553	1912	4844	339
陕 西	Shaanxi	472166	235746	57081	175166	1981
甘 肃	Gansu	39566	6945	11002	20575	1010
青 海	Qinghai	43208	1381	1503	40023	188
宁 夏	Ningxia	39136	7718	7483	23104	384
新 疆	Xinjiang	93511	23322	18895	50820	287

1-16 国家财政科技支出
Government Expenditure for Science and Technology

单位：亿元 (100 million yuan)

年 份 Year	国家公共财政支出 Total Government Budgetary Expenditure (A)	国家财政科技拨款 Appropriation for Science and Technology (B)	中央 Central Government	地方 Local Government	科学技术支出 Expenditure for Science and Technology	其他功能支出中用于科学技术的支出 Others	科技拨款与公共财政支出之比 % of Total Government Budgetary Expenditure (B/A)
1985	2004.3	102.6					5.12
1986	2204.9	112.6					5.11
1987	2262.2	113.8					5.03
1988	2491.2	121.1					4.86
1989	2823.8	127.9					4.53
1990	3083.6	139.1	97.6	41.6			4.51
1991	3386.6	160.7	115.4	45.3			4.74
1992	3742.2	189.3	133.6	55.7			5.06
1993	4642.3	225.6	167.6	58.0			4.86
1994	5792.6	268.3	199.0	69.3			4.63
1995	6823.7	302.4	215.6	86.8			4.43
1996	7937.6	348.6	242.8	105.8			4.39
1997	9233.6	408.9	273.9	134.0			4.43
1998	10798.2	438.6	289.7	148.9			4.06
1999	13187.7	543.9	355.6	188.3			4.12
2000	15886.5	575.6	349.6	226.0			3.62
2001	18902.6	703.3	444.3	258.9			3.72
2002	22053.2	816.2	511.2	305.0			3.70
2003	24650.0	944.6	609.9	335.6			3.83
2004	28486.9	1095.3	692.4	402.9			3.84
2005	33930.3	1334.9	807.8	527.1			3.93
2006	40422.7	1688.5	1009.7	678.8			4.18
2007	49781.4	2135.7	1044.1	1091.6	1783.0	352.6	4.29
2008	62592.7	2611.0	1287.2	1323.8	2129.2	481.8	4.17
2009	76299.9	3276.8	1653.3	1623.5	2744.5	532.3	4.29
2010	89874.2	4196.7	2052.5	2144.2	3250.2	946.5	4.67
2011	109247.8	4797.0	2343.3	2453.7	3828.0	969.0	4.39
2012	125953.0	5600.1	2613.6	2986.5	4452.6	1147.5	4.45
2013	140212.1	6184.9	2728.5	3456.4	5084.3	1100.6	4.41
2014	151785.6	6454.5	2899.2	3555.4	5314.5	1140.0	4.25
2015	175877.8	7005.8	3012.1	3993.7	5862.6	1143.2	3.98
2016	187755.2	7760.7	3269.3	4491.4	6564.0	1196.7	4.13
2017	203085.5	8383.6	3421.4	4962.1	7267.0	1116.6	4.13
2018	220904.1	9518.2	3738.5	5779.7	8326.7	1191.5	4.31
2019	238858.4	10717.4	4173.2	6544.2	9470.8	1246.6	4.49
2020	245679.0	10095.0	3758.2	6336.8	9018.3	1076.7	4.11
2021	245673.0	10766.7	3794.9	6971.8	9669.8	1096.9	4.38

注：1.为规范财政科技支出统计，2013年对财政科学技术支出统计口径重新作了界定，并追溯调整了2007–2011年数据，以保持数据的可比性。
2.本表中财政科学技术支出的统计范围为公共财政支出安排的科技项目。
3.2012年中央国有资本经营支出中安排30亿元用于科学技术项目。

Note: a) To standardize the fiscal expenditure on S&T, we redifine statistical calibre of the fiscal expenditure on S&T and adjust the data of the year from 2007 to 2011 for the comparability of data.
b) In this table,statistical calibre of the fiscal expenditure on S&T is S&T projects of public fiscal expenditure.
c) There are 3000 million yuan used for S&T projects in central state-owned capital operating expenditure.

1-17 分学科研究生情况（2021年）
Number of Postgraduate Students by Field of Study (2021)

单位：人 (person)

项 目	Item	毕业生数			招生数			在 校		
			博 士	硕 士		博 士	硕 士	学生数	博 士	硕 士
		Graduates	Doctor's Degree	Master's Degree	Entrants	Doctor's Degree	Master's Degree	Enrolment	Doctor's Degree	Master's Degree
分学科研究生数（总计）	**Total**	**772761**	**72019**	**700742**	**1176526**	**125823**	**1050703**	**3332373**	**509453**	**2822920**
#女	Female	422398	30639	391759	607362	53831	553531	1717458	214877	1502581
#学术型学位	Academic Degree	363572	67889	295683	509435	107708	401727	1575340	460145	1115195
#专业学位	Professional Degree	409189	4130	405059	667091	18115	648976	1757033	49308	1707725
哲 学	Philosophy	3931	679	3252	4675	1038	3637	15707	4942	10765
经济学	Economics	35267	2250	33017	50733	3427	47306	129141	16653	112488
法 学	Law	50410	3278	47132	70423	5879	64544	197811	26183	171628
教育学	Education	56666	1200	55466	80739	3292	77447	227879	12499	215380
文 学	Literature	36205	2132	34073	47555	3338	44217	129072	15484	113588
历史学	History	5816	835	4981	7818	1325	6493	24420	6342	18078
理 学	Science	61454	14906	46548	95211	22977	72234	285066	91999	193067
工 学	Engineering	267399	26659	240740	418893	52433	366460	1194599	215273	979326
农 学	Agriculture	33592	3254	30338	59679	5408	54271	160093	21416	138677
医 学	Medicine	89257	12546	76711	142549	19846	122703	387806	65181	322625
军事学	Military Science	81	16	65	91	8	83	257	51	206
管理学	Administrators	106435	3517	102918	159358	5509	153849	473201	28259	444942
艺术学	Art	26248	747	25501	38776	1317	37459	107295	5145	102150
交叉学科	Interdisciplinary Subject				26	26		26	26	
分学科研究生数（普通高校）	**Regular HEIs**	**764603**	**70689**	**693914**	**1165569**	**123862**	**1041707**	**3299770**	**501346**	**2798424**
#女	Female	418518	30162	388356	602130	52943	549187	1702355	211695	1490660
#学术型学位	Academic Degree	357690	66586	291104	501435	105864	395571	1550811	452306	1098505
#专业学位	Professional Degree	406913	4103	402810	664134	17998	646136	1748959	49040	1699919
哲 学	Philosophy	3827	656	3171	4576	1022	3554	15386	4859	10527
经济学	Economics	34679	2196	32483	49986	3337	46649	126989	16089	110900
法 学	Law	49699	3178	46521	69584	5797	63787	195401	25798	169603
教育学	Education	56666	1200	55466	80739	3292	77447	227879	12499	215380
文 学	Literature	36165	2132	34033	47484	3338	44146	128854	15484	113370
历史学	History	5763	835	4928	7764	1325	6439	24252	6342	17910
理 学	Science	60793	14737	46056	94162	22716	71446	281949	90887	191062
工 学	Engineering	264719	26175	238544	415092	51755	363337	1183151	212213	970938
农 学	Agriculture	32393	3042	29351	58226	5079	53147	155733	20226	135507
医 学	Medicine	88442	12374	76068	141084	19512	121572	383878	64227	319651
军事学	Military Science	80	16	64	87	8	79	245	51	194
管理学	Administrators	105408	3471	101937	158325	5435	152890	469830	27829	442001
艺术学	Art	25969	677	25292	38434	1220	37214	106197	4816	101381
交叉学科	Interdisciplinary Subject				26	26		26	26	
分学科研究生数（科研机构）	**Research Institutions**	**8158**	**1330**	**6828**	**10957**	**1961**	**8996**	**32603**	**8107**	**24496**
#女	Female	3880	477	3403	5232	888	4344	15103	3182	11921
#学术型学位	Academic Degree	5882	1303	4579	8000	1844	6156	24529	7839	16690
#专业学位	Professional Degree	2276	27	2249	2957	117	2840	8074	268	7806
哲 学	Philosophy	104	23	81	99	16	83	321	83	238
经济学	Economics	588	54	534	747	90	657	2152	564	1588
法 学	Law	711	100	611	839	82	757	2410	385	2025
教育学	Education									
文 学	Literature	40		40	71		71	218		218
历史学	History	53		53	54		54	168		168
理 学	Science	661	169	492	1049	261	788	3117	1112	2005
工 学	Engineering	2680	484	2196	3801	678	3123	11448	3060	8388
农 学	Agriculture	1199	212	987	1453	329	1124	4360	1190	3170
医 学	Medicine	815	172	643	1465	334	1131	3928	954	2974
军事学	Military Science	1		1	4		4	12		12
管理学	Administrators	1027	46	981	1033	74	959	3371	430	2941
艺术学	Art	279	70	209	342	97	245	1098	329	769
交叉学科	Interdisciplinary Subject									

1-18 普通本科分学科学生数（2021年）
Number of Regular Students for Normal Courses by Field of Study (2021)

单位：人 (person)

项　目	Item	毕业生数 Graduates	招生数 Entrants	在校学生数 Enrolment
总　计	**Total**	**4280970**	**4487350**	**19060341**
#女	Female	2368720	2713686	10080059
哲　学	Philosophy	2488	3504	11864
经济学	Economics	249130	249558	980747
法　学	Law	152722	179010	675628
教育学	Education	184333	264596	883226
文　学	Literature	422799	499187	1862465
历史学	History	19656	27543	98705
理　学	Science	280389	336258	1272888
工　学	Engineering	1403297	1775591	6439996
农　学	Agriculture	71879	91200	315781
医　学	Medicine	302039	384567	1508482
管理学	Administrators	785537	842795	3018471
艺术学	Art	406701	509851	1862791

1-19 高职专科分学科学生数（2021年）
Number of Regular Students for Short-cycle Courses by Field of Study (2021)

单位：人 (person)

项　目	Item	毕业生数 Graduates	招生数 Entrants	在校学生数 Enrolment
总　计	**Total**	**3984094**	**5525801**	**15900966**
#女	Female	2043924	2572870	7417972
农林牧渔大类	Agriculture,Forestry,Husbandry and Fishing	68098	116424	326761
资源环境与安全大类	Resources Environment and Safety	47585	81633	224751
能源动力与材料大类	Energy Power and Material	40465	54933	156757
土木建筑大类	Civil Engineering and Architecture	282408	430634	1252046
水利大类	Water Resources	14682	20629	58411
装备制造大类	Equipment Manufacturing	402082	588298	1613562
生物与化工大类	Biology and Chemical Engineering	29271	46346	127555
轻工纺织大类	Light Idustry and Textile	17841	22826	69319
食品药品与粮食大类	Food,Medicine and Grain	63208	92722	253419
交通运输大类	Transportation and Communication	307791	386829	1103089
电子信息大类	Electronic Information	529861	813154	2301674
医药卫生大类	Medical and Health	552134	785010	2215712
财经商贸大类	Finance,Economics and Business	698664	850443	2664212
旅游大类	Tourism	124153	164458	464728
文化艺术大类	Culture and Arts	193766	267074	769722
新闻传播大类	Journalism and Communication	35364	50436	140572
教育与体育大类	Education and Sport	486187	634041	1783879
公安与司法大类	Public Security and Justice	44823	50656	154047
公共管理与服务大类	Public Administration and Service	45711	69255	220750

1−20　中国科学院院士和中国工程院院士
Academicians of China Academy of Sciences and Academicians of China Academy of Engineering

单位：人 (person)

项　目	Item	2007	2008	2009	2010	2011	2012	2013	2014	2015	2016	2017	2018	2019	2020	2021
中国科学院院士合计①	**Academicians of China Academy of Sciences**	**709**	**692**	**714**	**694**	**727**	**710**	**750**	**730**	**777**	**753**	**800**	**785**	**830**	**811**	**859**
数学物理学部	Division of Mathematics and Physics	135	134	137	133	139	136	143	139	148	144	154	150	157	152	159
化学部	Division of Chemistry	124	120	125	121	126	123	128	125	131	124	128	127	133	129	137
生命科学和医学学部	Division of Life Sciences and Medical Sciences	129	124	126	120	128	124	132	131	143	140	150	149	153	149	156
地学部	Division of Earth Sciences	117	113	116	112	119	116	124	122	127	124	132	128	138	136	142
信息技术科学部	Division of Information Technological Sciences	80	79	83	82	83	82	88	85	90	88	95	94	99	97	106
技术科学部	Division of Technological Sciences	124	122	127	126	132	129	135	128	138	133	141	137	150	148	159
中国工程院院士合计	**Academicians of China Academy of Engineering**	**718**	**711**	**749**	**736**	**766**	**763**	**802**	**786**	**836**	**822**	**869**	**853**	**908**	**888**	**953**
机械与运载工程学部	Division of Mechanical and Vehicle Engineering	105	103	106	105	110	110	117	115	121	119	124	122	129	128	134
信息与电子工程学部	Division of Information and Electronic Engineering	105	105	108	106	110	109	114	113	120	118	125	122	131	130	137
化工、冶金与材料工程学部	Division of Chemical, Metallurgic and Material	94	92	95	93	98	98	101	98	104	103	109	106	115	111	117
能源与矿业工程学部	Division of Energy and Mining Engineering	95	95	100	98	102	102	107	105	113	112	118	117	125	123	128
土木、水利与建筑工程学部	Division of Civil , Hydraulic and Architecture Engineering	97	96	100	98	101	101	105	103	108	104	108	104	104	99	108
环境与轻纺工程学部②	Division of Environment, Light and Textile Industries Engineering	37	36	42	41	43	43	47	46	51	51	55	55	60	60	68
农业学部	Division of Agriculture	64	64	70	70	71	71	74	72	75	71	77	77	83	80	89
医药与卫生学部	Division of Medical and Health	107	107	112	109	112	110	115	112	116	116	120	117	122	121	130
工程管理学部③	Division of Engineering Management	41	41	44	44	46	46	48	49	55	54	33	33	39	36	71

注：① 2006年中国科学院另有53位外籍院士。
② 2007年以前数据包括农业学部。
③ 2013年和2016年工程管理学部中有26人是跨学部院士；2011年、2012年、2014年和2015年工程管理学部中有27人是跨学部院士；2017年工程管理学部中有25人是跨学部院士；2018年和2019年工程管理学部中有31人是跨学部院士，2020年工程管理学部中有29人是跨学部院士。

Note: a) There were 53 foreign academicians of Chinese Academy of Sciences in 2006.
b) Data befor 2007 included Pivision of Agriculture.
c) In 2013 and 2016, there are 26 academicians in Division of Engineering Management were interdisciplinary academicians. In 2011,2012, 2014 and 2015,there are 27 academicians in Divicion of Engnerring Management were interdisciplinary academicians. In 2017,there are 25 academicians in Division of Engineering Management were interdisciplinary academicians. In 2018,2019 there are 31 academicians in Division of Engineering Management were interdisciplinary academicians. In 2020, there are 29 academicians in Division of Engineering Maragement were interdisciplinary academicians.

1–21 中国科学院全体院士名单

一、数学物理学部(159人)

于渌 万宝年 万哲先 马志明 马余强 王乃彦 王小云（女） 王广厚 王玉鹏
王世绩 王迅 王诗宬 王贻芳 王恩哥 王梓坤 王鼎盛 文兰 方成 方忠
方复全 邓小刚 甘子钊 艾国祥 石钟慈 龙以明 叶向东 叶叔华（女） 叶朝辉 田刚
史生才 白以龙 邝宇平 邢定钰 曲钦岳 吕敏 朱邦芬 朱诗尧 向涛 刘仓理
江松 汤涛 汤超 阮勇斌 孙义燧 孙昌璞 孙斌勇 孙鑫 严加安 苏定强
苏肇冰 杜江峰 李大潜 李邦河 李安民 李家明 李家春 李骏 李惕碚 李德平
李儒新 杨乐 杨应昌 杨国桢 杨振宁 杨福家 励建书 吴岳良 何国威 何祚庥
邹广田 邹冰松 汪承灏 汪景琇 沈文庆 沈学础 张仁和 张平 张平文 张伟平
张杰 张宗烨（女） 张恭庆 张继平 张焕乔 张淑仪（女） 张维岩 张裕恒 张殿琳 张肇西
陆夕云 陈十一 陈木法 陈仙辉 陈永川 陈式刚 陈志明 陈松蹊 陈和生 陈佳洱
陈建生 陈恕行 陈难先 陈彪 武向平 范海福 林海青 林群 欧阳钟灿 欧阳颀
罗民兴 罗俊 周光召 周向宇 周恒 郑厚植 郑晓静（女） 封东来 赵光达 赵红卫
赵忠贤 赵政国 胡仁宇 胡和生（女） 姜伯驹 洪家兴 贺贤土 袁亚湘 莫毅明 夏克青
夏道行 徐至展 徐红星 徐叙瑢 高原宁 高鸿钧 郭尚平 郭柏灵 席南华 唐孝威
陶瑞宝 龚昌德 龚新高 常进 常凯 鄂维南 崔向群（女） 彭实戈 葛墨林 韩占文
景益鹏 谢心澄 詹文龙 解思深 蔡荣根 熊大闰 潘建伟 霍裕平 魏宝文

二、化学部(137人)

丁奎岭 卜显和 于吉红（女） 万立骏 万惠霖 马大为 马光辉（女） 马於光 王方定 王佛松
王梅祥 王夔 元英进 支志明 方维海 计亮年 田中群 田禾 田昭武 白春礼
包信和 冯小明 冯守华 朱起鹤 朱清时 朱道本 任詠华（女） 刘元方 刘云圻 刘买利
刘忠范 江龙 江明 江桂斌 江雷 安立佳 孙世刚 麦松威 严纯华 李玉良
李永舫 李亚栋 李灿 李洪钟 李景虹 李静海 杨万泰 杨玉良 杨秀荣（女） 杨金龙
杨学明 吴云东 吴奇 吴养洁 吴骊珠（女） 吴新涛 何国钟 何鸣元 佟振合 余国琮
汪尔康 沙国河 沈之荃（女） 沈家骢 宋礼成 迟力峰（女） 张玉奎 张东辉 张礼和 张存浩
张希 张洪杰 张涛 张锁江 张锦 陆熙炎 陈小明 陈庆云 陈军 陈凯先
陈学思 陈俊武 陈洪渊 陈新滋 陈懿 林国强 岳建民 周其凤 周其林 周翔
郑兰荪 房喻 赵玉芬（女） 赵东元 赵宇亮 赵进才 胡英 段雪 侯建国 俞书宏
俞汝勤 俞飚 施剑林 洪茂椿 费维扬 姚守拙 姚建年 袁权 柴之芳 钱逸泰
倪嘉缵 徐如人 徐春明 高松 郭子建 席振峰 唐本忠 唐有祺 唐勇 涂永强
黄乃正 黄本立 黄春辉（女） 曹镛 麻生明 彭孝军 韩布兴 程津培 谢在库 谢作伟
谢素原 谢毅（女） 谭蔚泓 樊春海 黎乐民 颜德岳 戴立信

三、生命科学和医学学部(156人)

马兰（女） 王大成 王文采 王以政 王正敏 王志珍（女） 王志新 王松灵 王恩多（女） 王福生
毛江森 卞修武 方荣祥 方精云 尹文英（女） 邓子新 石元春 叶玉如（女） 仝小林 印象初
匡廷云（女） 朱玉贤 朱兆良 朱作言 庄文颖（女） 庄巧生 刘以训 刘允怡 刘新垣 刘耀光
许智宏 孙大业 孙汉董 孙曼霁 苏国辉 李劲松 李林 李季伦 李振声 李家洋
李蓬（女） 杨正林 杨焕明 杨维才 杨雄里 杨福愉 吴祖泽 吴常信 汪忠镐 沈允钢
沈岩 宋尔卫 宋保亮 宋微波 张友尚 张永莲（女） 张亚平 张旭 张旭 张克勤
张启发 张明杰 张学敏 张春霆 陆林 陈义汉 陈子元 陈子江（女） 陈化兰（女） 陈可冀
陈孝平 陈国强 陈竺 陈宜张 陈宜瑜 陈晓亚 陈晔光 陈润生 陈霖 邵峰
武维华 林圣彩 林其谁 林鸿宣 尚永丰 季维智 金力 周琪 郑光美 郑守仪（女）
郑儒永（女） 孟安明 赵玉沛 赵进东 赵国屏 赵继宗 郝小江 种康 段树民 侯凡凡（女）
饶子和 施一公 施蕴渝（女） 洪国藩 洪德元 姚开泰 贺林 贺福初 骆清铭 桂建芳
顾东风 钱前 徐国良 徐涛 高福 郭爱克 唐守正 唐崇惕（女） 黄荷凤（女） 黄路生
曹文宣 曹晓风（女） 戚正武 常文瑞 康乐 阎锡蕴（女） 梁栋材 梁智仁 隋森芳 葛均波
董晨 蒋有绪 蒋华良 韩启德 韩济生 韩家淮 韩斌 程和平 舒红兵 童坦君
曾益新 谢华安 谢联辉 谢道昕 强伯勤 蒲慕明 窦科峰 赫捷 裴钢 翟中和
樊嘉 滕皋军 鞠躬 魏于全 魏江春 魏辅文

四、地学部(142人)

丁仲礼	丁林	丁国瑜	于贵瑞	马宗晋	王水	王成善	王会军	王赤	王铁冠
王焰新	王颖（女）	王德滋	文圣常	丑纪范	邓军	石广玉	石耀霖	叶大年	叶嘉安
冯士筰	戎嘉余	朴世龙	成秋明	吕达仁	朱日祥	朱永官	朱彤	朱敏	伍荣生
任纪舜	刘丛强	刘昌明	刘宝珺	刘嘉麒	安芷生	许志琴（女）	孙和平	孙鸿烈	苏纪兰
李廷栋	李崇银	李献华	李德仁	李德生	李曙光	杨元喜	杨文采	杨经绥	杨树锋
肖文交	肖序常	吴立新	吴国雄	吴福元	邱占祥	邹才能	汪品先	汪集旸	沈其韩
沈树忠	张人禾	张宏福	张国伟	张弥曼（女）	张经	张培震	陆大道	陈大可	陈发虎
陈旭	陈运泰	陈俊勇	陈晓非	陈骏	陈颙	邵明安	林学钰（女）	欧阳自远	金之钧
金振民	周卫健（女）	周成虎	周志炎	周秀骥	周忠和	底青云（女）	於崇文	郑永飞	郑度
赵其国	赵国春	赵柏林	赵鹏大	郝芳	胡敦欣	胡瑞忠	钟大赉	侯增谦	姚振兴
姚檀栋	秦大河	袁道先	莫宣学	贾承造	夏军	徐义刚	徐冠华	殷鸿福	高俊
高锐	郭正堂	郭华东	涂传诒	谈哲敏	陶澍	黄建平	黄荣辉	龚健雅	常印佛
崔鹏	符淙斌	巢纪平	彭平安	彭建兵	程国栋	傅伯杰	焦念志	舒德干	童庆禧
曾庆存	谢树成	窦贤康	翟明国	翟裕生	滕吉文	潘永信	穆穆	戴永久	戴民汉
戴金星	魏奉思								

五、信息技术科学部(106人)

丁赤飚	于登云	干福熹	王之江	王占国	王立军	王永良	王圩	王阳元	王怀民
王启明	王金龙	王育竹	王建宇	王家骐	王越	王巍	毛军发	尹浩	包为民
冯登国	匡定波	吕建	朱中梁	朱鲁华	乔红（女）	刘永坦	刘国治	刘明（女）	刘颂豪
刘益春	刘盛纲	江风益	许宁生	李未	李启虎	李树深	李衍达	李陟	杨芙清（女）
杨学军	杨德仁	吴一戎	吴宏鑫	吴培亨	吴朝晖	吴德馨（女）	何积丰	沈绪榜	怀进鹏
宋健	张钹	张景中	陆元九	陆汝钤	陆建华	陈国良	陈星旦	陈俊亮	陈桂林
陈翰馥	林惠民	金亚秋	周兴铭	周志鑫	周炳琨	周巢尘	郑有炓	郑志明	郑建华
郑婉华（女）	郑耀宗	房建成	郝跃	相里斌	段广仁	侯洵	侯朝焕	姜杰（女）	祝宁华
姚建铨	姚期智	秦国刚	夏建白	顾瑛（女）	钱德沛	徐宗本	郭光灿	郭雷	黄民强
黄如（女）	黄维	黄琳	梅宏	龚旗煌	崔铁军	彭堃墀	董韫美	雷啸霖	简水生
褚君浩	管晓宏	谭铁牛	黎湘	薛永祺	戴汝为				

六、技术科学部(159人)

丁汉	于起峰	王大中	王立鼎	王光谦	王自强	王希季	王秋良	王崇愚	王淀佐
王锡凡	王曦	毛明	方岱宁	卢柯	卢强	叶志镇	叶恒强	叶培建	申长雨
田永君	邢球痕	过增元	成会明	朱位秋	朱美芳（女）	朱荻	朱森元	朱静（女）	伍小平（女）
任露泉	庄逢辰	刘广均	刘竹生	刘昌胜	刘宝镛	刘维民	齐康	闫楚良	江涌
孙军	孙钧	孙家栋	芮筱亭	严陆光	李东旭（女）	李应红	李杰	李述汤	李依依（女）
杨卫	杨伟	杨叔子	杨孟飞	杨槱	吴良镛	吴宜灿	吴承康	吴硕贤	邱大洪
邱勇	何雅玲（女）	何满潮	余梦伦	邹世昌	邹志刚	冷劲松	汪卫华	汪耕	沈志云
沈保根	宋振骐	宋家树	张卫红	张兴钤	张佑启	张泽	张统一	张跃	张清杰
张楚汉	陈云敏	陈光	陈祖煜	陈维江	范守善	范瑞祥	林皋	欧阳予	欧阳明高
金红光	周又和	周远	周孝信	周国治	郑平	郑时龄	郑泉水	赵天寿	赵阳升
赵淳生	胡文瑞	胡聿贤	胡海岩	南策文	柳百新	钟万勰	段文晖	段进	俞大鹏
俞鸿儒	闻邦椿	姜中宏	姜培学	宣益民	祝世宁	祝学军（女）	姚熹	都有为	贾金锋
贾振元	顾宁	顾秉林	顾诵芬	顾逸东	倪晋仁	徐世烺	徐性初	徐建中	高镇同
高德利	郭万林	郭烈锦	唐志共	唐叔贤	陶文铨	黄克智	曹春晓	常青	彭一刚
彭练矛	葛昌纯	韩杰才	韩祯祥	程时杰	程耿东	温诗铸	蒙大桥	赖远明	路甬祥
蔡其巩	雒建斌	翟婉明	熊有伦	滕锦光	潘际銮	薛其坤	魏炳波	魏悦广	

注：名单截止到2020年12月31日。
Note: List at December 31th, 2020.

1–22　中国科学院全体院士名单

一、数学物理学部(159人)

于渌　万宝年　万哲先　马志明　马余刚　马余强　王乃彦　王小云（女）　王广厚　王玉鹏
王世绩　王迅　王诗宬　王贻芳　王恩哥　王梓坤　王鼎盛　文兰　方成　方忠
方复全　邓小刚　甘子钊　艾国祥　石钟慈　龙以明　叶向东　叶叔华（女）　叶朝辉　田刚
史生才　白以龙　邝宇平　邢定钰　曲钦岳　吕敏　朱邦芬　朱诗尧　向涛　刘仓理
江松　汤涛　汤超　阮勇斌　孙义燧　孙昌璞　孙斌勇　孙鑫　严加安　苏定强
苏肇冰　杜江峰　李大潜　李邦河　李安民　李家明　李家春　李骏　李惕碚　李德平
李儒新　杨乐　杨应昌　杨国桢　杨振宁　杨福家　励建书　吴岳良　何国威　何祚庥
邹广田　邹冰松　汪承灏　汪景琇　沈文庆　沈学础　张仁和　张平　张平文　张伟平
张杰　张宗烨（女）　张恭庆　张继平　张焕乔　张淑仪（女）　张维岩　张裕恒　张殿琳　张肇西
陆夕云　陈十一　陈木法　陈仙辉　陈永川　陈式刚　陈志明　陈松蹊　陈和生　陈佳洱
陈建生　陈恕行　陈难先　陈彪　武向平　范海福　林海青　林群　欧阳钟灿　欧阳颀
罗民兴　罗俊　周光召　周向宇　周恒　郑厚植　郑晓静（女）　封东来　赵光达　赵红卫
赵忠贤　赵政国　胡仁宇　胡和生（女）　姜伯驹　洪家兴　贺贤土　袁亚湘　莫毅明　夏克青
夏道行　徐至展　徐红星　徐叙瑢　高原宁　高鸿钧　郭尚平　郭柏灵　席南华　唐孝威
陶瑞宝　龚昌德　龚新高　常进　常凯　鄂维南　崔向群（女）　彭实戈　葛墨林　韩占文
景益鹏　谢心澄　詹文龙　解思深　蔡荣根　熊大闰　潘建伟　霍裕平　魏宝文

二、化学部(137人)

丁奎岭　卜显和　于吉红（女）　万立骏　万惠霖　马大为　马光辉（女）　马於光　王方定　王佛松
王梅祥　王夔　元英进　支志明　方维海　计亮年　田中群　田禾　田昭武　白春礼
包信和　冯小明　冯守华　朱起鹤　朱清时　朱道本　任詠华（女）　刘元方　刘云圻　刘买利
刘忠范　江龙　江明　江桂斌　江雷　安立佳　孙世刚　麦松威　严纯华　李玉良
李永舫　李亚栋　李灿　李洪钟　李景虹　李静海　杨万泰　杨玉良　杨秀荣（女）　杨金龙
杨学明　吴云东　吴奇　吴养洁　吴骊珠（女）　吴新涛　何国钟　何鸣元　佟振合　余国琮
汪尔康　沙国河　沈之荃（女）　沈家骢　宋礼成　迟力峰（女）　张玉奎　张东辉　张礼和　张存浩
张希　张洪杰　张涛　张锁江　张锦　陆熙炎　陈小明　陈庆云　陈军　陈凯先
陈学思　陈俊武　陈洪渊　陈新滋　陈懿　林国强　岳建民　周其凤　周其林　周翔
郑兰荪　房喻　赵玉芬（女）　赵东元　赵宇亮　赵进才　胡英　段雪　侯建国　俞书宏
俞汝勤　俞飚　施剑林　洪茂椿　费维扬　姚守拙　姚建年　袁权　柴之芳　钱逸泰
倪嘉缵　徐如人　徐春明　高松　郭子建　席振峰　唐本忠　唐有祺　唐勇　涂永强
黄乃正　黄本立　黄春辉（女）　曹镛　麻生明　彭孝军　韩布兴　程津培　谢在库　谢作伟
谢素原　谢毅（女）　谭蔚泓　樊春海　黎乐民　颜德岳　戴立信

三、生命科学和医学学部(156人)

马兰（女）　王大成　王文采　王以政　王正敏　王志珍（女）　王志新　王松灵　王恩多（女）　王福生
毛江森　卞修武　方荣祥　方精云　尹文英（女）　邓子新　石元春　叶玉如（女）　仝小林　印象初
匡廷云（女）　朱玉贤　朱兆良　朱作言　庄文颖（女）　庄巧生　刘以训　刘允怡　刘新垣　刘耀光
许智宏　孙大业　孙汉董　孙曼霁　苏国辉　李劲松　李林　李季伦　李振声　李家洋
李蓬（女）　杨正林　杨焕明　杨维才　杨雄里　杨福愉　吴祖泽　吴常信　汪忠镐　沈允钢
沈岩　宋尔卫　宋保亮　宋微波　张友尚　张永莲（女）　张亚平　张旭　张旭　张克勤
张启发　张明杰　张学敏　张春霆　陆林　陈义汉　陈子元　陈子江（女）　陈化兰（女）　陈可冀
陈孝平　陈国强　陈竺　陈宜张　陈宜瑜　陈晓亚　陈晔光　陈润生　陈霖　邵峰
武维华　林圣彩　林其谁　林鸿宣　尚永丰　季维智　金力　周琪　郑光美　郑守仪（女）
郑儒永（女）　孟安明　赵玉沛　赵进东　赵国屏　赵继宗　郝小江　种康　段树民　侯凡凡（女）
饶子和　施一公　施蕴渝（女）　洪国藩　洪德元　姚开泰　贺林　贺福初　骆清铭　桂建芳
顾东风　钱前　徐国良　徐涛　高福　郭爱克　唐守正　唐崇惕（女）　黄荷凤（女）　黄路生
曹文宣　曹晓风（女）　戚正武　常文瑞　康乐　阎锡蕴（女）　梁栋材　梁智仁　隋森芳　葛均波
董晨　蒋有绪　蒋华良　韩启德　韩济生　韩家淮　韩斌　程和平　舒红兵　童坦君
曾益新　谢华安　谢联辉　谢道昕　强伯勤　蒲慕明　窦科峰　赫捷　裴钢　翟中和
樊嘉　滕皋军　鞠躬　魏于全　魏江春　魏辅文

四、地学部（142人）

丁仲礼 丁林 丁国瑜 于贵瑞 马宗晋 王水 王成善 王会军 王赤 王铁冠
王焰新 王颖（女） 王德滋 文圣常 丑纪范 邓军 石广玉 石耀霖 叶大年 叶嘉安
冯士筰 戎嘉余 朴世龙 成秋明 吕达仁 朱日祥 朱永官 朱彤 朱敏 伍荣生
任纪舜 刘丛强 刘昌明 刘宝珺 刘嘉麒 安芷生 许志琴（女） 孙和平 孙鸿烈 苏纪兰
李廷栋 李崇银 李献华 李德仁 李德生 李曙光 杨元喜 杨文采 杨经绥 杨树锋
肖文交 肖序常 吴立新 吴国雄 吴福元 邱占祥 邹才能 汪品先 汪集旸 沈其韩
沈树忠 张人禾 张宏福 张国伟 张弥曼（女） 张经 张培震 陆大道 陈大可 陈发虎
陈旭 陈运泰 陈俊勇 陈晓非 陈骏 陈颙 邵明安 林学钰（女） 欧阳自远 金之钧
金振民 周卫健（女） 周成虎 周志炎 周秀骥 周忠和 底青云（女） 於崇文 郑永飞 郑度
赵其国 赵国春 赵柏林 赵鹏大 郝芳 胡敦欣 胡瑞忠 钟大赉 侯增谦 姚振兴
姚檀栋 秦大河 袁道先 莫宣学 贾承造 夏军 徐义刚 徐冠华 殷鸿福 高俊
高锐 郭正堂 郭华东 涂传诒 谈哲敏 陶澍 黄建平 黄荣辉 龚健雅 常印佛
崔鹏 符淙斌 巢纪平 彭平安 彭建兵 程国栋 傅伯杰 焦念志 舒德干 童庆禧
曾庆存 谢树成 窦贤康 翟明国 翟裕生 滕吉文 潘永信 穆穆 戴永久 戴民汉
戴金星 魏奉思

五、信息技术科学部（106人）

丁赤飚 于登云 干福熹 王之江 王占国 王立军 王永良 王圩 王阳元 王怀民
王启明 王金龙 王育竹 王建宇 王家骐 王越 王巍 毛军发 尹浩 包为民
冯登国 匡定波 吕建 朱中梁 朱鲁华 乔红（女） 刘永坦 刘国治 刘明（女） 刘颂豪
刘益春 刘盛纲 江风益 许宁生 李未 李启虎 李树深 李衍达 李陟 杨芙清（女）
杨学军 杨德仁 吴一戎 吴宏鑫 吴培亨 吴朝晖 吴德馨（女） 何积丰 沈绪榜 怀进鹏
宋健 张钹 张景中 陆元九 陆汝钤 陆建华 陈国良 陈星旦 陈俊亮 陈桂林
陈翰馥 林惠民 金亚秋 周兴铭 周志鑫 周炳琨 周巢尘 郑有炓 郑志明 郑建华
郑婉华（女） 郑耀宗 房建成 郝跃 相里斌 段广仁 侯洵 侯朝焕 姜杰（女） 祝宁华
姚建铨 姚期智 秦国刚 夏建白 顾瑛（女） 钱德沛 徐宗本 郭光灿 郭雷 黄民强
黄如（女） 黄维 黄琳 梅宏 龚旗煌 崔铁军 彭堃墀 董韫美 雷啸霖 简水生
褚君浩 管晓宏 谭铁牛 黎湘 薛永祺 戴汝为

六、技术科学部（159人）

丁汉 于起峰 王大中 王立鼎 王光谦 王自强 王希季 王秋良 王崇愚 王淀佐
王锡凡 王曦 毛明 方岱宁 卢柯 卢强 叶志镇 叶恒强 叶培建 申长雨
田永君 邢球痕 过增元 成会明 朱位秋 朱美芳（女） 朱荻 朱森元 朱静（女） 伍小平（女）
任露泉 庄逢辰 刘广均 刘竹生 刘昌胜 刘宝镛 刘维民 齐康 闫楚良 江涌
孙军 孙钧 孙家栋 芮筱亭 严陆光 李东旭（女） 李应红 李杰 李述汤 李依依（女）
杨卫 杨伟 杨叔子 杨孟飞 杨槱 吴良镛 吴宜灿 吴承康 吴硕贤 邱大洪
邱勇 何雅玲（女） 何满潮 佘梦伦 邹世昌 邹志刚 冷劲松 汪卫华 汪耕 沈志云
沈保根 宋振骐 宋家树 张卫红 张兴钤 张佑启 张泽 张统一 张跃 张清杰
张楚汉 陈云敏 陈光 陈祖煜 陈维江 范守善 范瑞祥 林皋 欧阳予 欧阳明高
金红光 周又和 周远 周孝信 周国治 郑平 郑时龄 郑泉水 赵天寿 赵阳升
赵淳生 胡文瑞 胡聿贤 胡海岩 南策文 柳百新 钟万勰 段文晖 段进 俞大鹏
俞鸿儒 闻邦椿 姜中宏 姜培学 宣益民 祝世宁 祝学军（女） 姚熹 都有为 贾金锋
贾振元 顾宁 顾秉林 顾诵芬 顾逸东 倪晋仁 徐世烺 徐性初 徐建中 高镇同
高德利 郭万林 郭烈锦 唐志共 唐叔贤 陶文铨 黄克智 曹春晓 常青 彭一刚
彭练矛 葛昌纯 韩杰才 韩祯祥 程时杰 程耿东 温诗铸 蒙大桥 赖远明 路甬祥
蔡其巩 雒建斌 翟婉明 熊有伦 滕锦光 潘际銮 薛其坤 魏炳波 魏悦广

注：名单截止到2021年12月31日。
Note: List at December 31th, 2020.

1–23 中国工程院全体院士名单

一、机械与运载工程学部(134人)

曹喜滨 陈学东 邓宗全 丁荣军 樊会涛 冯煜芳 付梦印 甘晓华 高金吉 郭东明
何琳 侯晓 黄庆学 蒋庄德 金东寒 李骏 李克强 李魁武 李培根 林忠钦
刘宏 刘永才 卢秉恒 马伟明 马玉山 邱志明 单忠德 邵新宇 孙聪 孙逢春
谭建荣 唐长红 田红旗(女) 王国庆 王华明 王树新 王向明 王云鹏 王振国 吴光辉
夏长亮 项昌乐 向锦武 肖龙旭 徐青 严新平 杨德森 杨华勇 杨树兴 尹泽勇
尤政 张军 郑津洋 钟志华 周济 周志成 朱广生 朱坤 邹汝平

资深院士：

陈懋章 陈一坚 陈予恕 丁衡高 董春鹏 杜善义 朵英贤 范本尧 冯培德 顾国彪
顾诵芬 关杰 关桥 郭重庆 郭孔辉 胡正寰 黄崇祺 黄瑞松 黄先祥 黄旭华
乐嘉陵 李椿萱 李鹤林 李鸿志 李明 李钊 梁晋才 林尚扬 柳百成 刘大响
刘人怀 刘怡昕 刘友梅 龙乐豪 路甬祥 陆元九 潘健生 潘镜芙 戚发轫 钱清泉
饶芳权 沈闻孙 沈志云 苏哲子 孙敬良 唐任远 王浚 汪顺亭 王兴治 王永志
汪槱生 王玉明 温俊峰 吴有生 谢友柏 徐滨士 徐德民 徐芑南 徐志磊 杨凤田
杨绍卿 杨士莪 于本水 臧克茂 曾广商 张福泽 张贵田 张金麟 张立同(女) 张彦仲
赵煦 钟掘(女) 钟群鹏 朱能鸿 朱英富

二、信息与电子工程学部(137人)

柴天佑 陈纯 陈杰 陈志杰 陈左宁(女) 戴浩 戴琼海 邓中翰 丁文华 段宝岩
樊邦奎 方滨兴 费爱国 高文 桂卫华 何友 江碧涛(女) 蒋昌俊 姜会林 孔志印
蓝羽石 李得天 李德毅 李国杰 李天初 李同保 廖湘科 刘玠 刘永坚 刘韵洁
刘泽金 龙腾 陆军 卢锡城 罗先刚 罗毅 吕跃广 潘云鹤 苏东林(女) 孙家广
孙凝晖 谭久彬 王恩东 王沙飞 王天然 王耀南 魏毅寅 吴汉明 邬贺铨 邬江兴
吴建平 吴剑旗 吴曼青 吴伟仁 徐扬生 杨小牛 姚富强 于全 余少华 张宝东
张广军 张宏科 张平 张尧学 赵沁平 郑南宁 郑纬民

资深院士：

贲德 蔡鹤皋 蔡吉人 陈鲸 陈俊亮 陈良惠 范滇元 方家熊 封锡盛 高洁
龚惠兴 宫先仪 龚知本 郭桂蓉 何德全 何新贵 胡光镇 胡启恒(女) 黄培康 姜文汉
金国藩 金怡濂 李伯虎 李德仁 李乐民 李幼平 林永年 凌永顺 刘尚合 刘永坦
陆建勋 马远良 毛二可 倪光南 潘君骅 沈昌祥 宋健 苏君红 孙优贤 孙玉
汪成为 王任享 王小谟 王越 王子才 韦钰(女) 魏正耀 魏子卿 吴澄 吾守尔·斯拉木
许居衍 许祖彦 杨士中 姚骏恩 叶铭汉 叶尚福 叶声华 张光义 张履谦 张明高
张锡祥 张钟华 赵伊君 赵梓森 钟山 周立伟 周寿桓 周仲义 朱高峰 庄松林

三、化工、冶金与材料工程学部(117人)

曹湘洪 柴立元 陈芬儿 陈建峰 陈祥宝 戴厚良 邓龙江 丁文江 董绍明 付贤智
傅正义 干勇 高从堦 宫声凯 何季麟 黄伯云 黄小卫(女) 蹇锡高 姜德生 姜涛
李贺军 李卫 李言荣 李元元 李仲平 刘炯天 刘正东 刘中民 毛新平 聂祚仁
欧阳平凯 潘复生 彭金辉 彭寿 钱锋 钱旭红 邱冠周 任其龙 沈政昌 孙传尧
谭天伟 屠海令 涂善东 王迎军(女) 王玉忠 吴锋 吴以成 谢建新 邢丽英(女) 徐惠彬
徐南平 薛群基 杨为民 应汉杰 张联盟 张立群 张平祥 张耀明 郑裕国 周济
周玉

资深院士：

才鸿年 陈丙珍(女) 陈景 陈立泉 陈蕴博 崔崑 丁传贤 傅恒志 顾真安 关兴亚
胡永康 江东亮 金涌 柯伟 李大东 李俊贤 李龙土 刘业翔 毛炳权 邱定蕃
桑凤亭 沈寅初 舒兴田 唐明述 王淀佐 王国栋 王海舟 王静康(女) 汪燮卿 汪旭光
王一德 王泽山 王震西 翁宇庆 武胜 吴慰祖 徐承恩 徐匡迪 杨启业 殷国茂
殷瑞钰 余永富 袁晴棠(女) 袁渭康 张国成 张生勇 张寿荣 张文海 张兴栋 赵连城
赵振业 周光耀 周克崧 周廉 朱永濬 左铁镛

四、能源与矿业工程学部(128人)

蔡美峰 陈勇 程杰成 邓建军 邓运华 多吉 樊明武 范维澄 葛世荣 顾大钊
郭剑波 郭旭升 胡晓棉(女) 黄震 康红普 李根生 李建刚 李宁 李晓红 李阳
李焯芬 林君 刘吉臻 罗安 罗琦 马永生 毛景文 欧阳晓平 彭苏萍 饶宏
沈国荣 舒印彪 苏义脑 孙焕泉 孙金声 孙龙德 孙友宏 汤广福 唐立 王成山
王国法 王双明 王运敏 武强 夏佳文 谢和平 谢克昌 杨春和 袁亮 袁士义
岳光溪 张来斌 张铁岗 张玉卓 赵文智 赵宪庚 赵振堂 周刚 周守为

资深院士：

安继刚 陈清泉 岑可法 常印佛 陈森玉 陈毓川 杜祥琬 范维唐 傅依备 古德生
顾金才 顾心怿 韩大匡 韩英铎 何多慧 何继善 洪伯潜 胡见义 胡思得 黄其励
金庆焕 康玉柱 雷清泉 李立浧 李庆忠 罗平亚 倪维斗 潘垣 裴荣富 彭先觉
钱皋韵 钱绍钧 秦裕琨 邱爱慈(女) 邱中建 苏万华 孙承纬 孙玉发 唐西生 汤中立
童晓光 万元熙 王德民 王思敬 王仲奇 闻雪友 翁史烈 鲜学福 徐大懋 徐銤
许绍燮 薛禹胜 杨奇逊 杨裕生 叶奇蓁 衣宝廉 于俊崇 于润沧 余贻鑫 曾恒一
翟光明 张信威 张勇传 赵文津 郑健超 郑绵平 周邦新 周世宁 周永茂

五、土木、水利与建筑工程学部(108人)

陈军 陈湘生 陈政清 崔愷 邓铭江 杜修力 杜彦良 冯夏庭 高宗余 龚晓南
郭仁忠 何华武 胡春宏 胡亚安 黄卫 江亿 孔宪京 李华军 李建成 李术才
刘加平 刘加平 刘经南 吕西林 马军 梅洪元 孟建民 缪昌文 聂建国 钮新强
欧进萍 彭永臻 秦顺全 任辉启 任南琪 唐洪武 王超 王复明 王浩 王建国
王明洋 吴志强 肖绪文 谢先启 徐建 许唯临 杨永斌 岳清瑞 张建民 张建云
张喜刚 张宗亮 郑健龙 钟登华 周绪红 朱合华 庄惟敏

资深院士：

陈厚群 程泰宁 崔俊芝 董石麟 冯叔瑜 傅熹年 葛修润 关肇邺 何镜堂 江欢成
李圭白 李猷嘉 梁文灏 廖振鹏 林元培 刘先林 龙驭球 卢耀如 罗绍基 马国馨
马洪琪 马克俭 茆智 钱七虎 钱正英(女) 沈世钊 施仲衡 谭述森 王光远 王家耀
王景全 王瑞珠 王小东 魏敦山 吴良镛 吴中如 项海帆 谢礼立 杨秀敏 张超然
张杰 张锦秋(女) 张祖勋 郑皆连 郑颖人 钟训正 周丰峻 周福霖 周镜 周君亮
朱伯芳

六、环境与轻纺工程学部(68人)

陈坚 陈卫 陈文兴 段宁 冯起 高翔 郝吉明 贺泓 贺克斌 侯立安
蒋兴伟 李家彪 刘文清 潘德炉 庞国芳 瞿金平 曲久辉 任发政 任洪强 单杨
石碧 宋君强 孙宝国 孙晋良 王军成 王琪(女) 王桥 王双飞 吴丰昌 吴明红(女)
吴清平 谢剑平 谢明勇 许健民 徐卫林 徐祖信(女) 杨志峰 俞建勇 岳国君 张偲
张小曳 张远航 朱蓓薇(女) 朱利中

资深院士：

蔡道基 陈克复 陈联寿 丁德文 丁一汇 方国洪 侯保荣 蒋士成 金翔龙 李泽椿
刘鸿亮 伦世仪 钱易(女) 任阵海 汤鸿霄 唐孝炎(女) 王文兴 魏复盛 徐祥德 姚穆
袁业立 张全兴 张懿(女) 周翔(女)

七、农业学部(89人)

柏连阳 包振民 曹福亮 陈焕春 陈剑平 陈松林 陈温福 陈学庚 邓秀新 侯水生
胡培松 蒋剑春 金宁一 康绍忠 康振生 李德发 李坚 李培武 李天来 李玉
刘少军 刘旭 刘仲华 罗锡文 麦康森 南志标 谯仕彦 沈建忠 沈其荣 宋宝安
唐华俊 唐启升 万建民 王汉中 吴孔明 吴义强 许为钢 姚斌 尹飞虎 尹伟伦
印遇龙 喻景权 喻树迅 于振文 张福锁 张改平 张洪程 张佳宝 张守攻 张新友
张涌 赵春江 周卫 朱有勇 邹学校

资深院士：

陈宗懋 程顺和 戴景瑞 范云六(女) 方智远 傅廷栋 盖钧镒 官春云 管华诗 李佩成
李文华 林浩然 刘守仁 刘秀梵 马建章 任继周 荣廷昭 山仑 沈国舫 石元春
石玉麟 束怀瑞 宋湛谦 孙九林 汪懋华 王明庥 吴明珠(女) 夏咸柱 向仲怀 辛世文
徐洵(女) 颜龙安 赵法箴 赵振东

八、医药卫生学部(130人)

曹雪涛 陈赛娟(女) 陈薇(女) 陈香美(女) 陈肇隆 陈志南 程京 丛斌 丁健 董家鸿
樊代明 范上达 范先群 付小兵 高天明 顾晓松 韩德民 韩雅玲(女) 郝希山 胡盛寿
黄璐琦 姜保国 蒋建东 蒋建新 李大鹏 李兰娟(女) 李松 李校堃 李兆申 林东昕
刘德培 刘良 刘志红(女) 马丁 宁光 乔杰(女) 尚红(女) 沈倍奋(女) 沈洪兵 沈祖尧
田金洲 田伟 田志刚 王辰 王广基 王红阳(女) 王俊 王军志 王琦 王锐
邬堂春 吴以岭 夏照帆(女) 肖伟 谢立信 徐兵河 徐建国 杨宝峰 于金明 袁国勇
詹启敏 张伯礼 张学 张英泽 张运 张志愿 赵铱民 郑树森 朱兆云(女)

资深院士：

巴德年 陈洪铎 陈冀胜 陈君石 陈亚珠(女) 程书钧 程天民 戴尅戎 高润霖 顾玉东
郭应禄 洪涛 侯惠民 侯云德 胡之璧(女) 郎景和 李春岩 黎介寿 廖万清 刘昌孝
刘耀 刘玉清 陆道培 秦伯益 邱贵兴 邱蔚六 阮长耿 桑国卫 沈渔邨(女) 盛志勇
石学敏 孙燕 唐希灿 汤钊猷 王琳芳(女) 王学浩 王永炎 王正国 王振义 闻玉梅(女)
吴天一 吴咸中 夏家辉 项坤三 肖培根 杨胜利 姚新生 于德泉 俞梦孙 俞永新
曾溢滔 张金哲 张心湜 赵铠 甄永苏 钟南山 钟世镇 周宏灏 周良辅 朱晓东
庄辉

九、工程管理学部(71人，其他29人为跨学部院士)

曹建国 柴洪峰 陈晓红(女) 丁烈云 董尔丹 范国滨 胡文瑞 黄殿中 黄维和 贾伟平(女)
金智新 李家彪 李贤玉(女) 林鸣 凌文 刘德培 刘合 刘玠 刘旭 卢春房
麦康森 邵安林 孙丽丽(女) 唐立新 屠海令 王坚 王金南 王陇德 王自力 向巧(女)
谢玉洪 杨长风 杨宏 杨善林 岳国君 张守攻 赵晓哲 郑静晨 郑南宁 周建平

资深院士：

巴德年 陈清泉 程天民 杜祥琬 傅志寰 郭重庆 郭桂蓉 何继善 蒋士成 刘人怀
陆佑楣 栾恩杰 罗绍基 钱七虎 饶芳权 沈荣骏 孙永福 王基铭 王礼恒 汪应洛
王众托 徐滨士 徐匡迪 许庆瑞 徐寿波 殷瑞钰 袁晴棠(女) 翟光明 张寿荣 朱高峰
朱晓东

注：名单截止到2022年10月11日。

Note: List at October 11st, 2022.

二、企业
Enterprises

2-1 全部企业的科技活动基本情况
Basic Statistics on Science and Technology Activities of Total Enterprises

指 标	Item	2016	2017	2018	2019	2020	2021
企业基本情况	**Statistics on Total Enterprises**						
有R&D活动企业数(个)	Number of Enterprises Having R&D Activities(unit)	90770	107262	110153	142078	162394	185848
有研发机构的企业数(个)	Number of Enterprises Having R&D Institutions(unit)	64075	73805	76167	93903	104003	120148
研究与试验发展(R&D)活动情况	**Statitstics on R&D Activities**						
R&D人员全时当量(万人年)	Full-time Equivalent of R&D Personnel (10 000 man-years)	300.4	311.2	341.7	366.0	405.2	445.6
R&D经费内部支出(亿元)	Expenditure on R&D(100 million yuan)	12130.9	13647.2	15220.6	16742.3	18357.2	21130.6
企业办R&D机构情况	**Statistics on R&D Institutions**						
机构数(个)	Number of R&D Institutions(unit)	76740	87660	88503	106510	117710	134721
机构人员数(万人)	R&D Personnel(10 000 persons)	323.7	372.1	373.8	427.5	469.1	524.2
机构经费支出(亿元)	Expenditure on R&D(100 million yuan)	8452.1	10226.4	12157.4	15458.8	17592.6	21959.4
专利情况	**Statistics on Patents**						
专利申请数(件)	Patent Applications(piece)	832538	955749	1132666	1333090	1589424	1809485
#发明专利	Inventions	351597	398322	472328	547673	636905	720479
有效发明专利数(件)	Inventions In Force(piece)	894750	1082392	1310103	1542007	1832645	2173424
政府相关政策落实情况	**Implementation of Relevant Government Policies**						
研究开发费用加计扣除减免税(亿元)	Additional Deductions or Exemptions on R&D Expenditure (100 million yuan)	610.3	706.4	1101.5	1872.3	2421.9	2829.5
高新技术企业减免税(亿元)	Tax Reduction or Exemption for High-tech Enterprises(100 million yuan)	1009.4	1305.3	1514.0	1844.1	2161.6	3113.0

2–2 各地区全部企业数量情况(2021年)
Number of Enterprises on Total Enterprises by Region (2021)

单位：个

地 区	Region	有R&D活动的企业数 Number of Enterprises Having R&D Activities	有研发机构的企业数 Number of Enterprises Having R&D Institutions
全 国	**National Total**	**185848**	**120148**
东部地区	Eastern Region	123126	87814
中部地区	Middle Region	41014	24269
西部地区	Western Region	18003	7129
东北地区	Northeast Region	3705	936
北 京	Beijing	2791	889
天 津	Tianjin	2093	667
河 北	Hebei	4200	2563
山 西	Shanxi	1100	1496
内 蒙 古	Inner Mongolia	542	153
辽 宁	Liaoning	2461	544
吉 林	Jilin	486	167
黑 龙 江	Heilongjiang	758	225
上 海	Shanghai	3984	1177
江 苏	Jiangsu	29045	17288
浙 江	Zhejiang	27066	21264
安 徽	Anhui	8430	6337
福 建	Fujian	7714	2259
江 西	Jiangxi	6339	5317
山 东	Shandong	16879	6955
河 南	Henan	6974	3106
湖 北	Hubei	7354	4906
湖 南	Hunan	10817	3107
广 东	Guangdong	29155	34681
广 西	Guangxi	1566	708
海 南	Hainan	199	71
重 庆	Chongqing	3766	1955
四 川	Sichuan	5475	2052
贵 州	Guizhou	1757	506
云 南	Yunnan	1425	550
西 藏	Tibet	18	5
陕 西	Shaanxi	1814	644
甘 肃	Gansu	547	164
青 海	Qinghai	115	30
宁 夏	Ningxia	606	222
新 疆	Xinjiang	372	140

2–3 各地区全部企业R&D人员(2021年)
R&D Personnel in Total Enterprises by Region(2021)

单位：人，人年 (person, man-year)

地 区	Region	R&D人员 R&D Personnel	#女性 Female	R&D人员折合全时当量 Full-time Equivalent	#研究人员 Researchers
全 国	**National Total**	**6458969**	**1444591**	**4455777**	**1388885**
东部地区	Eastern Region	4280972	978963	3032611	914959
中部地区	Middle Region	1300439	273105	880962	278145
西部地区	Western Region	696945	149516	428442	150889
东北地区	Northeast Region	180613	43007	113762	44892
北 京	Beijing	189122	51029	136971	66923
天 津	Tianjin	113806	27354	70078	27042
河 北	Hebei	154241	31939	95716	28549
山 西	Shanxi	68544	10027	38899	10884
内 蒙 古	Inner Mongolia	31023	5726	16448	5509
辽 宁	Liaoning	122179	28185	76536	28878
吉 林	Jilin	29301	7166	18915	8408
黑 龙 江	Heilongjiang	29133	7656	18311	7606
上 海	Shanghai	222501	55994	151564	65556
江 苏	Jiangsu	943100	217451	669808	202862
浙 江	Zhejiang	688951	155755	519106	119210
安 徽	Anhui	273431	53746	188895	56722
福 建	Fujian	287922	70945	205756	55772
江 西	Jiangxi	149469	33443	103994	26827
山 东	Shandong	584776	138387	385996	114189
河 南	Henan	281954	62078	191944	58192
湖 北	Hubei	274242	60367	186180	64555
湖 南	Hunan	252799	53444	171050	60965
广 东	Guangdong	1090330	228070	793870	233486
广 西	Guangxi	53640	11584	33152	10457
海 南	Hainan	6223	2039	3746	1370
重 庆	Chongqing	145231	30689	92734	29469
四 川	Sichuan	194408	43316	120998	46370
贵 州	Guizhou	49970	9788	30075	9541
云 南	Yunnan	54366	11076	33078	10278
西 藏	Tibet	699	125	270	119
陕 西	Shaanxi	96295	22713	62194	25565
甘 肃	Gansu	25802	5312	15061	5965
青 海	Qinghai	5409	1194	2779	1148
宁 夏	Ningxia	21910	4580	12001	3359
新 疆	Xinjiang	18192	3413	9652	3109

2–4 各地区全部
Intramural Expenditure on R&D in

单位：万元

地　区	Region	R&D经费内部支出 Intramural Expenditure on R&D	日常性支出 Routine Expenses	#人员劳务费 Labor Cost
全　国	**National Total**	**211306182**	**197948986**	**73658636**
东部地区	Eastern Region	141092525	132342614	54394437
中部地区	Middle Region	40860437	37983096	10671149
西部地区	Western Region	23391986	21906873	6809749
东北地区	Northeast Region	5961235	5716403	1783302
北　京	Beijing	11130750	9995128	6188964
天　津	Tianjin	3988895	3811246	1407514
河　北	Hebei	6282008	6134936	1171764
山　西	Shanxi	2090111	2006442	365468
内蒙古	Inner Mongolia	1613564	1445551	223483
辽　宁	Liaoning	4065043	3930636	1185124
吉　林	Jilin	932846	871958	316549
黑龙江	Heilongjiang	963346	913808	281629
上　海	Shanghai	11738273	10622666	5305097
江　苏	Jiangsu	29754708	27857719	10507714
浙　江	Zhejiang	18322626	16954462	6850607
安　徽	Anhui	8039531	7473441	2408434
福　建	Fujian	8427260	7980298	3287665
江　西	Jiangxi	4172286	3904686	921681
山　东	Shandong	17262232	16387997	4290361
河　南	Henan	8803079	7967514	2411715
湖　北	Hubei	9057615	8253720	2453888
湖　南	Hunan	8697815	8377293	2109963
广　东	Guangdong	34014147	32434184	15327212
广　西	Guangxi	1541079	1481707	453618
海　南	Hainan	171626	163977	57538
重　庆	Chongqing	4697588	4441384	1447989
四　川	Sichuan	6233021	5782506	2259881
贵　州	Guizhou	1415549	1349172	372944
云　南	Yunnan	2019649	1923725	458608
西　藏	Tibet	25172	24948	6616
陕　西	Shaanxi	3822072	3590115	1095119
甘　肃	Gansu	719779	646474	223004
青　海	Qinghai	172892	168644	31604
宁　夏	Ningxia	557530	492933	83256
新　疆	Xinjiang	574092	559715	153628

企业R&D经费内部支出(2021年)
Total Enterprises by Region(2021)

资产性支出 Assets Expenditure	#仪器和设备 Equipment	#政府资金 Government Funds	#企业资金 Self-raised Funds by Enterprises
13357197	**12957989**	**6214206**	**204453809**
8749911	8498964	3337135	137220663
2877341	2780099	1171810	39631807
1485113	1443096	1350060	22008764
244832	235831	355201	5592575
1135622	1126998	370375	10676592
177649	173177	64408	3889959
147072	138892	258351	6020385
83669	78620	75991	2011144
168013	165826	72784	1540405
134407	128869	239291	3813449
60887	58268	18101	914015
49538	48694	97809	865111
1115607	1092143	773708	10811807
1896989	1832636	307848	29305547
1368164	1334317	250688	18055204
566090	545759	200675	7819197
446962	430998	186193	8222884
267600	250556	138589	4033561
874235	833718	337751	16893711
835566	823850	117257	8676851
803895	778890	282257	8751728
320522	302425	357042	8339325
1579963	1528625	783338	33178151
59372	56917	40098	1500513
7649	7459	4475	166425
256204	247342	155981	4533193
450515	437741	374327	5853269
66377	64223	127098	1274832
95925	92518	38022	1980107
224	172	625	24490
231957	225426	451057	3368790
73305	72686	41973	677634
4248	3669	6036	166856
64597	63414	33954	523573
14377	13162	8107	565102

2–5 规模以上工业企业

Basic Statistics on Science and Technology Activities

指　　标	Item	2000	2004	2008
企业基本情况	**Statistics on Industrial Enterprises**			
有R&D活动企业数(个)	Number of Enterprises Having R&D Activities(unit)	17272	17075	27278
有R&D活动企业所占比重(%)	Percentage of Enterprises Having R&D Activities to Total Number of Enterprises(%)	10.6	6.2	6.5
研究与试验发展(R&D)活动情况	**Statitstics on R&D Activities**			
R&D人员全时当量(万人年)	Full-time Equivalent of R&D Personnel (10 000 man-years)	43.9	54.2	123.0
R&D经费内部支出(亿元)	Expenditure on R&D(100 million yuan)	489.7	1104.5	3073.1
R&D经费内部支出与营业收入之比 (%)	Percentage of Expenditure on R&D to Business Revenue(%)			
企业办R&D机构情况	**Statistics on R&D Institutions**			
机构数(个)	Number of R&D Institutions(unit)	15529	17555	26177
机构人员数(万人)	R&D Personnel(10 000 persons)	60.1	64.4	130.4
机构经费支出(亿元)	Expenditure on R&D(100 million yuan)	435.8	841.6	2634.8
新产品开发及生产情况	**Statitstics on New Products Development and Production**			
新产品开发项目数(个)	Number of New Products(unit)	91880	76176	184859
新产品开发经费支出(亿元)	Expenditure on New Products Development (100 million yuan)	529.5	965.7	3676.0
新产品销售收入(亿元)	Sales Revenue of New Products (100 million yuan)	9369.5	22808.6	57027.1
#新产品出口	Export	1728.4	5312.2	14081.6
专利情况	**Statistics on Patents**			
专利申请数(件)	Patent Applications(piece)	26184	64569	173573
#发明专利	Inventions	7970	20456	59254
有效发明专利数(件)	Inventions In Force(piece)	15333	30315	80252
技术获取和技术改造情况	**Statistics on Technology Acquisition and Technology Reconstruction**			
引进国外技术经费支出(亿元)	Expenditure for Acquisition of Foreign Technology (100 million yuan)	304.9	397.4	466.9
引进技术消化吸收经费支出(亿元)	Expenditure for Assimilation of Technology (100 million yuan)	22.8	61.2	122.7
购买国内技术经费支出(亿元)	Expenditure for Purchase of Domestic Technology (100 million yuan)	34.5	82.5	184.2
技术改造经费支出(亿元)	Expenditure for Technical Renovation (100 million yuan)	1291.5	2953.5	4672.7

注：从2011年起，规模以上工业企业的统计范围从年主营业务收入为500万元及以上的法人工业企业调整为年主营业务收入为2000万元及以上的法人工业企业。以下各表同。

的科技活动基本情况
of Industrial Enterprises above Designated Size

2012	2013	2014	2015	2016	2017	2018	2019	2020	2021
47204	54832	63676	73570	86891	102218	104820	129198	146691	169224
13.7	14.8	16.9	19.2	23.0	27.4	28.0	34.2	36.7	38.3
224.6	249.4	264.2	263.8	270.2	273.6	298.1	315.2	346.0	382.7
7200.6	8318.4	9254.3	10013.9	10944.7	12013.0	12954.8	13971.1	15271.3	17514.2
						1.23	1.32	1.41	1.33
45937	51625	57199	62954	72963	82667	83115	95459	105094	120367
226.8	238.8	246.4	266.8	292.4	325.4	318.3	341.6	371.3	412.5
5233.4	5941.5	6257.6	6793.9	7664.5	8955.5	10321.3	12175.5	13583.6	16879.0
323448	358287	375863	326286	391872	477861	558305	671799	788125	958709
7998.5	9246.7	10123.2	10270.8	11766.3	13497.8	14987.2	16985.7	18623.8	22652.9
110529.8	128460.7	142895.3	150856.5	174604.2	191568.7	197094.1	212060.3	238073.7	295566.7
21894.2	22853.5	26904.4	29132.7	32713.1	34944.8	36160.8	39269.3	43853.3	52417.1
489945	560918	630561	638513	715397	817037	957298	1059808	1243927	1403611
176167	205146	239925	245688	286987	320626	371569	398802	446069	494589
277196	335401	448885	573765	769847	933990	1094200	1218074	1447950	1691909
393.9	393.9	387.5	414.1	475.4	399.3	465.3	476.7	460.0	507.8
156.8	150.6	143.2	108.4	109.2	118.5	91.0	96.8	75.6	80.9
201.7	214.4	213.5	229.9	208.0	200.9	440.2	537.4	456.7	464.3
4161.8	4072.1	3798.0	3147.6	3016.6	3103.4	3233.4	3740.2	3516.7	3844.2

Note: From 2011, the statistics range of industrial enterprises above designated size change form the industrial enterprises with the sales revenue above 5 million RMB to the industrial enterprises with the sales revenue above 20 million RMB. The same applies to the following table.

2–6 按企业规模及登记注册类型分规上工业企业数量情况(2021年)
Number of Enterprises on Industrial Enterprises above Designated Size by Scale and Registration Status (2021)

单位：个 (unit)

注册类型	Type of Registration	有研发机构的企业数 Number of Enterprises Having R&D Institutions	有R&D活动的企业数 Number of Enterprises Having R&D Activities
总　计	**Total**	**108667**	**169224**
#大型企业	Large-sized Industrial Enterprises	4717	6345
中型企业	Medium-sized Industrial Enterprises	16332	23448
内资企业	**Domestic Funded**	**96483**	**152362**
国有企业	State-owned Enterprises	357	624
集体企业	Collective-owned Enterprises	61	136
股份合作企业	Cooperative Enterprises	133	241
联营企业	Joint Ownership Enterprises	14	23
国有联营企业	State Joint Ownership Enterprises	5	9
集体联营企业	Collective Joint Ownership Enterprises	2	2
国有与集体联营企业	Joint State-collective Enterprises	5	7
其他联营企业	Other Joint Ownership Enterprises	2	5
有限责任公司	Limited Liability Corporations	14044	22785
国有独资公司	State Sole Funded Corporations	727	1321
其他有限责任公司	Other Limited Liability Corporations	13317	21464
股份有限公司	Share-holding Corporations Ltd.	3842	5408
私营企业	Private Enterprises	78011	123115
私营独资企业	Private-funded Enterprises	912	1833
私营合伙企业	Private Partnership Enterprises	135	268
私营有限责任公司	Private Limited Liability Corporations	70367	112212
私营股份有限公司	Private Share-holding Corporations Ltd.	6597	8802
其他企业	Other Enterprises	21	30
港澳台商投资企业	**Enterprises with Funds from Hong Kong, Macau and Taiwan**	**6273**	**7973**
与港澳台商合资经营企业	Joint-venture Enterprises with Funds from Hong Kong, Macau and Taiwan	1892	2626
与港澳台商合作经营企业	Cooperative Enterprises with Funds from Hong Kong, Macau and Taiwan	61	79
港澳台商独资经营企业	Enterprises with Sole Funds from Hong Kong, Macau and Taiwan	3877	4717
港澳台商投资股份有限公司	Share-holding Corporations Ltd. with Funds from Hong Kong, Macau and Taiwan	386	465
外商投资企业	**Foreign Funded Enterprises**	**5911**	**8889**
中外合资经营企业	Joint-venture Enterprises	2125	3268
中外合作经营	Cooperation Enterprises	51	94
外资企业	Enterprises with Sole Foreign Funds	3397	5057
外商投资股份有限公司	Share-holding Corporations Ltd.with Foreign Funds	283	404

注：大型企业指同时满足年末从业人员人数在1000人及以上、年主营业务收入在4亿元及以上的工业企业；中型企业指年末从业人员人数介于300人(含)至1000人(不含),并且年主营业务收入介于2000万元(含)至4亿元(不含)的工业企业。

Note: Large-sized Industrial Enterprises: Industrial Enterprises with Employes above 1000 persons and sales revenue abore 400 million RMB. Medium-sized Industrial Enterprises: Industrial Enterprises with Employes between 300 Persons (including) and 1000 Persons (excluding), and sales revenue between 20 million RMB (including) and 400 million RMB (excluding).

2–7 按行业分规上工业企业数量情况(2021年)
Number of Enterprises on Industrial Enterprises above Designated Size by Industrial Sector (2021)

单位：个 (unit)

行 业	Industry	有研发机构的企业数 Number of Enterprises Having R&D Institutions	有R&D活动的企业数 Number of Enterprises Having R&D Activities
总 计	**Total**	**108667**	**169224**
煤炭开采和洗选业	Mining and Washing of Coal	247	509
石油和天然气开采业	Extraction of Petroleum and Natural Gas	32	56
黑色金属矿采选业	Mining and Processing of Ferrous Metal Ores	70	188
有色金属矿采选业	Mining and Processing of Non-Ferrous Metal Ores	100	238
非金属矿采选业	Mining and Processing of Non-metal Ores	273	551
农副食品加工业	Processing of Food from Agricultural Products	3047	6046
食品制造业	Manufacture of Foods	1851	3236
酒、饮料和精制茶制造业	Manufacture of Liquor, Beverages and Refined Tea	863	1396
烟草制品业	Manufacture of Tobacco	63	78
纺织业	Manufacture of Textile	4169	6598
纺织服装、服饰业	Manufacture of Textile, Wearing Apparel and Accessories	1607	2731
皮革、毛皮、羽毛及其制品和制鞋业	Manufacture of Leather, Fur, Feather and Related Products and Footwear	1369	2511
木材加工和木、竹、藤、棕、草制品业	Processing of Timbers and Manufacture of Wood, Bamboo, Rattan, Palm and Straw Products	1053	2291
家具制造业	Manufacture of Furniture	1529	2229
造纸和纸制品业	Manufacture of Paper and Paper Products	1456	2114
印刷和记录媒介复制业	Printing and Reproduction of Recording Media	1468	2112
文教、工美、体育和娱乐用品制造业	Manufacture of Articles for Culture, Education, Arts and Crafts, Sport and Entertainment Activities	**2123**	3434
石油、煤炭及其他燃料加工业	Processing of Petroleum, Coal and Other Fuels	365	688
化学原料和化学制品制造业	Manufacture of Raw Chemical Materials and Chemical Products	7036	10936
医药制造业	Manufacture of Medicines	3284	5209
化学纤维制造业	Manufacture of Chemical Fibres	596	1000
橡胶和塑料制品业	Manufacture of Rubber and Plastics Products	6397	9201
非金属矿物制品业	Manufacture of Non-metallic Mineral Products	6623	12082
黑色金属冶炼和压延加工业	Smelting and Pressing of Ferrous Metals	1004	1655
有色金属冶炼和压延加工业	Smelting and Pressing of Non-Ferrous Metals	1933	3262
金属制品业	Manufacture of Metal Products	7640	11508
通用设备制造业	Manufacture of General Purpose Machinery	9991	16000
专用设备制造业	Manufacture of Special Purpose Machinery	8581	13345
汽车制造业	Manufacture of Automobiles	5060	8160
铁路、船舶、航空航天和其他运输设备制造业	Manufacture of Railway, Ship, Aerospace and Other Transport Equipments	1644	2790
电气机械和器材制造业	Manufacture of Electrical Machinery and Apparatus	11553	15707
计算机、通信和其他电子设备制造业	Manufacture of Computer, Communication and Other Electronic Equipment	11106	13824
仪器仪表制造业	Manufacture of Measuring Instrument and Machinery	2556	3819
其他制造业	Other Manufacture	532	773
金属制品、机械和设备修理业	Repaire Service of Metal Products, Machinery and Equipment	91	187
电力、热力生产和供应业	Production and Supply of Electric Power and Heat Power	540	1258
燃气生产和供应业	Production and Supply of Gas	152	304
水的生产和供应业	Production and Supply of Water	211	414

2–8 各地区规上工业企业数量情况(2021年)
Number of Enterprises on Industrial Enterprises above Designated Size by Region (2021)

单位：个 (unit)

地区	Region	有研发机构的企业数 Number of Enterprises Having R&D Institutions	有R&D活动的企业数 Number of Enterprises Having R&D Activities
全国	**National Total**	**108667**	**169224**
东部地区	Eastern Region	79152	112390
中部地区	Middle Region	22540	37767
西部地区	Western Region	6130	15870
东北地区	Northeast Region	845	3197
北京	Beijing	454	1243
天津	Tianjin	537	1649
河北	Hebei	2375	3906
山西	Shanxi	1385	976
内蒙古	Inner Mongolia	135	482
辽宁	Liaoning	498	2123
吉林	Jilin	142	429
黑龙江	Heilongjiang	205	645
上海	Shanghai	791	2722
江苏	Jiangsu	16244	27303
浙江	Zhejiang	20131	26189
安徽	Anhui	6014	7982
福建	Fujian	1933	6908
江西	Jiangxi	5056	5986
山东	Shandong	6370	15647
河南	Henan	2781	6091
湖北	Hubei	4531	6733
湖南	Hunan	2773	9999
广东	Guangdong	30261	26688
广西	Guangxi	644	1386
海南	Hainan	56	135
重庆	Chongqing	1739	3361
四川	Sichuan	1696	4798
贵州	Guizhou	445	1591
云南	Yunnan	438	1254
西藏	Tibet	3	15
陕西	Shaanxi	544	1557
甘肃	Gansu	141	470
青海	Qinghai	23	92
宁夏	Ningxia	205	556
新疆	Xinjiang	117	308

2–9 按企业规模及登记注册类型分规上工业企业R&D人员(2021年)
R&D Personnel in Industrial Enterprises above Designated Size by Scale and Registration Status(2021)

单位：人，人年 (person, man-year)

注册类型	Type of Registration	R&D人员 R&D Personnel	#女性 Female	R&D人员折合全时当量 Full-time Equivalent	#研究人员 Researchers
总 计	**Total**	**5559580**	**1234522**	**3826651**	**1092879**
#大型企业	Large-sized Industrial Enterprises	1959900	421727	1379830	476987
中型企业	Medium-sized Industrial Enterprises	1412321	328889	972653	261797
内资企业	**Domestic Funded**	**4549593**	**989225**	**3110457**	**888904**
国有企业	State-owned Enterprises	62035	13249	39239	16770
集体企业	Collective-owned Enterprises	3597	814	2693	662
股份合作企业	Cooperative Enterprises	4418	978	3115	552
联营企业	Joint Ownership Enterprises	886	197	482	167
国有联营企业	State Joint Ownership Enterprises	560	97	275	100
集体联营企业	Collective Joint Ownership Enterprises	48	10	24	11
国有与集体联营企业	Joint State-collective Enterprises	106	30	70	16
其他联营企业	Other Joint Ownership Enterprises	172	60	113	40
有限责任公司	Limited Liability Corporations	1263771	254441	851692	291174
国有独资公司	State Sole Funded Corporations	141955	26463	85555	37744
其他有限责任公司	Other Limited Liability Corporations	1121816	227978	766137	253430
股份有限公司	Share-holding Corporations Ltd.	605882	136341	417814	160559
私营企业	Private Enterprises	2604575	582372	1793534	418257
私营独资企业	Private-funded Enterprises	20878	4581	13001	3019
私营合伙企业	Private Partnership Enterprises	3211	652	1945	472
私营有限责任公司	Private Limited Liability Corporations	2232606	499693	1531991	343935
私营股份有限公司	Private Share-holding Corporations Ltd.	347880	77446	246597	70831
其他企业	Other Enterprises	4429	833	1889	763
港澳台商投资企业	**Enterprises with Funds from Hong Kong, Macau and Taiwan**	**489602**	**119791**	**354588**	**90982**
与港澳台商合资经营企业	Joint-venture Enterprises with Funds from Hong Kong, Macau and Taiwan	151987	34560	111564	29691
与港澳台商合作经营企业	Cooperative Enterprises with Funds from Hong Kong, Macau and Taiwan	3728	664	2315	455
港澳台商独资经营企业	Enterprises with Sole Funds from Hong Kong, Macau and Taiwan	263861	68973	190860	42917
港澳台商投资股份有限公司	Share-holding Corporations Ltd. with Funds from Hong Kong, Macau and Taiwan	65843	14750	47194	17218
外商投资企业	**Foreign Funded Enterprises**	**520385**	**125506**	**361606**	**112994**
中外合资经营企业	Joint-venture Enterprises	194519	42188	135834	47157
中外合作经营	Cooperation Enterprises	5400	915	3112	781
外资企业	Enterprises with Sole Foreign Funds	271947	69242	188559	52271
外商投资股份有限公司	Share-holding Corporations Ltd.with Foreign Funds	45793	12549	32280	12232

2-10　按行业分规上工业企业R&D人员(2021年)

R&D Personnel in Industrial Enterprises above Designated Size by Industrial Sector(2021)

单位：人，人年　　(person, man-year)

行　业	Industry	R&D人员 R&D Personnel	#女性 Female	R&D人员折合全时当量 Full-time Equivalent	#研究人员 Researchers
总　计	**Total**	**5559580**	**1234522**	**3826651**	**1092879**
煤炭开采和洗选业	Mining and Washing of Coal	75066	3190	37372	10801
石油和天然气开采业	Extraction of Petroleum and Natural Gas	27232	8407	16650	8656
黑色金属矿采选业	Mining and Processing of Ferrous Metal Ores	7444	890	4511	1243
有色金属矿采选业	Mining and Processing of Non-Ferrous Metal Ores	10872	1183	7042	1912
非金属矿采选业	Mining and Processing of Non-metal Ores	9068	1567	6172	1502
农副食品加工业	Processing of Food from Agricultural Products	102794	31265	65454	16064
食品制造业	Manufacture of Foods	80602	29754	51406	13022
酒、饮料和精制茶制造业	Manufacture of Liquor, Beverages and Refined Tea	37255	10695	21245	5686
烟草制品业	Manufacture of Tobacco	6144	1634	3597	1556
纺织业	Manufacture of Textile	159697	58449	107400	17347
纺织服装、服饰业	Manufacture of Textile, Wearing Apparel and Accessories	69212	33821	48096	8127
皮革、毛皮、羽毛及其制品和制鞋业	Manufacture of Leather, Fur, Feather and Related Products and Footwear	57717	22127	40092	5367
木材加工和木、竹、藤、棕、草制品业	Processing of Timbers and Manufacture of Wood, Bamboo, Rattan, Palm and Straw Products	32936	7693	22177	4329
家具制造业	Manufacture of Furniture	53705	13177	36626	6430
造纸和纸制品业	Manufacture of Paper and Paper Products	58102	12187	38581	6073
印刷和记录媒介复制业	Printing and Reproduction of Recording Media	43686	11557	29472	5426
文教、工美、体育和娱乐用品制造业	Manufacture of Articles for Culture, Education, Arts and Crafts, Sport and Entertainment Activities	76187	23347	53136	9784
石油、煤炭及其他燃料加工业	Processing of Petroleum, Coal and Other Fuels	39937	7164	23418	6522
化学原料和化学制品制造业	Manufacture of Raw Chemical Materials and Chemical Products	296383	69961	200470	58404
医药制造业	Manufacture of Medicines	224586	103241	154596	61060
化学纤维制造业	Manufacture of Chemical Fibres	39702	9837	26413	4834
橡胶和塑料制品业	Manufacture of Rubber and Plastics Products	203293	45666	142305	26778
非金属矿物制品业	Manufacture of Non-metallic Mineral Products	260380	50764	171493	36935
黑色金属冶炼和压延加工业	Smelting and Pressing of Ferrous Metals	145930	18189	92522	24309
有色金属冶炼和压延加工业	Smelting and Pressing of Non-Ferrous Metals	123094	18923	79397	19252
金属制品业	Manufacture of Metal Products	250950	43862	172474	35390
通用设备制造业	Manufacture of General Purpose Machinery	410933	66400	291787	82717
专用设备制造业	Manufacture of Special Purpose Machinery	364242	63470	250408	80116
汽车制造业	Manufacture of Automobiles	376354	62892	260452	86842
铁路、船舶、航空航天和其他运输设备制造业	Manufacture of Railway, Ship, Aerospace and Other Transport Equipments	163886	35114	112074	44590
电气机械和器材制造业	Manufacture of Electrical Machinery and Apparatus	532992	113081	377165	103719
计算机、通信和其他电子设备制造业	Manufacture of Computer, Communication and Other Electronic Equipment	955266	209391	712827	235699
仪器仪表制造业	Manufacture of Measuring Instrument and Machinery	532992	113081	377165	103719
其他制造业	Other Manufacture	955266	209391	712827	235699
金属制品、机械和设备修理业	Repaire Service of Metal Products, Machinery and Equipment	9190	1029	6324	2366
电力、热力生产和供应业	Production and Supply of Electric Power and Heat Power	57884	8246	30396	12326
燃气生产和供应业	Production and Supply of Gas	8304	1477	5085	1555
水的生产和供应业	Production and Supply of Water	8431	1956	5367	1882

2-11 各地区规上工业企业R&D人员(2021年)

R&D Personnel in Industrial Enterprises above Designated Size by Region(2021)

单位：人，人年 (person, man-year)

地 区	Region	R&D人员 R&D Personnel	#女性 Female	R&D人员折合全时当量 Full-time Equivalent	#研究人员 Researchers
全 国	**National Total**	**5559580**	**1234522**	**3826651**	**1092879**
东部地区	Eastern Region	3686182	833318	2610820	711603
中部地区	Middle Region	1127812	236699	757360	224129
西部地区	Western Region	596268	129156	363748	121156
东北地区	Northeast Region	149318	35349	94724	35990
北 京	Beijing	61490	17048	41496	18430
天 津	Tianjin	77928	19505	49404	17343
河 北	Hebei	135827	26898	83401	22737
山 西	Shanxi	62573	8854	35468	9618
内蒙古	Inner Mongolia	28933	5258	15433	4991
辽 宁	Liaoning	99111	22323	63156	22539
吉 林	Jilin	25398	6450	16124	7175
黑龙江	Heilongjiang	24809	6576	15444	6276
上 海	Shanghai	136693	32557	93966	36701
江 苏	Jiangsu	863212	197405	612676	176003
浙 江	Zhejiang	644524	146395	482140	102846
安 徽	Anhui	248221	48668	170421	48536
福 建	Fujian	259342	64642	186328	46937
江 西	Jiangxi	140382	31569	97497	24260
山 东	Shandong	529468	126733	349379	96740
河 南	Henan	241034	52058	162562	46005
湖 北	Hubei	220314	49043	147504	46595
湖 南	Hunan	215288	46507	143908	49115
广 东	Guangdong	972954	200486	709119	192902
广 西	Guangxi	45701	10021	28508	8564
海 南	Hainan	4744	1649	2911	964
重 庆	Chongqing	131478	27944	83845	25222
四 川	Sichuan	158826	35736	95650	34386
贵 州	Guizhou	44499	8776	26717	8246
云 南	Yunnan	46377	9534	28234	7966
西 藏	Tibet	687	122	266	118
陕 西	Shaanxi	78236	19257	50997	20539
甘 肃	Gansu	21018	4338	12547	4663
青 海	Qinghai	3455	810	1626	658
宁 夏	Ningxia	20144	4217	10930	2970
新 疆	Xinjiang	16914	3143	8995	2833

2-12 按企业规模及登记注册类型分规上
Intramural Expenditure on R&D in Industrial Enterprises

单位：万元

注册类型	Type of Registration	R&D经费内部支出 Intramural Expenditure on R&D	#试验发展支出 Experimental Development	日常性支出 Routine Expenses
总　计	**Total**	**175142461**	**169072421**	**163843613**
#大型企业	Large-sized Industrial Enterprises	82584747	78467111	77011640
中型企业	Medium-sized Industrial Enterprises	40233579	39434639	37566536
内资企业	**Domestic Funded**	**141368113**	**135734626**	**132097117**
国有企业	State-owned Enterprises	2184859	2058353	2028484
集体企业	Collective-owned Enterprises	77613	74763	59357
股份合作企业	Cooperative Enterprises	92066	91786	87152
联营企业	Joint Ownership Enterprises	31291	31137	27957
国有联营企业	State Joint Ownership Enterprises	13510	13357	13377
集体联营企业	Collective Joint Ownership Enterprises	1939	1939	1869
国有与集体联营企业	Joint State-collective Enterprises	2012	2012	2009
其他联营企业	Other Joint Ownership Enterprises	13830	13830	10702
有限责任公司	Limited Liability Corporations	48566964	45535593	44741270
国有独资公司	State Sole Funded Corporations	5119846	4820270	4641251
其他有限责任公司	Other Limited Liability Corporations	43447118	40715323	40100019
股份有限公司	Share-holding Corporations Ltd.	22381297	21338265	21157256
私营企业	Private Enterprises	67819713	66413172	63785828
私营独资企业	Private-funded Enterprises	554746	528169	486710
私营合伙企业	Private Partnership Enterprises	65635	62680	61001
私营有限责任公司	Private Limited Liability Corporations	57414744	56179216	54027880
私营股份有限公司	Private Share-holding Corporations Ltd.	9784589	9643108	9210236
其他企业	Other Enterprises	214311	191558	209815
港澳台商投资企业	**Enterprises with Funds from Hong Kong, Macau and Taiwan**	**14480915**	**14268545**	**13582098**
与港澳台商合资经营企业	Joint-venture Enterprises with Funds from Hong Kong, Macau and Taiwan	4704589	4611995	4346985
与港澳台商合作经营企业	Cooperative Enterprises with Funds from Hong Kong, Macau and Taiwan	140061.6	139827.5	129005.7
港澳台商独资经营企业	Enterprises with Sole Funds from Hong Kong, Macau and Taiwan	6956895	6863329	6512178
港澳台商投资股份有限公司	Share-holding Corporations Ltd. with Funds from Hong Kong, Macau and Taiwan	2551142.4	2527778.7	2470390.6
外商投资企业	**Foreign Funded Enterprises**	**19293434**	**19069250**	**18164398**
中外合资经营企业	Joint-venture Enterprises	8989571	8908986	8364185
中外合作经营	Cooperation Enterprises	153495	140509	146110
外资企业	Enterprises with Sole Foreign Funds	8247762	8165778	7862868
外商投资股份有限公司	Share-holding Corporations Ltd.with Foreign Funds	1795844	1748030	1719645

工业企业R&D经费内部支出(2021年)
above Designated Size by Scale and Registration Status(2021)

(10 000 yuan)

	资产性支出		政府资金	企业资金	境外资金	其他资金
#人员劳务费 Labor Cost	Assets Expenditure	#仪器和设备 Equipment	Government Funds	Self-raised Funds by Enterprises	Foreign Funds	Other Funds
52384243	**11298849**	**10951182**	**5114596**	**169672996**	**227292**	**127577**
26622969	5573107	5419224	3431377	78987518	102754	63098
11982548	2667043	2582209	895781	39226787	83550	27462
40591780	**9270996**	**8987324**	**4527174**	**136677488**	**77830**	**85621**
687734	156375	149871	155921	2021215		7723
21546	18256	18139	707	70672	6230	4
26123	4914	4806	1501	90440	32	93
9907	3334	3331	38	31253		
6233	132	132		13510		
795	71	69		1939		
704	3	2	8	2004		
2176	3128	3128	30	13800		
14306928	3825694	3735720	2615846	45891517	20760	38842
1417218	478595	467271	474201	4626099	9023	10523
12889710	3347099	3268450	2141644	41265419	11737	28319
7541056	1224042	1177983	967872	21392837	15019	5570
17966987	4033886	3893208	777324	66974174	35790	32425
105637	68036	67036	2799	550171	1247	529
13781	4633	4484	361	65208		65
14433953	3386864	3269861	579897	56783550	27452	23846
3413616	574353	551827	194268	9575245	7091	7985
31501	4496	4267	7966	205381		964
5254545	**898817**	**873179**	**202396**	**14230938**	**43683**	**3897**
1450007	357603	348351	4346985	1450007	357603	348351
23706.9	11055.9	10844.5	129005.7	23706.9	11055.9	10844.5
2548014	444718	433394	6512178	2548014	444718	433394
1195089.6	80751.8	76032.8	2470390.6	1195089.6	80751.8	76032.8
6537917	**1129035**	**1090679**	**385026**	**18764570**	**105779**	**38059**
2401636	625386	606989	158017	8785506	43585	2463
45989	7385	7272	2430	150983	81	
3475387	384894	368710	179820	7973691	62112	32139
581223	76199	72680	44337	1748112		3395

2-13 按行业分规上工业

Intramural Expenditure on R&D in Industrial Enterprises

单位：万元

行　业	Industry	R&D经费内部支出 Intramural Expenditure on R&D	#试验发展支出 Experimental Development
总　计	**Total**	**175142461**	**169072421**
煤炭开采和洗选业	Mining and Washing of Coal	1432707	1152358
石油和天然气开采业	Extraction of Petroleum and Natural Gas	928971	691232
黑色金属矿采选业	Mining and Processing of Ferrous Metal Ores	340915	331221
有色金属矿采选业	Mining and Processing of Non-Ferrous Metal Ores	296065	282806
非金属矿采选业	Mining and Processing of Non-metal Ores	298396	280839
农副食品加工业	Processing of Food from Agricultural Products	3487656	3349158
食品制造业	Manufacture of Foods	1566227	1510088
酒、饮料和精制茶制造业	Manufacture of Liquor, Beverages and Refined Tea	652116	619645
烟草制品业	Manufacture of Tobacco	253316	225520
纺织业	Manufacture of Textile	2316639	2265639
纺织服装、服饰业	Manufacture of Textile, Wearing Apparel and Accessories	1144132	1130975
皮革、毛皮、羽毛及其制品和制鞋业	Manufacture of Leather, Fur, Feather and Related Products and Footwear	1039997	1029708
木材加工和木、竹、藤、棕、草制品业	Processing of Timbers and Manufacture of Wood,Bamboo, Rattan, Palm and Straw Products	901351	874137
家具制造业	Manufacture of Furniture	1020229	996780
造纸和纸制品业	Manufacture of Paper and Paper Products	1360732	1351690
印刷和记录媒介复制业	Printing and Reproduction of Recording Media	955613	933981
文教、工美、体育和娱乐用品制造业	Manufacture of Articles for Culture, Education, Arts and Crafts, Sport and Entertainment Activities	1075814	1057302
石油、煤炭及其他燃料加工业	Processing of Petroleum, Coal and Other Fuels	1882810	1779609
化学原料和化学制品制造业	Manufacture of Raw Chemical Materials and Chemical Products	8571439	8362188
医药制造业	Manufacture of Medicines	9424368	9205624
化学纤维制造业	Manufacture of Chemical Fibres	1693471	1657588
橡胶和塑料制品业	Manufacture of Rubber and Plastics Products	5181497	5107143
非金属矿物制品业	Manufacture of Non-metallic Mineral Products	5525801	5393657
黑色金属冶炼和压延加工业	Smelting and Pressing of Ferrous Metals	9066768	8764824
有色金属冶炼和压延加工业	Smelting and Pressing of Non-Ferrous Metals	4753455	4561729
金属制品业	Manufacture of Metal Products	6830432	6650955
通用设备制造业	Manufacture of General Purpose Machinery	11190808	11022675
专用设备制造业	Manufacture of Special Purpose Machinery	10354332	10165563
汽车制造业	Manufacture of Automobiles	14146421	13850625
铁路、船舶、航空航天和其他运输设备制造业	Manufacture of Railway, Ship, Aerospace and Other Transport Equipments	6202086	6046834
电气机械和器材制造业	Manufacture of Electrical Machinery and Apparatus	18181397	17714176
计算机、通信和其他电子设备制造业	Manufacture of Computer, Communication and Other Electronic Equipment	35777882	33705867
仪器仪表制造业	Manufacture of Measuring Instrument and Machinery	3132725	3087342
其他制造业	Other Manufacture	662692	650785
金属制品、机械和设备修理业	Repaire Service of Metal Products, Machinery and Equipment	205708	202782
电力、热力生产和供应业	Production and Supply of Electric Power and Heat Power	1842448	1730840
燃气生产和供应业	Production and Supply of Gas	267792	238833
水的生产和供应业	Production and Supply of Water	184183	173347

企业R&D经费内部支出(2021年)
above Designated Size by Industrial Sector(2021)

(10 000 yuan)

日常性支出 Routine Expenses	#人员劳务费 Labor Cost	资产性支出 Assets Expenditure	#仪器和设备 Equipment	政府资金 Government Funds	企业资金 Self-raised Funds by Enterprises	境外资金 Foreign Funds	其他资金 Other Funds
163843613	**52384243**	**11298849**	**10951182**	**5114596**	**169672996**	**227292**	**127577**
1317727	441542	114981	111937	14149	1418078		481
890370	427054	38601	34572	17755	910426		790
331607	61816	9308	7197	939	339427		549
280606	73728	15459	13997	5023	290834		207
284462	48419	13934	13260	2816	295173		407
3367796	468757	119860	113591	42976	3440342	1806	2531
1458534	469728	107693	102227	40064	1524872	349	942
605645	207952	46472	43449	13643	637929	200	345
228740	150463	24576	23880	744	250626		1946
2125516	768174	191123	183205	17890	2296234	534	1981
1112204	358076	31928	29768	14185	1128795	519	633
1010819	283028	29179	27909	5778	1031998	1325	896
840854	150404	60497	59010	5476	894998	45	832
988074	318947	32155	30574	4865	1014685	210	469
1280160	351805	80573	76922	12048	1347159	1446	80
883453	255987	72161	70340	5736	949408	122	347
1001442	418556	74372	71230	10327	1062902	1185	1400
1747877	285757	134933	128681	7375	1875401		34
7977418	2387887	594022	565019	171808	8391107	6785	1739
8741782	2235693	682587	660247	230224	9165269	26554	2322
1585044	285920	108427	105981	17165	1675838		468
4861729	1309035	319768	310490	42659	5128386	2878	7574
4982903	1431031	542897	525921	60846	5462588	546	1821
8708098	1035619	358670	347858	260628	8805611	126	403
4493237	727555	260218	251500	94882	4648105	9843	625
6463112	1476798	367320	354372	157423	6662992	5970	4047
10569196	3692811	621612	599352	257064	10896916	29897	6931
9830687	3588303	523646	505505	349608	9963731	36911	4083
13340616	4510279	805805	778705	180890	13936256	16900	12375
5784319	1792319	417766	406508	1266678	4923272	5118	7017
17307624	4927996	873774	843619	222221	17925677	26141	7358
32728561	14926740	3049321	2997931	1335174	34353183	47028	42497
2985018	1508639	147707	143550	126100	2999952	4700	1973
609298	200712	53394	51888	92110	567326	60	3196
189403	80226	16305	14884	1612	201173	95	2827
1578256	423070	264192	256969	15561	1822443		4444
252526	69709	15266	13146	282	267511		
163744	59220	20439	19649	3492	180629		62

2–14 各地区规上工业
Intramural Expenditure on R&D in Industrial Enterprises

单位：万元

地　区	Region	R&D经费内部支出 Intramural Expenditure on R&D	#试验发展支出 Experimental Development	日常性支出 Routine Expenses	#人员劳务费 Labor Cost
全　国	**National Total**	**175142461**	**169072421**	**163843613**	**52384243**
东部地区	Eastern Region	113951248	110691525	106969047	37903755
中部地区	Middle Region	35769336	34215552	33082491	8082526
西部地区	Western Region	20002963	19095136	18607138	4954248
东北地区	Northeast Region	5418915	5070209	5184936	1443714
北　京	Beijing	3135144	3041479	3027431	1144838
天　津	Tianjin	2512635	2440467	2373177	807692
河　北	Hebei	5703924	5488164	5560844	935771
山　西	Shanxi	1862448	1687899	1780355	304767
内蒙古	Inner Mongolia	1547744	1490347	1386094	197710
辽　宁	Liaoning	3672792	3481700	3542572	930791
吉　林	Jilin	858433	742536	798432	272862
黑龙江	Heilongjiang	887690	845973	843932	240061
上　海	Shanghai	6983293	6875224	5986094	2514117
江　苏	Jiangsu	27166319	26838652	25359451	8949555
浙　江	Zhejiang	15916604	15783237	14856584	5334753
安　徽	Anhui	7391200	7146637	6849997	2005619
福　建	Fujian	7716534	7645824	7292565	2782928
江　西	Jiangxi	3978466	3903485	3715946	815326
山　东	Shandong	15653402	15202012	14830614	3437800
河　南	Henan	7640132	7384986	6851748	1888018
湖　北	Hubei	7235941	6859219	6524045	1493322
湖　南	Hunan	7661149	7233325	7360401	1575473
广　东	Guangdong	29021849	27234940	27547653	11956120
广　西	Guangxi	1370239	1342067	1316157	335665
海　南	Hainan	141545	141526	134634	40182
重　庆	Chongqing	4245267	4133189	4017921	1228334
四　川	Sichuan	4801710	4527337	4377838	1335246
贵　州	Guizhou	1210567	1112180	1145502	302376
云　南	Yunnan	1764956	1713023	1670807	342764
西　藏	Tibet	24782	22087	24558	6472
陕　西	Shaanxi	3196867	3108014	2980983	805603
甘　肃	Gansu	642948	619661	571410	177168
青　海	Qinghai	138488	137177	134867	15017
宁　夏	Ningxia	517577	512666	453334	68069
新　疆	Xinjiang	541819	377388	527668	139823

企业R&D经费内部支出(2021年)
above Designated Size by Region(2021)

(10 000 yuan)

资产性支出 Assets Expenditure	#仪器和设备 Equipment	政府资金 Government Funds	企业资金 Self-raised Funds by Enterprises	境外资金 Foreign Funds	其他资金 Other Funds
11298849	**10951182**	**5114596**	**169672996**	**227292**	**127577**
6982200	6773694	2429154	111242721	191854	87520
2686845	2595031	1090315	34638136	17012	23874
1395824	1357251	1245975	18728346	15215	13427
233979	225207	349153	5063793	3211	2758
107713	101735	211273	2888863	28142	6866
139458	136725	27958	2452464	7947	24266
143080	135460	248456	5452196	299	2973
82093	77255	75168	1785180	12	2088
161649	159552	68878	1478515		351
130220	124804	236489	3431277	3211	1816
60001	57390	17656	840205		572
43757	43013	95008	792312		370
997199	987468	395120	6567880	17725	2568
1806868	1749114	248191	26811752	93648	12728
1060019	1035023	189984	15710893	9389	6338
541204	521938	179705	7192244	14625	4626
423969	408463	166361	7535752	6957	7465
262519	245676	135429	3843015	22	
822787	785462	298711	15331898	10487	12305
788385	777369	98534	7534837	1500	5262
711896	688752	268045	6956594	844	10459
300748	284041	333434	7326268	10	1438
1474197	1427440	640528	28352723	17260	11338
54081	51693	36848	1332922	117	351
6910	6804	2571	138299		675
227346	218981	127631	4110417	4716	2503
423872	413361	337700	4461606	311	2093
65065	63008	123530	1073418	9253	4366
94149	90869	29998	1733470	44	1444
224	172	587	24137		58
215884	209584	438089	2756580	746	1452
71538	70965	40476	602300	28	145
3621	3051	4741	133747		
64243	63077	31559	486016		3
14151	12939	5939	535219		662

2–15 按企业规模及登记注册类型分规上工业企业R&D经费外部支出(2021年)

External Expenditure on R&D in Industrial Enterprises above Designated Size by Scale and Registration Status(2021)

单位：万元 (10 000 yuan)

注册类型	Type of Registration	R&D经费外部支出 External Expenditure on R&D	#对境内研究机构支出 to Domestic Research Institutions	#对境内高校支出 to Domestic Higher Education
总　计	**Total**	**12832845**	**4099679**	**731866**
#大型企业	Large-sized Industrial Enterprises	8778195	3163501	396684
中型企业	Medium-sized Industrial Enterprises	2343016	623114	139731
内资企业	**Domestic Funded**	**10182635**	**3753970**	**668110**
国有企业	State-owned Enterprises	298192	41990	50090
集体企业	Collective-owned Enterprises	915	596	100
股份合作企业	Cooperative Enterprises	2612	371	97
联营企业	Joint Ownership Enterprises	528	216	1
国有联营企业	State Joint Ownership Enterprises			
集体联营企业	Collective Joint Ownership Enterprises			
国有与集体联营企业	Joint State-collective Enterprises	363	50	1
其他联营企业	Other Joint Ownership Enterprises	165	165	
有限责任公司	Limited Liability Corporations	4614092	1607444	214798
国有独资公司	State Sole Funded Corporations	622872	172139	72372
其他有限责任公司	Other Limited Liability Corporations	3991219	1435305	142426
股份有限公司	Share-holding Corporations Ltd.	1830333	336643	183954
私营企业	Private Enterprises	3424271	1764778	218860
私营独资企业	Private-funded Enterprises	25744	2898	753
私营合伙企业	Private Partnership Enterprises	298	62	10
私营有限责任公司	Private Limited Liability Corporations	3094414	1704628	176435
私营股份有限公司	Private Share-holding Corporations Ltd.	303815	57189	41662
其他企业	Other Enterprises	11693	1933	211
港澳台商投资企业	**Enterprises with Funds from Hong Kong, Macau and Taiwan**	**948497**	**232657**	**27021**
与港澳台商合资经营企业	Joint-venture Enterprises with Funds from Hong Kong, Macau and Taiwan	178150	30104	11093
与港澳台商合作经营企业	Cooperative Enterprises with Funds from Hong Kong, Macau and Taiwan	1676.2	189.3	215.3
港澳台商独资经营企业	Enterprises with Sole Funds from Hong Kong, Macau and Taiwan	487066	70553	9167
港澳台商投资股份有限公司	Share-holding Corporations Ltd. with Funds from Hong Kong, Macau and Taiwan	259607.4	116735.7	6481
外商投资企业	**Foreign Funded Enterprises**	**1701714**	**113052**	**36735**
中外合资经营企业	Joint-venture Enterprises	566666	47896	13579
中外合作经营	Cooperation Enterprises	3047	378	419
外资企业	Enterprises with Sole Foreign Funds	975857	39135	10767
外商投资股份有限公司	Share-holding Corporations Ltd.with Foreign Funds	139317	25617	11924

2–16 按行业分规上工业企业R&D经费外部支出(2021年)

External Expenditure on R&D in Industrial Enterprises above Designated Size by Industrial Sector(2021)

单位：万元 (10 000 yuan)

行 业	Industry	R&D经费外部支出 External Expenditure on R&D	#对境内研究机构支出 to Domestic Research Institutions	#对境内高校支出 to Domestic Higher Education
总 计	**Total**	**12832845**	**4099679**	**731866**
煤炭开采和洗选业	Mining and Washing of Coal	157066	42903	26090
石油和天然气开采业	Extraction of Petroleum and Natural Gas	205510	33027	49573
黑色金属矿采选业	Mining and Processing of Ferrous Metal Ores	15436	4106	3930
有色金属矿采选业	Mining and Processing of Non-Ferrous Metal Ores	19641	6598	5223
非金属矿采选业	Mining and Processing of Non-metal Ores	5517	1265	609
农副食品加工业	Processing of Food from Agricultural Products	47116	12685	17330
食品制造业	Manufacture of Foods	72200	16048	20268
酒、饮料和精制茶制造业	Manufacture of Liquor, Beverages and Refined Tea	25223	8283	10643
烟草制品业	Manufacture of Tobacco	45943	10626	11071
纺织业	Manufacture of Textile	32267	5878	8230
纺织服装、服饰业	Manufacture of Textile, Wearing Apparel and Accessories	12534	1763	1905
皮革、毛皮、羽毛及其制品和制鞋业	Manufacture of Leather, Fur, Feather and Related Products and Footwear	12834	823	2681
木材加工和木、竹、藤、棕、草制品业	Processing of Timbers and Manufacture of Wood, Bamboo, Rattan, Palm and Straw Products	3084	667	1422
家具制造业	Manufacture of Furniture	8080	492	1545
造纸和纸制品业	Manufacture of Paper and Paper Products	6513	904	1762
印刷和记录媒介复制业	Printing and Reproduction of Recording Media	9601	866	2015
文教、工美、体育和娱乐用品制造业	Manufacture of Articles for Culture, Education, Arts and Crafts, Sport and Entertainment Activities	17403	3380	4191
石油、煤炭及其他燃料加工业	Processing of Petroleum, Coal and Other Fuels	55260	10785	14395
化学原料和化学制品制造业	Manufacture of Raw Chemical Materials and Chemical Products	288669	75685	57728
医药制造业	Manufacture of Medicines	1767762	412466	64104
化学纤维制造业	Manufacture of Chemical Fibres	18934	3522	7181
橡胶和塑料制品业	Manufacture of Rubber and Plastics Products	120784	15478	10585
非金属矿物制品业	Manufacture of Non-metallic Mineral Products	62617	13101	16238
黑色金属冶炼和压延加工业	Smelting and Pressing of Ferrous Metals	115651	29844	26770
有色金属冶炼和压延加工业	Smelting and Pressing of Non-Ferrous Metals	65652	18381	15224
金属制品业	Manufacture of Metal Products	73463	18397	14713
通用设备制造业	Manufacture of General Purpose Machinery	349561	51774	40136
专用设备制造业	Manufacture of Special Purpose Machinery	322215	54670	32188
汽车制造业	Manufacture of Automobiles	1772893	484735	19862
铁路、船舶、航空航天和其他运输设备制造业	Manufacture of Railway, Ship, Aerospace and Other Transport Equipments	957093	351522	71658
电气机械和器材制造业	Manufacture of Electrical Machinery and Apparatus	499514	61942	34633
计算机、通信和其他电子设备制造业	Manufacture of Computer, Communication and Other Electronic Equipment	4961847	2261264	41064
仪器仪表制造业	Manufacture of Measuring Instrument and Machinery	208197	15208	13259
其他制造业	Other Manufacture	38543	3870	5919
金属制品、机械和设备修理业	Repaire Service of Metal Products, Machinery and Equipment	9440	299	938
电力、热力生产和供应业	Production and Supply of Electric Power and Heat Power	403407	56153	66331
燃气生产和供应业	Production and Supply of Gas	7871	3864	567
水的生产和供应业	Production and Supply of Water	5416	1120	1347

2-17 各地区规上工业企业R&D经费外部支出(2021年)

External Expenditure on R&D in Industrial Enterprises above Designated Size by Region(2021)

单位：万元 (10 000 yuan)

地 区	Region	R&D经费外部支出 External Expenditure on R&D	#对境内研究机构支出 to Domestic Research Institutions	#对境内高校支出 to Domestic Higher Education
全 国	**National Total**	**12832845**	**4099679**	**731866**
东部地区	Eastern Region	9322303	3277777	385048
中部地区	Middle Region	1598098	353262	157352
西部地区	Western Region	1382151	393189	152178
东北地区	Northeast Region	530294	75451	37288
北 京	Beijing	566278	249884	24191
天 津	Tianjin	200645	37013	9845
河 北	Hebei	273895	186898	9656
山 西	Shanxi	81366	29226	7615
内 蒙 古	Inner Mongolia	90322	40791	9678
辽 宁	Liaoning	223676	34348	18876
吉 林	Jilin	249494	30164	12532
黑 龙 江	Heilongjiang	57124	10939	5881
上 海	Shanghai	670780	62915	23672
江 苏	Jiangsu	1276276	131442	92538
浙 江	Zhejiang	770740	66495	63457
安 徽	Anhui	429336	65501	36514
福 建	Fujian	176977	32282	18946
江 西	Jiangxi	148667	16801	10670
山 东	Shandong	862331	143494	90455
河 南	Henan	215362	47034	23481
湖 北	Hubei	378378	114546	34564
湖 南	Hunan	344988	80155	44508
广 东	Guangdong	4428952	2351794	51756
广 西	Guangxi	82889	20297	3702
海 南	Hainan	95430	15560	533
重 庆	Chongqing	194336	33869	11677
四 川	Sichuan	280334	46286	45731
贵 州	Guizhou	89803	10009	8478
云 南	Yunnan	120135	14933	15654
西 藏	Tibet	6540	1267	585
陕 西	Shaanxi	366410	195517	26525
甘 肃	Gansu	29439	4590	7529
青 海	Qinghai	6418	794	642
宁 夏	Ningxia	29930	4948	4801
新 疆	Xinjiang	85596	19888	17176

2-18 按企业规模及登记注册类型分规上工业企业办研发机构情况(2021年)

R&D Institutions in Industrial Enterprises above Designated Size by Scale and Registration Status(2021)

注册类型	Type of Registration	机构数(个) Institutions (unit)	机构人员(人) Personnel (person)	#博士和硕士 Doctor and Master	机构经费支出(万元) Expenditure on S&T Institutions (10 000 yuan)	仪器和设备原价(万元) Equipment (10 000 yuan)
总　计	**Total**	**120367**	**4124619**	**510763**	**168789717**	**116100701**
#大型企业	Large-sized Industrial Enterprises	7909	1581268	314338	87741923	47543931
中型企业	Medium-sized Industrial Enterprises	19963	1071318	92655	36762819	29030727
内资企业	**Domestic Funded**	**106772**	**3283047**	**424922**	**134075543**	**89873104**
国有企业	State-owned Enterprises	502	40233	10294	2042795	2274050
集体企业	Collective-owned Enterprises	64	1366	272	56818	51161
股份合作企业	Cooperative Enterprises	139	2667	112	68868	66736
联营企业	Joint Ownership Enterprises	16	286	40	13562	5071
国有联营企业	State Joint Ownership Enterprises	5	111	12	3828	1106
集体联营企业	Collective Joint Ownership Enterprises	2	55		2481	385
国有与集体联营企业	Joint State-collective Enterprises	7	75	16	4256	1584
其他联营企业	Other Joint Ownership Enterprises	2	45		2997	1995
有限责任公司	Limited Liability Corporations	16843	864223	172413	48121299	34706908
国有独资公司	State Sole Funded Corporations	1083	79677	22592	3970887	4707916
其他有限责任公司	Other Limited Liability Corporations	15760	784546	149821	44150413	29998992
股份有限公司	Share-holding Corporations Ltd.	5995	533880	115111	24136048	14631620
私营企业	Private Enterprises	83190	1837783	126102	59556100	38056750
私营独资企业	Private-funded Enterprises	930	11067	699	422651	264316
私营合伙企业	Private Partnership Enterprises	137	1455	72	34361	28286
私营有限责任公司	Private Limited Liability Corporations	74318	1529175	96332	49002834	31833092
私营股份有限公司	Private Share-holding Corporations Ltd.	7805	296086	28999	10096253	5931056
其他企业	Other Enterprises	23	2609	578	80055	80809
港澳台商投资企业	**Enterprises with Funds from Hong Kong, Macau and Taiwan**	**6968**	**447707**	**37676**	**15461407**	**11963198**
与港澳台商合资经营企业	Joint-venture Enterprises with Funds from Hong Kong, Macau and Taiwan	2118	118941	10306	4770118	3699052
与港澳台商合作经营企业	Cooperative Enterprises with Funds from Hong Kong, Macau and Taiwan	62	2082	69	64981	51111
港澳台商独资经营企业	Enterprises with Sole Funds from Hong Kong, Macau and Taiwan	4138	241196	13522	7245719	6512773
港澳台商投资股份有限公司	Share-holding Corporations Ltd. with Funds from Hong Kong, Macau and Taiwan	590	82480	13648	3286308	1659450
外商投资企业	**Foreign Funded Enterprises**	**6627**	**393865**	**48165**	**19252767**	**14264399**
中外合资经营企业	Joint-venture Enterprises	2453	153061	23289	9854137	6335789
中外合作经营	Cooperation Enterprises	53	3417	389	157562	126841
外资企业	Enterprises with Sole Foreign Funds	3673	200453	17590	7369984	6661800
外商投资股份有限公司	Share-holding Corporations Ltd. with Foreign Funds	386	34062	6575	1763636	1022923

2–19　按行业分规上工业企业办研发机构情况(2021年)
R&D Institutions in Industrial Enterprises above Designated Size by Industrial Sector(2021)

行　业	Industry	机构数（个）Institutions (unit)	机构人员（人）Personnel (person)	#博士和硕士 Doctor and Master	机构经费支出（万元）Expenditure on S&T Institutions (10 000 yuan)	仪器和设备原价（万元）Equipment (10 000 yuan)
总　计	**Total**	**120367**	**4124619**	**510763**	**168789717**	**116100701**
煤炭开采和洗选业	Mining and Washing of Coal	284	20926	1808	506257	688311
石油和天然气开采业	Extraction of Petroleum and Natural Gas	90	19987	8603	657059	514057
黑色金属矿采选业	Mining and Processing of Ferrous Metal Ores	75	4380	528	203621	182551
有色金属矿采选业	Mining and Processing of Non-Ferrous Metal Ores	122	4653	310	179259	154851
非金属矿采选业	Mining and Processing of Non-metal Ores	287	4407	291	167667	189540
农副食品加工业	Processing of Food from Agricultural Products	3500	53498	6893	2087295	1282515
食品制造业	Manufacture of Foods	2136	54471	6182	1624206	1730554
酒、饮料和精制茶制造业	Manufacture of Liquor, Beverages and Refined Tea	1067	27170	2753	801698	1005257
烟草制品业	Manufacture of Tobacco	75	4547	1708	391956	512057
纺织业	Manufacture of Textile	4395	101647	3285	2449582	1970408
纺织服装、服饰业	Manufacture of Textile,Wearing Apparel and Accessories	1703	43278	1487	839725	477691
皮革、毛皮、羽毛及其制品和制鞋业	Manufacture of Leather, Fur, Feather and Related Products and Footwear	1395	30321	685	584150	246796
木材加工和木、竹、藤、棕、草制品业	Processing of Timbers and Manufacture of Wood, Bamboo, Rattan, Palm and Straw Products	1087	16623	829	533150	327324
家具制造业	Manufacture of Furniture	1583	41885	1072	966495	443845
造纸和纸制品业	Manufacture of Paper and Paper Products	1543	41140	1124	1695513	1323045
印刷和记录媒介复制业	Printing and Reproduction of Recording Media	1515	34471	1266	860431	1034271
文教、工美、体育和娱乐用品制造业	Manufacture of Articles for Culture, Education, Arts and Crafts, Sport and Entertainment Activities	2205	55666	1996	1212473	649779
石油、煤炭及其他燃料加工业	Processing of Petroleum, Coal and Other Fuels	446	20121	2432	1798317	1432466
化学原料和化学制品制造业	Manufacture of Raw Chemical Materials and Chemical Products	8020	197754	24807	9271671	6849628
医药制造业	Manufacture of Medicines	4059	177028	40475	9104664	5573475
化学纤维制造业	Manufacture of Chemical Fibres	665	27709	1447	1308830	1489298
橡胶和塑料制品业	Manufacture of Rubber and Plastics Products	6752	153834	7330	4405734	7088382
非金属矿物制品业	Manufacture of Non-metallic Mineral Products	7109	158597	8862	5095438	6094155
黑色金属冶炼和压延加工业	Smelting and Pressing of Ferrous Metals	1113	69514	6321	8144807	4097041
有色金属冶炼和压延加工业	Smelting and Pressing of Non-Ferrous Metals	2245	70249	6109	4341703	3343056
金属制品业	Manufacture of Metal Products	8104	183800	9291	5492689	4700411
通用设备制造业	Manufacture of General Purpose Machinery	10985	298166	26320	9323241	7651921
专用设备制造业	Manufacture of Special Purpose Machinery	9604	282201	33793	8670339	7273229
汽车制造业	Manufacture of Automobiles	5594	298232	40689	15775575	8945467
铁路、船舶、航空航天和其他运输设备制造业	Manufacture of Railway, Ship, Aerospace and Other Transport Equipments	1924	114341	22849	4205181	4228952
电气机械和器材制造业	Manufacture of Electrical Machinery and Apparatus	12829	459511	43136	17822098	9653639
计算机、通信和其他	Manufacture of Computer, Communication and Other	12700	877483	171019	42322904	18645886
电子设备制造业	Electronic Equipment	2972	112710	15295	3282617	2321283
仪器仪表制造业	Manufacture of Measuring Instrument and Machinery	591	15653	1693	505836	386176
其他制造业	Other Manufacture	460	8500	682	496698	315597
金属制品、机械和设备修理业	Repaire Service of Metal Products, Machinery and Equipment	109	5604	735	140672	122205
电力、热力生产和供应业	Production and Supply of Electric Power and Heat Power	600	19599	4453	903510	2295988
燃气生产和供应业	Production and Supply of Gas	159	5354	448	202237	493619
水的生产和供应业	Production and Supply of Water	227	4882	744	145178	154600

2-20 各地区规上工业企业办研发机构情况(2021年)
R&D Institutions in Industrial Enterprises above Designated Size by Region(2021)

地 区	Region	机构数(个) Institutions (unit)	机构人员(人) Personnel (person)	#博士和硕士 Doctor and Master	机构经费支出(万元) Expenditure on S&T Institutions (10 000 yuan)	仪器和设备原价(万元) Equipment (10 000 yuan)
全 国	**National Total**	**120367**	**4124619**	**510763**	**168789717**	**116100701**
东部地区	Eastern Region	86965	3027989	362916	125625453	75189799
中部地区	Middle Region	25199	719621	87692	27873321	22870320
西部地区	Western Region	7187	311888	46141	12177769	15022972
东北地区	Northeast Region	1016	65121	14014	3113175	3017610
北 京	Beijing	548	47048	15283	2878512	1467926
天 津	Tianjin	639	41949	7971	1607877	1225040
河 北	Hebei	2816	95112	10615	4655799	2598299
山 西	Shanxi	1413	63210	5481	1978737	2533679
内蒙古	Inner Mongolia	182	13187	2215	495730	537789
辽 宁	Liaoning	611	34989	6861	1232423	1272148
吉 林	Jilin	158	14189	4130	1135463	955049
黑龙江	Heilongjiang	247	15943	3023	745289	790413
上 海	Shanghai	850	75065	22354	6085762	3673114
江 苏	Jiangsu	17805	523884	57159	22632446	18691786
浙 江	Zhejiang	20752	632839	41097	21136698	12526376
安 徽	Anhui	7114	172136	20481	6833679	5875217
福 建	Fujian	2115	113138	10005	3925975	2524322
江 西	Jiangxi	5270	128937	7515	5199616	3120403
山 东	Shandong	8434	271560	37347	12002019	8873232
河 南	Henan	3302	111469	15107	3666350	3736985
湖 北	Hubei	5013	153690	22283	6187368	5066696
湖 南	Hunan	3087	90179	16825	4007571	2537340
广 东	Guangdong	32938	1224075	160806	50468353	23410279
广 西	Guangxi	697	28940	2513	1135602	1510861
海 南	Hainan	68	3319	279	232013	199425
重 庆	Chongqing	1928	74738	9099	3197207	5468298
四 川	Sichuan	2023	90392	14091	3139631	2819005
贵 州	Guizhou	503	20778	2627	773200	694167
云 南	Yunnan	493	19111	1856	779684	917078
西 藏	Tibet	3	37	7	1181	584
陕 西	Shaanxi	705	35864	8682	1474333	1629356
甘 肃	Gansu	225	8294	1307	231407	380706
青 海	Qinghai	54	2446	356	76127	112654
宁 夏	Ningxia	211	8168	859	347820	313607
新 疆	Xinjiang	163	9933	2529	525849	638866

2-21 按企业规模及登记注册类型分规上工业企业新产品开发和销售(2021年)

New Products Development and Sale of Industrial Enterprises above Designated Size by Scale and Registration Status (2021)

单位：万元 (10 000 yuan)

注册类型	Type of Registration	新产品开发项目数(项) New Products (unit)	新产品开发经费支出 Expenditure on New Products Development	新产品销售收入 Sales Revenue of New Products	#出口 Exports
总　计	**Total**	**958709**	**226528583**	**2955666961**	**524170891**
#大型企业	Large-sized Industrial Enterprises	125384	102305264	1533426481	353458445
中型企业	Medium-sized Industrial Enterprises	197096	51513284	689085165	101638618
内资企业	**Domestic Funded**	**832694**	**180987608**	**2235244839**	**288608462**
国有企业	State-owned Enterprises	7923	2647867	32331060	952988
集体企业	Collective-owned Enterprises	458	89013	886769	113646
股份合作企业	Cooperative Enterprises	1177	129223	1497993	101227
联营企业	Joint Ownership Enterprises	138	50045	583514	23817
国有联营企业	State Joint Ownership Enterprises	63	17267	401195	6254
集体联营企业	Collective Joint Ownership Enterprises	8	1727	7814	
国有与集体联营企业	Joint State-collective Enterprises	22	3557	11451	
其他联营企业	Other Joint Ownership Enterprises	45	27493	163055	17563
有限责任公司	Limited Liability Corporations	170067	60478448	705502653	88275442
国有独资公司	State Sole Funded Corporations	16112	6002744	70156240	3663813
其他有限责任公司	Other Limited Liability Corporations	153955	54475704	635346413	84611629
股份有限公司	Share-holding Corporations Ltd.	69399	28486188	371506453	53812761
私营企业	Private Enterprises	583300	88984677	1120831720	144639625
私营独资企业	Private-funded Enterprises	4141	703623	8723633	457359
私营合伙企业	Private Partnership Enterprises	669	82200	853261	110528
私营有限责任公司	Private Limited Liability Corporations	511917	75267682	935365974	112101322
私营股份有限公司	Private Share-holding Corporations Ltd.	66573	12931172	175888852	31970417
其他企业	Other Enterprises	232	122148	2104678	688957
港澳台商投资企业	**Enterprises with Funds from Hong Kong, Macau and Taiwan**	**59539**	**19980053**	**344727307**	**138232927**
与港澳台商合资经营企业	Joint-venture Enterprises with Funds from Hong Kong, Macau and Taiwan	19527	6195756	101423144	33721843
与港澳台商合作经营企业	Cooperative Enterprises with Funds from Hong Kong, Macau and Taiwan	462	133445.3	877692.7	282115.1
港澳台商独资经营企业	Enterprises with Sole Funds from Hong Kong, Macau and Taiwan	32101	9925773	182538466	86517276
港澳台商投资股份有限公司	Share-holding Corporations Ltd. with Funds from Hong Kong, Macau and Taiwan	6905	3319277.2	46421004.1	11675783.1
外商投资企业	**Foreign Funded Enterprises**	**66476**	**25560922**	**375694815**	**97329503**
中外合资经营企业	Joint-venture Enterprises	25756	11829810	186621600	27149464
中外合作经营	Cooperation Enterprises	623	142365	2354464	307012
外资企业	Enterprises with Sole Foreign Funds	33946	11036969	154602587	64655217
外商投资股份有限公司	Share-holding Corporations Ltd. with Foreign Funds	5754	2417876	31010731	5041746

2-22 按行业分规上工业企业新产品开发和销售(2021年)
New Products Development and Sale of Industrial Enterprises above Designated Size by Industrial Sector (2021)

单位：万元 (10 000 yuan)

行 业	Industry	新产品开发项目数(项) New Products (unit)	新产品开发经费支出 Expenditure on New Products Development	新产品销售收入 Sales Revenue of New Products	#出口 Exports
总 计	**Total**	**958709**	**226528583**	**2955666961**	**524170891**
煤炭开采和洗选业	Mining and Washing of Coal	1985	636073	6664036	29107
石油和天然气开采业	Extraction of Petroleum and Natural Gas	842	273929	3008048	
黑色金属矿采选业	Mining and Processing of Ferrous Metal Ores	643	278577	3255403	
有色金属矿采选业	Mining and Processing of Non-Ferrous Metal Ores	735	151869	1871663	4955
非金属矿采选业	Mining and Processing of Non-metal Ores	1079	192637	3001996	59707
农副食品加工业	Processing of Food from Agricultural Products	19658	3870802	49570037	1833259
食品制造业	Manufacture of Foods	15869	2497718	29443750	2624866
酒、饮料和精制茶制造业	Manufacture of Liquor, Beverages and Refined Tea	6296	1193083	14751481	430094
烟草制品业	Manufacture of Tobacco	1571	225464	4402557	119407
纺织业	Manufacture of Textile	24747	3839603	49974829	8727512
纺织服装、服饰业	Manufacture of Textile,Wearing Apparel and Accessories	9886	1441273	20835054	4101244
皮革、毛皮、羽毛及其制品和制鞋业	Manufacture of Leather, Fur, Feather and Related Products and Footwear	7719	1183530	14278781	2826688
木材加工和木、竹、藤、棕、草制品业	Processing of Timbers and Manufacture of Wood, Bamboo, Rattan, Palm and Straw Products	6007	919958	11362945	1412679
家具制造业	Manufacture of Furniture	10598	1431627	18318027	4966316
造纸和纸制品业	Manufacture of Paper and Paper Products	10571	2401638	37989659	2081381
印刷和记录媒介复制业	Printing and Reproduction of Recording Media	9297	1269860	16944161	1654183
文教、工美、体育和娱乐用品制造业	Manufacture of Articles for Culture, Education, Arts and Crafts, Sport and Entertainment Activities	15041	1908326	23418916	7952308
石油、煤炭及其他燃料加工业	Processing of Petroleum, Coal and Other Fuels	3889	2095558	50698588	2399633
化学原料和化学制品制造业	Manufacture of Raw Chemical Materials and Chemical Products	57648	11700571	181931702	16762238
医药制造业	Manufacture of Medicines	49652	11286100	110451212	20550162
化学纤维制造业	Manufacture of Chemical Fibres	5253	1810908	29742676	2110671
橡胶和塑料制品业	Manufacture of Rubber and Plastics Products	46751	6558822	82415406	14923555
非金属矿物制品业	Manufacture of Non-metallic Mineral Products	44270	8101793	102712626	6035569
黑色金属冶炼和压延加工业	Smelting and Pressing of Ferrous Metals	15436	13309092	185942574	6583743
有色金属冶炼和压延加工业	Smelting and Pressing of Non-Ferrous Metals	17174	6695454	120241798	5429956
金属制品业	Manufacture of Metal Products	55748	8131739	107220869	15073474
通用设备制造业	Manufacture of General Purpose Machinery	93674	14055874	164759430	21720613
专用设备制造业	Manufacture of Special Purpose Machinery	86378	13391215	128698722	17062692
汽车制造业	Manufacture of Automobiles	56202	18776516	309680388	16128483
铁路、船舶、航空航天和其他运输设备制造业	Manufacture of Railway, Ship, Aerospace and Other Transport Equipments	22181	7111180	77435317	13700137
电气机械和器材制造业	Manufacture of Electrical Machinery and Apparatus	103969	23102002	351529967	69944082
计算机、通信和其他电子设备制造业	Manufacture of Computer, Communication and Other Electronic Equipment	109234	48592085	576519411	250387160
仪器仪表制造业	Manufacture of Measuring Instrument and Machinery	29862	4436471	33194083	4270295
其他制造业	Other Manufacture	4313	717106	6244700	1640399
金属制品、机械和设备修理业	Repaire Service of Metal Products, Machinery and Equipment	1279	245760	1617518	212216
电力、热力生产和供应业	Production and Supply of Electric Power and Heat Power	7775	1557218	4239221	86241
燃气生产和供应业	Production and Supply of Gas	1004	235274	7063828	
水的生产和供应业	Production and Supply of Water	1123	153712	1103135	177

2-23 各地区规上工业企业新产品开发和销售(2021年)
New Products Development and Sale of Industrial Enterprise above Designated Size by Region (2021)

单位：万元 (10 000 yuan)

地 区	Region	新产品开发项目数(项) New Products (unit)	新产品开发经费支出 Expenditure on New Products Development	新产品销售收入 Sales Revenue of New Products	#出口 Exports
全 国	**National Total**	**958709**	**226528583**	**2955666961**	**524170891**
东部地区	Eastern Region	681401	156083830	1981145237	415156097
中部地区	Middle Region	161922	41528840	623079742	73972569
西部地区	Western Region	88879	22304451	259259388	28314675
东北地区	Northeast Region	26507	6611463	92182594	6727551
北 京	Beijing	15199	6066577	82529591	20891453
天 津	Tianjin	16501	2880824	48140869	7661020
河 北	Hebei	26766	7209207	96682633	6903336
山 西	Shanxi	7501	1871006	29406029	2285514
内 蒙 古	Inner Mongolia	3645	1492892	16554915	1020564
辽 宁	Liaoning	16131	3824926	50108739	5694607
吉 林	Jilin	4369	1677694	29551441	787018
黑 龙 江	Heilongjiang	6007	1108843	12522414	245927
上 海	Shanghai	24859	10765301	105748814	13650361
江 苏	Jiangsu	116152	33574354	426223729	96307299
浙 江	Zhejiang	164007	23250693	368901158	74408550
安 徽	Anhui	36917	9088347	151017266	21235478
福 建	Fujian	31534	8210449	78221353	18766473
江 西	Jiangxi	29613	5884402	95750449	10197966
山 东	Shandong	83641	17475012	275403023	33527048
河 南	Henan	26256	5943870	88258121	25719313
湖 北	Hubei	24783	9324551	136955566	7457735
湖 南	Hunan	36852	9416664	121692312	7076561
广 东	Guangdong	201009	46369762	496849026	142962987
广 西	Guangxi	10139	2173118	30334971	2095620
海 南	Hainan	1733	281651	2445040	77571
重 庆	Chongqing	19752	4904174	69951788	14289567
四 川	Sichuan	26218	5720504	61387535	5674694
贵 州	Guizhou	5381	1054368	10207676	485708
云 南	Yunnan	5801	1374209	12055832	194551
西 藏	Tibet	78	20691	54323	
陕 西	Shaanxi	11553	3524257	38113676	3608914
甘 肃	Gansu	2039	540833	7662666	384461
青 海	Qinghai	387	168851	1714617	3012
宁 夏	Ningxia	2076	558709	5400468	212501
新 疆	Xinjiang	1810	771845	5820921	345084

2-24 按企业规模及登记注册类型分规上工业企业专利(2021年)
Statistics on Patent of Industrial Enterprises above Designated Size by Scale and Registration Status (2021)

单位：件 (piece)

注册类型	Type of Registration	专利申请数 Patent Applications	#发明专利 Inventions	有效发明专利数 Inventions in Force
总　计	**Total**	**1403611**	**494589**	**1691909**
#大型企业	Large-sized Industrial Enterprises	441341	237721	725160
中型企业	Medium-sized Industrial Enterprises	265938	88646	294054
内资企业	**Domestic Funded**	**1224747**	**429773**	**1450729**
国有企业	State-owned Enterprises	23386	12685	29564
集体企业	Collective-owned Enterprises	1163	293	901
股份合作企业	Cooperative Enterprises	790	166	877
联营企业	Joint Ownership Enterprises	3047	2687	3283
国有联营企业	State Joint Ownership Enterprises	2971	2661	3201
集体联营企业	Collective Joint Ownership Enterprises	6	2	14
国有与集体联营企业	Joint State-collective Enterprises	42	14	62
其他联营企业	Other Joint Ownership Enterprises	28	10	6
有限责任公司	Limited Liability Corporations	317391	149931	484602
国有独资公司	State Sole Funded Corporations	45563	28097	64572
其他有限责任公司	Other Limited Liability Corporations	271828	121834	420030
股份有限公司	Share-holding Corporations Ltd.	156968	76233	268900
私营企业	Private Enterprises	721300	187502	661711
私营独资企业	Private-funded Enterprises	3254	746	2437
私营合伙企业	Private Partnership Enterprises	541	103	299
私营有限责任公司	Private Limited Liability Corporations	613303	150607	535575
私营股份有限公司	Private Share-holding Corporations Ltd.	104202	36046	123400
其他企业	Other Enterprises	702	276	891
港澳台商投资企业	**Enterprises with Funds from Hong Kong, Macau and Taiwan**	**83644**	**29775**	**111913**
与港澳台商合资经营企业	Joint-venture Enterprises with Funds from Hong Kong, Macau and Taiwan	28532	10013	34907
与港澳台商合作经营企业	Cooperative Enterprises with Funds from Hong Kong, Macau and Taiwan	463	75	532
港澳台商独资经营企业	Enterprises with Sole Funds from Hong Kong, Macau and Taiwan	37853	12419	56316
港澳台商投资股份有限公司	Share-holding Corporations Ltd. with Funds from Hong Kong, Macau and Taiwan	15730	6801	19218
外商投资企业	**Foreign Funded Enterprises**	**95220**	**35041**	**129267**
中外合资经营企业	Joint-venture Enterprises	38355	15453	49130
中外合作经营	Cooperation Enterprises	802	184	849
外资企业	Enterprises with Sole Foreign Funds	39388	13164	59305
外商投资股份有限公司	Share-holding Corporations Ltd. with Foreign Funds	15639	5881	19491

2–25 按行业分规上工业企业专利(2021年)

Statistics on Patent of Industrial Enterprises above Designated Size by Industrial Sector (2021)

单位：件 (piece)

行业	Industry	专利申请数 Patent Applications	#发明专利 Inventions	有效发明专利数 Inventions In Force
总　计	**Total**	**1403611**	**494589**	**1691909**
煤炭开采和洗选业	Mining and Washing of Coal	5616	1545	3240
石油和天然气开采业	Extraction of Petroleum and Natural Gas	3890	2695	5271
黑色金属矿采选业	Mining and Processing of Ferrous Metal Ores	1358	579	2212
有色金属矿采选业	Mining and Processing of Non-Ferrous Metal Ores	1446	389	1106
非金属矿采选业	Mining and Processing of Non-metal Ores	1409	297	1013
农副食品加工业	Processing of Food from Agricultural Products	16987	4209	16668
食品制造业	Manufacture of Foods	14326	4582	18262
酒、饮料和精制茶制造业	Manufacture of Liquor, Beverages and Refined Tea	5959	1366	5250
烟草制品业	Manufacture of Tobacco	7659	2556	6343
纺织业	Manufacture of Textile	20382	4427	17434
纺织服装、服饰业	Manufacture of Textile,Wearing Apparel and Accessories	8271	1564	5960
皮革、毛皮、羽毛及其制品和制鞋业	Manufacture of Leather, Fur, Feather and Related Products and Footwear	7253	1023	3518
木材加工和木、竹、藤、棕、草制品业	Processing of Timbers and Manufacture of Wood, Bamboo, Rattan, Palm and Straw Products	5552	1223	4543
家具制造业	Manufacture of Furniture	16098	1995	7556
造纸和纸制品业	Manufacture of Paper and Paper Products	10632	2327	9329
印刷和记录媒介复制业	Printing and Reproduction of Recording Media	11117	2029	9996
文教、工美、体育和娱乐用品制造业	Manufacture of Articles for Culture, Education, Arts and Crafts, Sport and Entertainment Activities	19811	2978	13073
石油、煤炭及其他燃料加工业	Processing of Petroleum, Coal and Other Fuels	4400	1593	6617
化学原料和化学制品制造业	Manufacture of Raw Chemical Materials and Chemical Products	58355	22550	86796
医药制造业	Manufacture of Medicines	31497	15391	64511
化学纤维制造业	Manufacture of Chemical Fibres	4396	1244	5417
橡胶和塑料制品业	Manufacture of Rubber and Plastics Products	50532	11316	44609
非金属矿物制品业	Manufacture of Non-metallic Mineral Products	55011	14077	50879
黑色金属冶炼和压延加工业	Smelting and Pressing of Ferrous Metals	21528	8451	23471
有色金属冶炼和压延加工业	Smelting and Pressing of Non-Ferrous Metals	20889	6529	23818
金属制品业	Manufacture of Metal Products	65860	14286	59520
通用设备制造业	Manufacture of General Purpose Machinery	124056	32858	128191
专用设备制造业	Manufacture of Special Purpose Machinery	130523	39820	140623
汽车制造业	Manufacture of Automobiles	86386	26988	80855
铁路、船舶、航空航天和其他运输设备制造业	Manufacture of Railway, Ship, Aerospace and Other Transport Equipments	36498	15418	49771
电气机械和器材制造业	Manufacture of Electrical Machinery and Apparatus	198905	63870	191831
计算机、通信和其他电子设备制造业	Manufacture of Computer, Communication and Other Electronic Equipment	254906	138888	496094
仪器仪表制造业	Manufacture of Measuring Instrument and Machinery	42912	14266	43744
其他制造业	Other Manufacture	6527	2086	6320
金属制品、机械和设备修理业	Repaire Service of Metal Products, Machinery and Equipment	1965	597	1666
电力、热力生产和供应业	Production and Supply of Electric Power and Heat Power	41342	24940	47236
燃气生产和供应业	Production and Supply of Gas	1266	263	725
水的生产和供应业	Production and Supply of Water	2042	676	1898

2-26 各地区规上工业企业专利(2021年)
Statistics on Patent of Industrial Enterprises above Designated Size by Region (2021)

单位：件 (piece)

地 区	Region	专利申请数 Patent Applications	#发明专利 Inventions	有效发明专利数 Inventions in Force
全 国	**National Total**	**1403611**	**494589**	**1691909**
东部地区	Eastern Region	978355	342041	1224079
中部地区	Middle Region	258334	91234	264278
西部地区	Western Region	132178	48744	155092
东北地区	Northeast Region	34744	12570	48460
北 京	Beijing	28221	15589	70538
天 津	Tianjin	18952	5928	26326
河 北	Hebei	30171	8844	34240
山 西	Shanxi	10152	3664	12336
内 蒙 古	Inner Mongolia	7722	2725	6847
辽 宁	Liaoning	20104	6614	31740
吉 林	Jilin	7949	3187	7109
黑 龙 江	Heilongjiang	6691	2769	9611
上 海	Shanghai	41431	16786	66509
江 苏	Jiangsu	207371	65806	242423
浙 江	Zhejiang	159920	41292	120873
安 徽	Anhui	75058	30230	78480
福 建	Fujian	51551	15516	45695
江 西	Jiangxi	32350	8312	21690
山 东	Shandong	98190	31824	103410
河 南	Henan	45391	10345	42849
湖 北	Hubei	54807	22180	61986
湖 南	Hunan	40576	16503	46937
广 东	Guangdong	340935	139727	511717
广 西	Guangxi	11641	4878	14995
海 南	Hainan	1613	729	2348
重 庆	Chongqing	22240	7362	24388
四 川	Sichuan	41236	14847	48898
贵 州	Guizhou	8372	3850	9357
云 南	Yunnan	9467	2996	11021
西 藏	Tibet	100	31	227
陕 西	Shaanxi	16285	6708	24226
甘 肃	Gansu	4645	1526	4842
青 海	Qinghai	1354	467	1224
宁 夏	Ningxia	3935	1346	3397
新 疆	Xinjiang	5181	2008	5670

2-27 按企业规模及登记注册类型分规上工业企业技术获取和技术改造(2021年)

Technology Acquisition and Renovation of Industrial Enterprises above Designated Size by Scale and Registration Status (2021)

单位：万元 (10 000 yuan)

注册类型	Type of Registration	引进技术经费支出 Expenditure for Acquisition of Foreign Technology	消化吸收经费支出 Expenditure for Assimilation of Technology	购买境内技术经费支出 Expenditure for Purchase of Domestic Technology	技术改造经费支出 Expenditure for Technical Renovation
总　计	**Total**	**5077563**	**808990**	**4642926**	**38442352**
#大型企业	Large-sized Industrial Enterprises	4641255	696701	3352816	26527690
中型企业	Medium-sized Industrial Enterprises	309699	92806	653216	6795947
内资企业	**Domestic Funded**	**1634853**	**98733**	**4102424**	**32026605**
国有企业	State-owned Enterprises	52625	4	292739	1110112
集体企业	Collective-owned Enterprises			173	16455
股份合作企业	Cooperative Enterprises	1		68	12147
联营企业	Joint Ownership Enterprises				4415
国有联营企业	State Joint Ownership Enterprises				4411
集体联营企业	Collective Joint Ownership Enterprises				
国有与集体联营企业	Joint State-collective Enterprises				
其他联营企业	Other Joint Ownership Enterprises				5
有限责任公司	Limited Liability Corporations	282465	34451	1559119	13351865
国有独资公司	State Sole Funded Corporations	48516	7969	152885	3788218
其他有限责任公司	Other Limited Liability Corporations	233949	26482	1406233	9563647
股份有限公司	Share-holding Corporations Ltd.	301283	26129	630146	9038962
私营企业	Private Enterprises	998227	38149	1614626	8489354
私营独资企业	Private-funded Enterprises	235		5514	44465
私营合伙企业	Private Partnership Enterprises			633	4493
私营有限责任公司	Private Limited Liability Corporations	931094	19825	1421494	7164611
私营股份有限公司	Private Share-holding Corporations Ltd.	66898	18325	186985	1275785
其他企业	Other Enterprises	252		5554	3295
港澳台商投资企业	**Enterprises with Funds from Hong Kong, Macau and Taiwan**	**70321**	**8423**	**190503**	**2878163**
与港澳台商合资经营企业	Joint-venture Enterprises with Funds from Hong Kong, Macau and Taiwan	16445	4656	72089	942795
与港澳台商合作经营企业	Cooperative Enterprises with Funds from Hong Kong, Macau and Taiwan			56	7996
港澳台商独资经营企业	Enterprises with Sole Funds from Hong Kong, Macau and Taiwan	35989	610	84385	1366809
港澳台商投资股份有限公司	Share-holding Corporations Ltd. with Funds from Hong Kong, Macau and Taiwan	14760	3156	31732	522453
外商投资企业	**Foreign Funded Enterprises**	**3372389**	**701834**	**349999**	**3537583**
中外合资经营企业	Joint-venture Enterprises	2894509	667882	127446	2158961
中外合作经营	Cooperation Enterprises	1355		3260	44378
外资企业	Enterprises with Sole Foreign Funds	463852	33952	187198	1096123
外商投资股份有限公司	Share-holding Corporations Ltd. with Foreign Funds	12155		31929	235354

2-28 按行业分规上工业企业技术获取和技术改造(2021年)
Technology Acquisition and Renovation of Industrial Enterprises above Designated Size by Industrial Sector (2021)

单位：万元 (10 000 yuan)

行 业	Industry	引进技术经费支出 Expenditure for Acquisition of Foreign Technology	消化吸收经费支出 Expenditure for Assimilation of Technology	购买境内技术经费支出 Expenditure for Purchase of Domestic Technology	技术改造经费支出 Expenditure for Technical Renovation
总 计	**Total**	**5077563**	**808990**	**4642926**	**38442352**
煤炭开采和洗选业	Mining and Washing of Coal	1111	934	2856	938365
石油和天然气开采业	Extraction of Petroleum and Natural Gas				8473
黑色金属矿采选业	Mining and Processing of Ferrous Metal Ores			1088	88531
有色金属矿采选业	Mining and Processing of Non-Ferrous Metal Ores			1552	111467
非金属矿采选业	Mining and Processing of Non-metal Ores			1655	33255
农副食品加工业	Processing of Food from Agricultural Products	1528	357	10957	259230
食品制造业	Manufacture of Foods	12502	556	72683	325427
酒、饮料和精制茶制造业	Manufacture of Liquor, Beverages and Refined Tea	5339	474	28591	865354
烟草制品业	Manufacture of Tobacco	43320		223059	993507
纺织业	Manufacture of Textile	8886	4409	17329	370745
纺织服装、服饰业	Manufacture of Textile,Wearing Apparel and Accessories	6824	1659	21760	75400
皮革、毛皮、羽毛及其制品和制鞋业	Manufacture of Leather, Fur, Feather and Related Products and Footwear			499	27177
木材加工和木、竹、藤、棕、草制品业	Processing of Timbers and Manufacture of Wood, Bamboo, Rattan, Palm and Straw Products	304	10	1621	59056
家具制造业	Manufacture of Furniture	358		10061	118614
造纸和纸制品业	Manufacture of Paper and Paper Products	6325	3177	6557	274091
印刷和记录媒介复制业	Printing and Reproduction of Recording Media	13408	341	19805	262025
文教、工美、体育和娱乐用品制造业	Manufacture of Articles for Culture, Education, Arts and Crafts, Sport and Entertainment Activities	3760	2122	13062	149496
石油、煤炭及其他燃料加工业	Processing of Petroleum, Coal and Other Fuels	1608	727	10734	1611130
化学原料和化学制品制造业	Manufacture of Raw Chemical Materials and Chemical Products	91603	2268	79656	2647725
医药制造业	Manufacture of Medicines	141368	13815	357396	1337537
化学纤维制造业	Manufacture of Chemical Fibres	90165	0	6002	137950
橡胶和塑料制品业	Manufacture of Rubber and Plastics Products	68713	690	26916	1014681
非金属矿物制品业	Manufacture of Non-metallic Mineral Products	14207	1407	49929	1009545
黑色金属冶炼和压延加工业	Smelting and Pressing of Ferrous Metals	139376	9716	733225	8088340
有色金属冶炼和压延加工业	Smelting and Pressing of Non-Ferrous Metals	26928	26	49570	1226041
金属制品业	Manufacture of Metal Products	22457	1650	57257	1003593
通用设备制造业	Manufacture of General Purpose Machinery	139833	23146	128604	1288869
专用设备制造业	Manufacture of Special Purpose Machinery	26599	68941	56610	905863
汽车制造业	Manufacture of Automobiles	2923452	625926	276115	2268567
铁路、船舶、航空航天和其他运输设备制造业	Manufacture of Railway, Ship, Aerospace and Other Transport Equipments	72735	5100	343240	1108414
电气机械和器材制造业	Manufacture of Electrical Machinery and Apparatus	220986	20741	332346	2070137
计算机、通信和其他电子设备制造业	Manufacture of Computer, Communication and Other Electronic Equipment	965978	14608	1517149	4933262
仪器仪表制造业	Manufacture of Measuring Instrument and Machinery	19681	138	26871	242924
其他制造业	Other Manufacture	3261		149	89360
金属制品、机械和设备修理业	Repaire Service of Metal Products, Machinery and Equipment	24	92	455	9427
电力、热力生产和供应业	Production and Supply of Electric Power and Heat Power	4896	5961	151813	2097327
燃气生产和供应业	Production and Supply of Gas	30		1565	52025
水的生产和供应业	Production and Supply of Water			1706	216863

2-29 各地区规上工业企业技术获取和技术改造(2021年)
Technology Acquisition and Renovation of Industrial Enterprises above Designated Size by Region(2021)

单位：万元 (10 000 yuan)

地 区	Region	引进技术经费支出 Expenditure for Acquisition of Foreign Technology	消化吸收经费支出 Expenditure for Assimilation of Technology	购买境内技术经费支出 Expenditure for Purchase of Domestic Technology	技术改造经费支出 Expenditure for Technical Renovation
全 国	**National Total**	**5077563**	**808990**	**4642926**	**38442352**
东部地区	Eastern Region	4039286	769587	3092051	20866451
中部地区	Middle Region	139500	23955	555772	8970931
西部地区	Western Region	320250	15064	556440	6640213
东北地区	Northeast Region	578527	384	438663	1964757
北 京	Beijing	94104	58200	255270	273207
天 津	Tianjin	42189	3	29509	363723
河 北	Hebei	4387	1660	140518	979088
山 西	Shanxi	1802	937	8905	914069
内 蒙 古	Inner Mongolia			19825	368702
辽 宁	Liaoning	52236	58	220496	1306288
吉 林	Jilin	523189		194557	386165
黑 龙 江	Heilongjiang	3102	326	23610	272304
上 海	Shanghai	1472812	632843	356638	1501674
江 苏	Jiangsu	431978	16670	256145	4496714
浙 江	Zhejiang	121987	4362	180457	2423458
安 徽	Anhui	22463	8631	165425	2643079
福 建	Fujian	26219	19774	196381	1662429
江 西	Jiangxi	13261	2171	57429	974141
山 东	Shandong	172831	9102	144568	2997797
河 南	Henan	19879	834	41765	1277019
湖 北	Hubei	23405	6325	31826	1805338
湖 南	Hunan	58691	5058	250422	1357285
广 东	Guangdong	1672779	26974	1527700	6126963
广 西	Guangxi	2989	5961	150748	718808
海 南	Hainan			4865	41399
重 庆	Chongqing	223761	6064	22645	635349
四 川	Sichuan	42054	2082	79003	1567248
贵 州	Guizhou	3968	194	11598	908263
云 南	Yunnan	35756	0	228868	562206
西 藏	Tibet			1624	1269
陕 西	Shaanxi	6022	294	21629	500775
甘 肃	Gansu	6	8	12916	652395
青 海	Qinghai			227	24133
宁 夏	Ningxia	319	55	5894	424578
新 疆	Xinjiang	5375	407	1464	276488

三、研究与开发机构

R&D Institutions

3-1 研究与开发机构基本情况
Basic Statistics on Scientific Research and Development Institutions

指 标	Item	2013	2014	2015	2016	2017	2018	2019	2020	2021
机构基本情况	**Basic Statistics on Institutions**									
机构数（个）	Number of R&D Institutions(unit)	3651	3677	3650	3611	3547	3306	3217	3109	2962
#中央属	Subordinated to Central Level	711	720	715	734	728	717	726	731	746
地方属	Subordinated to Local Level	2940	2957	2935	2877	2819	2589	2491	2378	2216
研究与试验发展(R&D)投入情况	**Statistics on R&D Input**									
R&D人员（万人）	R&D Personnel(10 000 persons)	40.9	42.3	43.6	45.0	46.2	46.4	48.5	51.9	52.9
R&D人员全时当量（万人年）	Full-time Equivalent of R&D Personnel (10 000 man-year)	36.4	37.4	38.4	39.0	40.6	41.3	42.5	45.4	46.1
#基础研究	Basic Research	6.1	6.6	7.1	8.4	8.4	8.5	9.2	10.3	10.9
应用研究	Applied Research	13.0	12.8	13.1	12.7	14.3	14.8	14.8	15.5	16.1
试验发展	Experimental Development	17.3	18.0	18.1	17.9	17.8	18.0	18.4	19.6	19.1
R&D经费内部支出（亿元）	Intramural Expenditure on R&D (100 million yuan)	1781.4	1926.2	2136.5	2260.2	2435.7	2698.4	3080.8	3408.8	3717.9
#基础研究	Basic Research	221.6	258.9	295.3	337.4	384.4	423.8	510.3	573.9	646.1
应用研究	Applied Research	525.8	552.9	618.4	642.1	699.4	797.6	933.6	1084.5	1196.3
试验发展	Experimental Development	1034.0	1114.4	1222.8	1280.7	1351.9	1476.9	1636.9	1750.4	1877.4
#政府资金	Government Funds	1481.2	1581.0	1802.7	1851.6	2025.9	2284.9	2582.4	2847.4	3007.1
企业资金	Self-raised Funds by Enterprises	60.9	62.9	65.4	90.4	91.9	102.6	118.7	135.1	203.9
国外资金	Forein Funds	5.7	9.1	5.0	3.9	4.4	5.2	5	3.7	4.3
其他资金	Other Funds	233.5	273.8	263.4	314.2	313.6	305.6	374.7	422.6	502.6
研究与试验发展(R&D)项目(课题)情况	**Statistics on R&D Projects**									
R&D项目(课题)数（项）	R&D Projects(item)	85069	91465	99559	100925	112472	117872	125642	130089	135867
R&D项目(课题)人员全时当量（万人年）	Participants(10 000 man-year)	32.7	34.0	34.9	34.4	35.9	36.8	37.8	39.6	40.7
R&D项目(课题)经费内部支出（亿元）	Intramural Expenditure (100 million yuan)	1221.7	1272.7	1513.8	1592.5	1720.8	1930.2	2119.4	2420.4	2577.0
科技产出及成果情况	**Statistics on S&T Outputs and Results**									
发表科技论文(篇)	Scientific Papers Issued(piece)	164440	171928	169989	175169	177572	176003	185978	193947	195668
#国外发表	Published in Foreign Periodicals	41072	47032	47301	50010	54500	58440	64257	77414	81106
出版科技著作（种）	Publication on Science and Technology (kind)	4619	5023	5662	5714	5459	5722	5469	5706	5619
专利申请数（件）	Number of Patent Applications(piece)	37040	41966	46559	52331	56267	61404	67302	74601	81879
#发明专利	Inventions	28628	32265	35092	39854	43426	47740	52185	57477	64132
专利授权数（件）	Number of Patent Granted(piece)	20095	24870	30104	32442	35350	36778	38476	47029	55387
#发明专利	Inventions	12542	15786	19720	21816	24283	23098	24486	29205	35838

3-2 按隶属关系和学科分研究与开发机构R&D人员(2021年)
R&D Personnel in R&D Institutions by Subordination and Subject (2021)

项　目	Item	机构数(个) R&D Institutions (unit)	R&D人员合计(人) R&D Personnel (person)	#女性 Female	#博士毕业 Doctor	#硕士毕业 Master	#本科毕业 Under-graduate
总　计	**Total**	**2962**	**529118**	**178651**	**123328**	**201858**	**142991**
按隶属关系分组	**by Subordination**						
中央部门属	Subordinated to Central Level	746	392196	124938	94521	153375	98186
地方部门属	Subordinated to Local Level	2216	136922	53713	28807	48483	44805
按门类学科分组	**by Subject**						
自然科学	Natural sciences	258	105811	39399	47677	27674	16201
农业科学	Agricultural Sciences	993	67881	26818	14141	22439	20983
医药科学	Medical Science	223	33679	18574	9501	10599	11133
工程与技术科学	Engineering and Technological Sciences	962	303306	85090	46024	134925	89998
人文与社会科学	Humanities and Social Sciences	526	18441	8770	5985	6221	4676

项　目	Item	#全时人员 Full-time Personnel	R&D人员全时当量(人年) Full-time Equivalent of R&D Personnel (man-year)	#研究人员 Resear-chers	基础研究 Basic Research	应用研究 Applied Research	试验发展 Experi-mental Develop-ment
总　计	**Total**	**415063**	**461030**	**334892**	**109120**	**161008**	**190902**
按隶属关系分组	**by Subordination**						
中央部门属	Subordinated to Central Level	321375	349602	255729	84468	125830	139304
地方部门属	Subordinated to Local Level	93688	111428	79163	24652	35178	51598
按门类学科分组	**by Subject**						
自然科学	Natural sciences	65009	82805	59176	42875	27091	12839
农业科学	Agricultural Sciences	52717	58785	42606	11197	13913	33675
医药科学	Medical Science	22269	27634	18880	10526	11636	5472
工程与技术科学	Engineering and Technological Sciences	260077	275669	201304	37779	100816	137074
人文与社会科学	Humanities and Social Sciences	14991	16137	12926	6743	7552	1842

3–3 按服务的国民经济行业分研究与
R&D Personnel in R&D Institutions by Industrial Sector

行　业	Industry	机构数（个） R&D Institutions (unit)	R&D 人员合计（人） R&D Personnel (person)	#女性 Female
总　计	**Total**	**2962**	**529118**	**178651**
农、林、牧、渔业小计	**Agriculture, Forestry, Animal Husbandry and Fishery**	**854**	**58517**	**23193**
农　业	Farming	401	33464	13305
林　业	Forestry	148	6143	2419
畜牧业	Animal Husbandry	59	4118	1604
渔　业	Fishery	45	3101	1109
农、林、牧、渔专业及辅助性活动	Professional and Support Activities for Agriculture, Forestry, Animal Husbandry and Fishery	201	11691	4756
采矿业小计	**Mining**	**6**	**338**	**79**
煤炭开采和洗选业	Mining and Washing of Coal	3	59	8
有色金属矿采选业	Mining and Processing of Non-Ferrous Metal Ores	2	279	71
其他采矿业	Mining of Other Ores	1		
制造业小计	**Manufacturing**	**165**	**17052**	**6548**
农副食品加工业	Processing of Food from Agricultural Products	15	1247	549
食品制造业	Manufacture of Foods	4	182	49
酒、饮料和精制茶制造业	Manufacture of Liquor, Beverages and Refined Tea	2	65	23
纺织业	Manufacture of Textile	3	47	16
纺织服装、服饰业	Manufacture of Textile, Wearing Apparel and Accessories	1		
皮革、毛皮、羽毛及其制品和制鞋业	Manufacture of Leather, Fur, Feather and Related Products and Footwear	3	13	7
木材加工和木、竹、藤、棕、草制品业	Processing of Timbers and Manufacture of Wood, Bamboo, Rattan, Palm and Straw Products	2	186	49
家具制造业	Manufacture of Furniture	1		
造纸及纸制品业	Manufacture of Paper and Paper Products	1	30	9
印刷和记录媒介复制业	Printing and Reproduction of Recording Media	1		
文教、工美、体育和娱乐用品制造业	Manufacture of Articles for Culture, Education, Arts and Crafts, Sport and Entertainment Activities	2		
石油、煤炭及其他燃料加工业	Processing of Petroleum ,Coal and Other Fuels			
化学原料和化学制品制造业	Manufacture of Raw Chemical Materials and Chemical Products	21	2322	785
医药制造业	Manufacture of Medicines	26	4592	2542
化学纤维制造业	Manufacture of Chemical Fibers	2	21	5
橡胶和塑料制品业	Manufacture of Rubber and Plastics Products	4	93	37
非金属矿物制品业	Manufacture of Non-metallic Mineral Products	9	360	90
黑色金属冶炼和压延加工业	Smelting and Pressing of Ferrous Metals	1		

开发机构R&D人员(2021年)
in which the R&D Institutions Served (2021)

#博士毕业 Doctor	#硕士毕业 Master	#本科毕业 Under-graduate	#全时人员 Full-time Personnel	R&D人员全时当量(人年) Full-time Equivalent of R&D Personnel (man-year)	#研究人员 Researchers	基础研究 Basic Research	应用研究 Applied Research	试验发展 Experimental Development
123328	**201858**	**142991**	**415063**	**461030**	**334892**	**109120**	**161008**	**190902**
12314	**19847**	**17593**	**45474**	**50528**	**36509**	**10106**	**11856**	**28566**
6572	11807	9981	26067	28834	20813	5004	6388	17442
1184	1791	2154	4515	5209	3910	815	1509	2885
911	1284	1141	3331	3609	2580	832	866	1911
755	1127	903	2622	2821	2077	742	729	1350
2892	3838	3414	8939	10055	7129	2713	2364	4978
60	**125**	**93**	**312**	**313**	**251**	**17**	**82**	**214**
1	30	26	54	54	43	2		52
59	95	67	258	259	208	15	82	162
4507	**5838**	**4893**	**12411**	**13787**	**9759**	**4229**	**4115**	**5443**
259	454	355	957	1076	779	440	307	329
9	73	87	145	164	110		28	136
6	34	19	45	50	43	11	17	22
	11	17	41	46	24		12	34
	4	8	6	10	7		8	2
102	30	38	182	183	118	97	60	26
	5	24	30	30	16			30
778	492	342	1393	1667	1114	568	525	574
1628	1396	1397	4166	4269	3249	1455	1714	1100
	2	4	10	16	12		16	
16	56	17	87	90	77	15	16	59
1	92	219	232	240	238	3	69	168

3–3 续表 1

行 业	Industry	机构数（个）R&D Institutions (unit)	R&D人员合计（人）R&D Personnel (person)	#女性 Female
有色金属冶炼和压延加工业	Smelting and Pressing of Non-Ferrous Metals	1	34	11
金属制品业	Manufacture of Metal Products	2	132	14
通用设备制造业	Manufacture of General Purpose Machinery	8	636	66
专用设备制造业	Manufacture of Special Purpose Machinery	32	2894	884
汽车制造业	Manufacture of Automobiles			
铁路、船舶、航空航天和其他运输设备制造业	Manufacture of Railway, Ship, Aerospace and Other Transport Equipments	4	587	219
电气机械和器材制造业	Manufacture of Electrical Machinery and Apparatus	3	69	15
计算机、通信和其他电子设备制造业	Manufacture of Computers, Communication and Other Electronic Equipment	9	2381	927
仪器仪表制造业	Manufacture of Measuring Instruments and Machinery	7	643	176
其他制造业	Other Manufacture	1	518	75
电力、热力、燃气及水生产和供应业小计	**Production and Supply of Electricity, Heat, Gas and Water**	**6**	**204**	**48**
电力、热力生产和供应业	Production and Supply of Electric Power and Heat Power	6	204	48
燃气生产和供应业	Production and Supply of Gas			
水的生产和供应业	Production and Supply of Water			
建筑业小计	**Construction**	**17**	**697**	**158**
房屋建筑业	Construction of Buildings	7	167	52
土木工程建筑业	Civil Engineering	8	476	81
建筑安装业	Building Installation	2	54	25
建筑装饰、装修和其他建筑业	Building Decoration and Other Constructions			
批发和零售业小计	**Wholesale and Retail Trades**	**1**		
批发业	Wholesale Trade	1		
交通运输、仓储和邮政业小计	**Transport, Storage and Post**	**17**	**2651**	**844**
铁路运输业	Railway Transport	1		
道路运输业	Road Transport	8	1120	343
水上运输业	Water Transport	4	428	146
航空运输业	Air Transport	3	1103	355
邮政业	Post	1		
信息传输、软件和信息技术服务业小计	**Information Transmission, Software and Information Technology**	**24**	**2520**	**990**
电信、广播电视和卫星传输服务	Telecommunications, Radio and Television and Satellite Transmission Services	7	1788	729
互联网和相关服务	Internet and Related Services	1	98	71
软件和信息技术服务业	Software and Information Technology	16	634	190

continued

#博士毕业 Doctor	#硕士毕业 Master	#本科毕业 Under-graduate	#全时人员 Full-time Personnel	R&D人员全时当量(人年) Full-time Equivalent of R&D Personnel (man-year)	#研究人员 Researchers	基础研究 Basic Research	应用研究 Applied Research	试验发展 Experimental Development
12	4	12	20	22	2		22	
55	40	32	106	117	89	39	61	17
97	364	164	404	447	183		28	419
339	1186	1194	2109	2321	1794	260	616	1445
242	274	56	340	376	325	210	146	20
22	20	25	62	62	61			62
696	817	598	1228	1635	954	1069	274	292
182	313	102	483	525	466	62	196	267
63	171	183	365	441	98			441
30	**82**	**73**	**85**	**101**	**85**	**2**	**71**	**28**
30	82	73	85	101	85	2	71	28
120	**306**	**249**	**349**	**533**	**435**	**50**	**189**	**294**
7	24	123	102	150	121	4	59	87
104	248	116	193	329	260	21	108	200
9	**34**	**10**	**54**	**54**	**54**	**25**	**22**	**7**
427	**1260**	**712**	**1730**	**2188**	**1519**	**120**	**1117**	**951**
232	466	288	596	920	694	68	506	346
49	267	110	379	398	324	26	297	75
146	527	314	755	870	501	26	314	530
397	**1183**	**744**	**1109**	**1465**	**931**	**190**	**230**	**1045**
272	830	514	525	801	515	7	81	713
10	46	40	98	98	24		22	76
115	307	190	486	566	392	183	127	256

3-3 续表 2

行　业	Industry	机构数(个) R&D Institutions (unit)	R&D 人员合计(人) R&D Personnel (person)	#女性 Female
金融业小计	**Financial Intermediation**	**2**	**23**	**14**
货币金融服务	Monetary and Financial Services	2	23	14
租赁和商务服务业小计	**Leasing and Business Services**	**1**	**11**	**7**
商务服务业	Business Service	1	11	7
科学研究和技术服务业小计	**Scientific Research and Technical Services**	**1124**	**203837**	**75959**
研究和试验发展	Research and Experimental Development	701	175297	65150
专业技术服务业	Professional Technical Services	251	25070	9431
科技推广和应用服务业	Science and Technology Popularization and Application Services	172	3470	1378
水利、环境和公共设施管理业小计	**Management of Water Conservancy, Environment and Public Facilities**	**142**	**11034**	**4518**
水利管理业	Management of Water Conservancy	48	4586	1609
生态保护和环境治理业	Ecological Protection and Environmental Treatment	84	6168	2749
公共设施管理业	Management of Public Facilities	9	280	160
土地管理业		1		
居民服务、修理和其他服务业小计	**Service to Households, Repair and Other Services**	**2**		
居民服务业	Service to Households	2		
教育小计	**Education**	**27**	**753**	**416**
教　育	Education	27	753	416
卫生和社会工作小计	**Health and Social Service**	**149**	**19789**	**11652**
卫　生	Health	149	19789	11652
文化、体育和娱乐业小计	**Culture, Sports and Entertainment**	**73**	**2195**	**877**
广播、电视、电影和影视录音制作业	Radio, Television, Motion Picture and Videotape Programme Production Services	5	305	112
文化艺术业	Culture and Art Activities	44	1446	558
体　育	Sports Activities	24	444	207
公共管理、社会保障和社会组织小计	**Public Management, Social Security and Social Organization**	**65**	**2564**	**1026**
中国共产党机关	Organs of Communist Party of China	1		
国家机构	Government Agencies	62	2480	985
社会保障	Social Security	2	84	41
群众团体、社会团体和其他成员组织	Mass Organizations, Social Organizations and Other Membership Organizations			

continued

#博士毕业 Doctor	#硕士毕业 Master	#本科毕业 Under-graduate	#全时人员 Full-time Personnel	R&D人员全时当量(人年) Full-time Equivalent of R&D Personnel (man-year)	#研究人员 Researchers	基础研究 Basic Research	应用研究 Applied Research	试验发展 Experimental Development
1	**17**	**5**	**17**	**22**	**19**		**8**	**14**
1	17	5	17	22	19		8	14
	3	**5**	**7**	**7**	**5**			**7**
	3	5	7	7	5			7
79117	**61650**	**39633**	**131856**	**161824**	**116791**	**65183**	**61204**	**35437**
72573	50522	31309	113987	139814	100048	59362	53341	27111
5990	9824	7071	15408	19096	14568	5354	6922	6820
554	1304	1253	2461	2914	2175	467	941	1506
2409	**4529**	**2966**	**7878**	**9361**	**6641**	**2130**	**3521**	**3710**
742	1819	1283	2897	3698	2583	860	1284	1554
1618	2597	1595	4783	5443	3879	1263	2145	2035
49	113	88	198	220	179	7	92	121
243	**208**	**279**	**668**	**713**	**517**	**258**	**436**	**19**
243	208	279	668	713	517	258	436	19
5035	**6070**	**7183**	**12299**	**15967**	**11070**	**5320**	**7903**	**2744**
5035	6070	7183	12299	15967	11070	5320	7903	2744
202	**767**	**842**	**1476**	**1825**	**1254**	**966**	**413**	**446**
18	78	84	211	271	164	131	61	79
109	479	619	1025	1225	828	747	208	270
75	210	139	240	329	262	88	144	97
574	**1149**	**705**	**1824**	**2066**	**1530**	**236**	**1019**	**811**
570	1107	676	1747	1989	1457	232	962	795
4	42	29	77	77	73	4	57	16

3-4 按隶属关系和学科分研究与开发
Intramural Expenditure on R&D of R&D Institutions

单位：万元

项　　目	Item	R&D经费内部支出 Intramural Expenditure on R&D	基础研究 Basic Research	应用研究 Applied Research	试验发展 Experimental Development
总　　计	**Total**	**37179336**	**6461090**	**11963472**	**18774446**
按隶属关系分组	**by Subordination**				
中央部门属	Subordinated to Central Level	31904783	5390844	10205184	16328427
#中国科学院	Chinese Academy of Sciences	7643796	3049130	3287212	1307455
地方部门属	Subordinated to Local Level	5274554	1070246	1758289	2446019
省级部门属	Provincial Level	4144860	920482	1496388	1727990
副省级城市部门属	Subprovincial Cities Level	491061	100364	139435	251263
地市级部门属	Miniciple Level	638633	49401	122466	466766
按门类学科分组	**by Subject**				
自然科学	Natural sciences	5742582	2685744	2084676	972161
农业科学	Agricultural Sciences	2507425	402196	607898	1497332
医药科学	Medical Science	1409912	521536	567413	320963
工程与技术科学	Engineering and Technological Sciences	26737117	2518396	8360023	15878370
人文与社会科学	Humanities and Social Sciences	782301	333218	343462	105620

机构R&D经费内部支出(2021年)
by Subordination and Subject (2021)

(10 000 yuan)

日常性支出 Routine Expenses	#人员劳务费 Labor Cost	资产性支出 Assets Expenditure	#仪器和设备支出 Equipment	政府资金 Government Funds	企业资金 Self-raised Funds by Enterprises	国外资金 Foreign Funds	其他资金 Other Funds
31765671	**9930656**	**5401974**	**3510927**	**30070999**	**2038944**	**43402**	**5025992**
27724028	7619209	4169063	2748023	25648445	1861745	40839	4353753
5991664	2457224	1652132	1174768	6444146	1055270	35779	108601
4041643	2311447	1232911	762904	4422554	177198	2563	672239
3209681	1821691	935178	554224	3492055	115176	2338	535292
346800	178324	144261	113756	357636	42210	206	91009
485161	311432	153472	94924	572863	19813	18	45939
4374701	1908670	1367881	977580	5060261	490350	25018	166953
2180918	1240919	326508	182317	2170867	86654	1826	248079
1144478	618493	265433	182100	1090854	63092	6415	249550
23362583	5738581	3362842	2124181	21044438	1383338	9473	4299868
702991	423993	79310	44749	704580	15510	670	61542

3–5 按服务的国民经济行业分研究与
Intramural Expenditure on R&D of R&D Institutions by

单位：万元

行　业	Industry	R&D经费内部支出 Intramural Expenditure on R&D	基础研究 Basic Research	应用研究 Applied Research
总　计	**Total**	**37179336**	**6461090**	**11963472**
农、林、牧、渔业小计	**Agriculture, Forestry, Animal Husbandry and Fishery**	**2185628**	**370489**	**526839**
农　业	Farming	1218483	183917	261254
林　业	Forestry	190605	26615	59284
畜牧业	Animal Husbandry	176160	37213	45861
渔　业	Fishery	162503	36060	40933
农、林、牧、渔专业及辅助性活动	Professional and Support Activities for Agriculture, Forestry, Animal Husbandry and Fishery	437877	86684	119509
采矿业小计	**Mining**	**12832**	**364**	**4899**
煤炭开采和洗选业	Mining and Washing of Coal	1517	5	
有色金属矿采选业	Mining and Processing of Non-Ferrous Metal Ores	11315	359	4899
制造业小计	**Manufacturing**	**821825**	**259504**	**269547**
农副食品加工业	Processing of Food from Agricultural Products	28936	7813	7378
食品制造业	Manufacture of Foods	4272		882
酒、饮料和精制茶制造业	Manufacture of Liquor, Beverages and Refined Tea	1172	15	333
纺织业	Manufacture of Textile	765		132
皮革、毛皮、羽毛及其制品和制鞋业	Manufacture of Leather, Fur, Feather and Related Products and Footwear	245		218
木材加工和木、竹、藤、棕、草制品业	Processing of Timbers and Manufacture of Wood, Bamboo, Rattan, Palm and Straw Products	3961	1953	1133
造纸及纸制品业	Manufacture of Paper and Paper Products	340		
化学原料和化学制品制造业	Manufacture of Raw Chemical Materials and Chemical Products	141669	59740	40677
医药制造业	Manufacture of Medicines	278698	72653	115554
化学纤维制造业	Manufacture of Chemical Fibers	210		210
橡胶和塑料制品业	Manufacture of Rubber and Plastics Products	1766	83	322
非金属矿物制品业	Manufacture of Non-metallic Mineral Products			
黑色金属冶炼和压延加工业	Smelting and Pressing of Ferrous Metals	4255	9	1976
有色金属冶炼和压延加工业	Smelting and Pressing of Non-Ferrous Metals	598		598
金属制品业	Manufacture of Metal Products	4771	2160	1914
通用设备制造业	Manufacture of General Purpose Machinery	15675		1107
专用设备制造业	Manufacture of Special Purpose Machinery	112409	7387	32653
汽车制造业	Manufacture of Automobiles	71282	34150	35082
铁路、船舶、航空航天和其他运输设备制造业	Manufacture of Railway, Ship, Aerospace and Other Transport Equipments	1354		
电气机械和器材制造业	Manufacture of Electrical Machinery and Apparatus	105636	72028	19525
计算机、通信和其他电子设备制造业	Manufacture of Computers, Communication and Other Electronic Equipment	27969	1514	9853
仪器仪表制造业	Manufacture of Measuring Instruments and Machinery	15842		
电力、热力、燃气及水生产和供应业小计	**Production and Supply of Electricity, Heat, Gas and Water**	**7754**	**122**	**2291**
电力、热力生产和供应业	Production and Supply of Electric Power and Heat Power	7754	122	2291
燃气生产和供应业	Production and Supply of Gas			

开发机构R&D经费内部支出(2021年)
Industrial Sector in which the R&D Institutions Served (2021)

(10 000 yuan)

试验发展 Experimental Development	日常性支出 Routine Expenses		资产性支出 Assets Expenditure		政府资金 Government Funds	企业资金 Self-raised Funds by Enterprises	国外资金 Foreign Funds	其他资金 Other Funds
		#人员劳务费 Labor Cost		#仪器和设备支出 Equipment				
18774446	**31765671**	**9930656**	**5401974**	**3510927**	**30070999**	**2038944**	**43402**	**5025992**
1288300	**1910462**	**1082244**	**275167**	**153870**	**1867568**	**80214**	**1311**	**236535**
773312	1075196	626674	143287	81277	1069603	39169	458	109254
104706	169474	96787	21131	9457	182270	1954	6	6375
93087	145992	83675	30169	12202	147955	16023	261	11922
85511	141662	71210	20841	14491	128352	5789		28362
231684	378139	203897	59739	36444	339389	17279	586	80623
7569	**12213**	**7709**	**619**	**569**	**5723**	**3483**		**3626**
1512	1350	1152	167	118	418			1099
6057	10864	6557	452	452	5305	3483		2527
292774	**632387**	**290658**	**189438**	**109915**	**684662**	**39521**	**468**	**97174**
13745	24298	12531	4638	3907	27821	525		590
3390	4047	2366	225	225	2080	20		2172
824	1123	774	50	50	612	511		50
633	753	711	12	11	714			52
27	242	175	3	3	218			27
876	3505	999	456	426	3900	61		
340	340	286				340		
41252	95455	40508	46214	29688	128268	2109		11292
90492	205958	95553	72740	36426	220013	16354	176	42157
	210	197			210			
1362	1189	1090	577	577	1363	67		336
2270	3805	1861	450	433	1366	2556		334
	246	108	352	323	598			
697	4679	3170	92	92	4467	304		
14567	14047	7796	1628	1100	14541	970		164
72369	91829	53219	20580	13620	81655	3070		27685
2050	59475	14382	11807	6	60343	8016	28	2896
1354	1322	830	32	32	1354			
14083	89727	38853	15909	11638	101528	2488	265	1355
16602	22653	10298	5315	3119	17771	2131		8067
15842	7484	4951	8358	8242	15842			
5341	**2981**	**1895**	**4773**	**38**	**6572**	**908**		**275**
5341	2981	1895	4773	38	6572	908		275

3–5 续表

单位：万元

行　业	Industry	R&D经费 内部支出 Intramural Expenditure on R&D	基础研究 Basic Research	应用研究 Applied Research
建筑业小计	**Construction**	**35115**	**3482**	**7610**
房屋建筑业	Construction of Buildings	3205	16	1332
土木工程建筑业	Civil Engineering	29544	2383	5975
建筑装饰、装修和其他建筑业	Building Decoration and Other Constructions	2366	1083	304
交通运输、仓储和邮政业小计	**Transport, Storage and Post**	**90598**	**5437**	**55889**
铁路运输业	Railway Transport	60729	3583	34973
道路运输业	Road Transport	8712	739	6251
水上运输业	Water Transport	21157	1116	14665
航空运输业	Air Transport	112891	19365	31591
信息传输、软件和信息技术服务业小计	**Information Transmission, Software and Information Technology**	**25674**	**120**	**3987**
电信、广播电视和卫星传输服务	Telecommunications, Radio and Television and Satellite Transmission Services	11346		4430
互联网和相关服务	Internet and Related Services	75871	19245	23175
软件和信息技术服务业	Software and Information Technology	1114		312
金融业小计	**Financial Intermediation**	**1114**		**312**
货币金融服务	Monetary and Financial Services	293		
租赁和商务服务业小计	**Leasing and Business Services**	**293**		
商务服务业	Business Service	11396131	4012185	4709467
科学研究和技术服务业小计	**Scientific Research and Technical Service**	**10151965**	**3750958**	**4234116**
研究和试验发展	Research and Experimental Development	1057985	236506	384927
专业技术服务业	Professional Technical Services	186181	24721	90424
科技推广和应用服务业	Science and Technology Popularization and Application Services	518215	98956	192540
水利、环境和公共设施管理业小计	**Management of Water Conservancy, Environment and Public Facilities**	**210673**	**42615**	**72997**
水利管理业	Management of Water Conservancy	300074	56103	116406
生态保护和环境治理业	Ecological Protection and Environmental Treatment	7468	238	3137
公共设施管理业	Management of Public Facilities	33477	12178	20618
教育小计	**Education**	**33477**	**12178**	**20618**
教　育	Education	660402	214995	318078
卫生和社会工作小计	**Health and Social Service**	**660402**	**214995**	**318078**
卫　生	Health	87544	47881	15224
文化、体育和娱乐业小计	**Culture, Sports and Entertainment**	**9809**	**900**	**1829**
广播、电视、电影和影视录音制作业	Radio, Television, Motion Picture and Videotape Programme Production Services	66822	45522	7581
文化艺术业	Culture and Art Activities	10913	1458	5814
体　育	Sports Activities	132328	14087	60104
公共管理、社会保障和社会组织小计	**Public Management, Social Security and Social Organization**	**128068**	**13855**	**56897**
国家机构	Government Agencies	4261	232	3207
社会保障	Social Security			

continued

(10 000 yuan)

试验发展 Experimental Development	日常性支出 Routine Expenses	#人员劳务费 Labor Cost	资产性支出 Assets Expenditure	#仪器和设备支出 Equipment	政府资金 Government Funds	企业资金 Self-raised Funds by Enterprises	国外资金 Foreign Funds	其他资金 Other Funds
24022	**33303**	**15656**	**1811**	**412**	**13434**	**15912**		**5769**
1857	3174	2707	31		205	48		2952
21187	27796	11562	1748	380	11665	15864		2015
979	2333	1387	33	33	1564			802
29272	**68710**	**47623**	**21888**	**19002**	**74628**	**5476**	**245**	**10250**
22174	43683	30142	17046	15386	48327	3266	245	8891
1722	6734	5997	1978	1284	5769	2170		773
5376	18293	11484	2865	2332	20532	39		586
61935	51552	29497	61339	54193	108059	1618		3214
21567	**13450**	**11677**	**12224**	**11660**	**23249**	**1271**		**1154**
6916	3086	2477	8259	7613	11346			
33452	35016	15344	40855	34920	73464	347		2060
802	1114	888			1114			
802	**1114**	**888**			**1114**			
293	293	245			293			
293	**293**	**245**			**293**			
2674479	8762560	3999211	2633571	1816228	9555373	1219563	38775	582420
2166890	**7792508**	**3471998**	**2359456**	**1662220**	**8569065**	**1165207**	**38212**	**379481**
436553	877328	472587	180657	133365	816119	46375	563	194928
71037	92723	54626	93458	20644	170190	7980		8012
226720	436741	220157	81474	56495	377104	38483	269	102360
95061	**194079**	**110608**	**16594**	**11565**	**100429**	**31936**	**117**	**78191**
127565	235428	105412	64646	44750	269997	6420	152	23506
4094	7235	4137	234	179	6678	127		664
681	30941	23609	2536	1573	32649	169		660
681	**30941**	**23609**	**2536**	**1573**	**32649**	**169**		**660**
127329	561759	342159	98644	56276	489871	11720	1715	157097
127329	**561759**	**342159**	**98644**	**56276**	**489871**	**11720**	**1715**	**157097**
24440	79797	35409	7747	6164	68078	952		18513
7080	**7827**	**3154**	**1982**	**980**	**7357**	**14**		**2437**
13720	62250	27050	4572	4065	49842	918		16062
3640	9720	5205	1193	1118	10879	20		14
58137	107537	46789	24791	7479	115629	935	620	15144
57316	**103344**	**45864**	**24724**	**7474**	**111368**	**935**	**620**	**15144**
821	4193	925	68	5	4261			

3-6 按隶属关系和学科分研究与开发机构R&D经费外部支出(2021年)
External Expenditure on R&D of R&D Institutions by Subordination and Subject (2021)

单位：万元 (10 000 yuan)

项　目	Item	R&D经费 外部支出 Total	对境内研究机构支出 to Domestic Research Institutions	对境内高等学校支出 to Domestic Higher Education	对境内企业支出 to Domestic Enterprises	对境外机构支出 to Foreign Institutions
总　计	**Total**	**2547546**	**1229729**	**244954**	**596200**	**6739**
按隶属关系分组	**by Subordination**					
中央部门属	Subordinated to Central Level	2329836	1120281	207584	558842	244
#中国科学院	Chinese Academy of Sciences	51218	34709	13301	3042	3
地方部门属	Subordinated to Local Level	217710	109448	37370	37359	6495
省级部门属	Provincial Level	163422	65540	32085	35019	4270
副省级城市部门属	Sudprovincial Cities Level	51612	43518	3907	1628	2226
地市级部门属	Miniciple Level	2676	391	1378	712	
按门类学科分组	**by Subject**					
自然科学	Natural Sciences	184856	132975	28937	12989	6206
农业科学	Agricultural Sciences	49287	17702	11944	17337	
医药科学	Medical Science	34165	11030	2822	5635	
工程与技术科学	Engineering and Technological Sciences	2257699	1066728	188234	559138	533
人文与社会科学	Humanities and Social Sciences	21540	1293	13017	1100	

3-7 按隶属关系和学科分研究与开发机构R&D课题(2021年)
R&D Projects of R&D Institutions by Subordination and Subject (2021)

项　目	Item	R&D课题数 (项) R&D Projects (item)	投入人员 (人年) Input of Personnel (man-year)	投入经费 (万元) Input of Funds (10 000 yuan)
总　计	**Total**	**135867**	**407035**	**25769774**
按隶属关系分组	**by Subordination**			
中央部门属	Subordinated to Central Level	94929	316407	24076301
#中国科学院	Chinese Academy of Sciences	60964	78741	4616037
地方部门属	Subordinated to Local Level	40938	90628	1693473
省级部门属	Provincial Level	33258	67165	1214892
副省级城市部门属	Subprovincial Cities Level	1882	6806	229474
地市级部门属	Miniciple Level	5798	16656	249107
按门类学科分组	**by Subject**			
自然科学	Natural Sciences	46263	68266	3073150
农业科学	Agricultural Sciences	26089	45576	834614
医药科学	Medical Science	10836	22294	409049
工程与技术科学	Engineering and Technological Sciences	45000	257972	21292214
人文与社会科学	Humanities and Social Sciences	7679	12928	160748

3–8 按学科分组的R&D课题(2021年)
R&D Projects Taken by R&D Institutions by Discipline (2021)

学　科	Discipline	R&D课题数(项) R&D Projects (item)	投入人员(人年) Input of Personnel (man-year)	投入经费(万元) Input of Funds (10 000 yuan)
全　国	**National Total**	**135867**	**407035**	**25769774**
数　学	Mathematics	645	1018	23844
信息科学与系统科学	Information & System Science	2859	3376	169051
力　学	Mechanics	763	1027	59378
物理学	Physics	6596	10371	855303
化　学	Chemistry	5013	7972	329026
天文学	Astronomy	2124	2411	161519
地球科学	Earth Science	13894	20877	781329
生物学	Biology	14100	20784	681454
心理学	Psychology	269	429	12247
农　学	Agriculture	17571	31213	533028
林　学	Forestry	2754	5587	77319
畜牧、兽医科学	Livestock, Veterinary Medicine	3248	5505	130463
水产学	Aquatic	2516	3271	93804
基础医学	Basic Medicine	1476	2987	89747
临床医学	Clinic Medicine	3190	7587	103567
预防医学与公共卫生学	Protective Medicine	863	2666	23156
军事医学与特种医学	Military Medicine & Special Medicine	43	55	606
药　学	Pharmacy	1545	2971	119335
中医学与中药学	Traditional Chinese Medicine	3719	6027	72637
工程与技术科学基础学科	Engineering & Basic Technology Science	1207	2857	42415
信息与系统科学相关工程与技术	Information and System Science,Engineering and Technology Related	1692	3476	355861
自然科学相关工程与技术	Science and Technology Related Projects	1876	4367	183130
测绘科学技术	Surveying & Mapping	1369	1795	135099
材料科学	Material Science	5802	8486	365038
矿山工程技术	Mining	133	311	8046
冶金工程技术	Metallurgy	39	97	2414
机械工程	Mechanical Engineering	407	1333	41302
动力与电气工程	Power & Electrical Engineering	1416	2598	165117
能源科学技术	Energy Technology	949	1491	42810
核科学技术	Nuclear Technology	328	1354	75055
电子与通信技术	Electronics & Communication technology	2882	6869	470120

3-8 续表 continued

学 科	Discipline	R&D课题数（项）R&D Projects (item)	投入人员（人年）Input of Personnel (man-year)	投入经费（万元）Input of Funds (10 000 yuan)
计算机科学技术	Computer Technology	1989	4973	162584
化学工程	Chemical Engineering	1658	1937	66576
产品应用相关工程与技术	Engineering and Technology Related Products Application	244	534	23810
纺织科学技术	Textile Technology	21	69	562
食品科学技术	Food Technology	813	1744	23426
土木建筑工程	Civil Construction	327	993	13768
水利工程	Water Conservancy	1854	2750	63386
交通运输工程	Transportaiton Engineering	667	1560	17986
航空、航天科学技术	Aviation and Aerospace	1339	2257	337912
环境科学技术及资源科学技术	Environment & Resources	4432	7578	168698
安全科学技术	Security	682	1636	21311
管理学	Management	1397	1774	31097
马克思主义	Marxism	135	346	3162
哲 学	Phylosophy	171	249	1557
宗教学	Religion	93	176	452
语言学	Linguistics	106	145	953
文 学	Literature	196	362	7933
艺术学	Arts	133	415	3318
历史学	History	581	1113	7883
考古学	Archaeology	362	1651	41121
经济学	Economics	2222	3377	33513
政治学	Politics	489	842	10452
法 学	Law	637	334	4903
军事学	Military	2	4	14
社会学	Sociology	677	1400	14683
民族学与文化学	Ethnography & Culture	331	456	3520
新闻学与传播学	Journalism	130	185	1073
图书馆、情报与文献学	Library and Information Literature	269	625	13435
教育学	Education	865	878	10316
体育科学	Physical Science	176	281	1394
统计学	Statistics	104	92	1069

3–9 按来源和合作形式分研究与开发机构R&D课题(2021年)
R&D Projects of R&D Institutions by Sources and Cooperation Modality (2021)

项 目	Item	R&D课题数 (项) R&D Projects (item)	投入人员 (人年) Input of Personnel (man-year)	投入经费 (万元) Input of Funds (10 000 yuan)
总 计	**Total**	**135867**	**407035**	**25769774**
按课题来源分组	**By Sources of Topics**			
政府科技项目	Government S&T Projects	98380	325665	21825206
自选科技项目	S&T Projects Chosen by Enterprise	12113	31880	1273796
其他企业委托科技项目	S&T Projects Entrusted by Enterprise	12757	17819	1059406
来自国外的科技项目	Overseas S&T Projects	280	637	34738
其他科技项目	Others	12337	31034	1576629
按合作形式分组	**By Cooperation Modality**			
自主完成	Independent Implementation	113498	328673	21354100
与境内研究机构合作	Cooperation with Independent Research Institutes	7910	34922	2681984
与境内高等学校合作	Cooperation with Higher Education	4295	12934	416734
与境内其他企业或单位合作	Cooperation with Other Enterprise	4272	10884	519753
与境外机构合作	Cooperation with Overseas Institutes	632	1219	37263
委托其他企业或单位	Entrustment of other enterprises or units			
其他形式	Others	5260	18403	759941

3-10 按隶属关系和学科分研究与

S&T Output of R&D Institutions by

项　目	Item	发表科技论文（篇） Scientific Papers Issued (piece)	#国外发表 Published in Foreign Periodicals	出版科技著作（种） Publication on S&T (kind)
总　计	**Total**	**195668**	**81106**	**5619**
按隶属关系分组	**by Subordination**			
中央部门属	Subordinated to Central Level	132963	66715	2916
#中国科学院	Chinese Academy of Sciences	59489	44781	580
地方部门属	Subordinated to Local Level	62705	14391	2703
省级部门属	Provincial Level	52960	12718	2370
副省级城市部门属	Subprovincial Cities Level	2696	830	149
地市级部门属	Miniciple Level	7049	843	184
按门类学科分组	**by Subject**			
自然科学	Natural Sciences	47135	34409	608
农业科学	Agricultural Sciences	34602	10087	1257
医药科学	Medical Science	23857	10374	631
工程与技术科学	Engineering and Technological Sciences	68321	25674	1256
人文与社会科学	Humanities and Social Sciences	21753	562	1867

开发机构科技产出(2021年)
Subordination and Subject(2021)

专利申请数 (件) Patent Applications (piece)	#发明专利 Invetions	有效发明专利 (件) Patent in Force (piece)	专利所有权转让及许可数 (件) Number of Transfer and Licensing of Patent Ownership (piece)	专利所有权转让及许可收入 (万元) Revenue from Transfer and Licensing of Patent Ownership (10 000 yuan)	形成国家或行业标准数 (项) Number of National and Industrial Standard (item)
81879	**64132**	**211737**	**4720**	**300286**	**5344**
62030	52688	174690	3852	271238	3802
19525	16411	69733	1894	187362	169
19849	11444	37047	868	29048	1542
15319	8909	31128	661	16519	1214
1286	967	2380	69	12032	128
3244	1568	3539	138	497	200
12436	10502	42067	1351	98443	212
12189	7067	30446	786	18072	1156
2926	1800	7374	232	19329	334
54182	44691	131589	2350	164443	3602
146	72	261	1		40

3–11　按服务的国民经济行业分研究与
S&T Output of R&D Institutions by Industrial Sector

行　业	Industry	发表科技论文（篇）Scientific Papers Issued (piece)	#国外发表 Published in Foreign Periodicals
总　计	**Total**	**195668**	**81106**
农、林、牧、渔业小计	**Agriculture, Forestry, Animal Husbandry and Fishery**	**30852**	**9092**
农　业	Farming	15807	4217
林　业	Forestry	3035	633
畜牧业	Animal Husbandry	3010	996
渔　业	Fishery	2174	944
农、林、牧、渔专业及辅助性活动	Professional and Support Activities for Agriculture, Forestry, Animal Husbandry and Fishery	6826	2302
采矿业小计	**Mining**	**187**	**42**
煤炭开采和洗选业	Mining and Washing of Coal	13	
有色金属矿采选业	Mining and Processing of Non-Ferrous Metal Ores	174	42
制造业小计	**Manufacturing**	**6816**	**3100**
农副食品加工业	Processing of Food from Agricultural Products	747	359
食品制造业	Manufacture of Foods	43	7
酒、饮料和精制茶制造业	Manufacture of Liquor, Beverages and Refined Tea	28	6
纺织业	Manufacture of Textile	30	
皮革、毛皮、羽毛及其制品和制鞋业	Manufacture of Leather, Fur, Feather and Related Products and Footwear	5	
木材加工和木、竹、藤、棕、草制品业	Processing of Timbers and Manufacture of Wood, Bamboo, Rattan, Palm and Straw Products	159	61
造纸及纸制品业	Manufacture of Paper and Paper Products	22	
印刷和记录媒介复制业	Printing and Reproduction of Recording Media	1	
化学原料和化学制品制造业	Manufacture of Chemical Raw Material and Chemical Products	667	527
医药制造业	Manufacture of Medicines	2761	1208
化学纤维制造业	Manufacture of Chemical Fibers	2	
橡胶和塑料制品业	Manufacture of Rubber and Plastics Products	44	24
非金属矿物制品业	Manufacture of Non-metallic Mineral Products	85	3
黑色金属冶炼和压延加工业	Smelting and Pressing of Ferrous Metals		

开发机构科技产出(2021年)
in which the R&D Institutions Served (2021)

出版科技著作 (种) Publication on S&T (kind)	专利申请数 (件) Patent Applications (piece)	#发明专利 Invetions	有效发明专利 (件) Patent in Force (piece)	专利所有权转让及许可数 (件) Number of Transfer and Licensing of Patent Ownership (piece)	专利所有权转让及许可收入 (万元) Revenue from Transfer and Licensing of Patent Ownership (10 000 yuan)	形成国家或行业标准数 (项) Number of National and Industrial Standard (item)
5619	**81879**	**64132**	**211737**	**4720**	**300286.3**	**5344**
1180	**10337**	**6146**	**27683**	**673**	**12996**	**948**
609	5470	3276	13380	440	10058	606
115	654	362	2122	29	151	57
109	1044	631	2415	48	920	49
63	812	469	3177	32	441	37
284	2357	1408	6589	124	1427	199
1	**89**	**80**	**337**			**7**
	7	3	27			1
1	82	77	310			6
132	**3699**	**2777**	**10663**	**341**	**8774**	**389**
26	327	246	1078	14	336	33
	24	16	54	11	637	16
2	5	5	44			1
	3	3	14			
						2
4	49	40	234	24	414	36
			1			
						3
8	307	293	689	43	189	13
60	622	560	3140	65	2797	119
	34	29	65	11	54	
6	43	15	33			12

3-11 续表 1

行 业	Industry	发表科技论文（篇） Scientific Papers Issued (piece)	#国外发表 Published in Foreign Periodicals
有色金属冶炼和压延加工业	Smelting and Pressing of Non-Ferrous Metals		
金属制品业	Manufacture of Metal Products	24	13
通用设备制造业	Manufacture of General Purpose Machinery	327	
专用设备制造业	Manufacture of Special Purpose Machinery	934	293
铁路、船舶、航空航天和其他运输设备制造业	Manufacture of Railway, Ships, Aerospace and Other Transport Equipments	160	116
电气机械和器材制造业	Manufacture of Electrical Machinery and Apparatus		
计算机、通信和其他电子设备制造业	Manufacture of Computer, Communication and Other Electronic Equipment	576	406
仪器仪表制造业	Manufacture of Measuring Instrument and Machinery	201	77
电力、热力、燃气及水生产和供应业小计	**Production and Supply of Electricity, Heat, Gas and Water**	**51**	**5**
电力、热力生产和供应业	Production and Supply of Electric Power and Heat Power	51	5
建筑业小计	**Construction**	**558**	**191**
房屋建筑业	Construction of Building	71	
土木工程建筑业	Civil Engineering	461	191
建筑装饰、装修和其他建筑业	Building Decoration and Other Constructions	26	
交通运输、仓储和邮政业小计	**Transport, Storage and Post**	**1014**	**293**
道路运输业	Road Transport	719	191
水上运输业	Water Transport	192	86
航空运输业	Air Transport	103	16
信息传输、软件和信息技术服务业小计	**Information Transmission, Software and Information Technology**	**397**	**148**
电信、广播电视和卫星传输服务	Telecommunications, Radio and Television and Satellite Transmission Services	235	83
互联网和相关服务	Internet and Related Services	3	
软件和信息技术服务业	Software and Information Technology	159	65

continued

出版科技著作（种） Publication on S&T (kind)	专利申请数（件） Patent Applications (piece)	#发明专利 Invetions	有效发明专利（件） Patent in Force (piece)	专利所有权转让及许可数（件） Number of Transfer and Licensing of Patent Ownership (piece)	专利所有权转让及许可收入（万元） Revenue from Transfer and Licensing of Patent Ownership (10 000 yuan)	形成国家或行业标准数（项） Number of National and Industrial Standard (item)
	12	12	8			
1	46	27	88	1	3	
5	104	46	93	2	13	22
14	951	488	1782	33	1930	94
1	82	77	154			20
	39	17	35	5		11
4	873	775	2401	84	2318	1
1	169	119	749	48	83	6
1	**34**	**14**	**82**	**1**	**1**	**1**
1	34	14	82	1	1	1
32	**172**	**99**	**317**			**16**
1	35	1	34			3
19	135	98	280			4
12	2		3			9
68	**669**	**397**	**1140**	**11**	**9196**	**102**
63	470	274	441	9	1245	74
3	73	29	195			26
2	126	94	504	2	7951	2
5	**354**	**305**	**945**	**16**	**3110**	**222**
2	220	182	710	9	1574	194
	22	20	19			
3	112	103	216	7	1536	28

3-11 续表 2

行　业	Industry	发表科技论文（篇） Scientific Papers Issued (piece)	#国外发表 Published in Foreign Periodicals	出版科技著作（种） Publication on S&T (kind)
金融业小计	**Financial Intermediation**	**2**		
货币金融服务	Monetary and Financial Services	2		
租赁和商务服务业小计	**Leasing and Business Services**	**2**		
商务服务业	Business Service	2		
科学研究和技术服务业小计	**Scientific Research and Technical Service**	**99644**	**53734**	**2836**
研究和试验发展	Research and Experimental Development	86405	49485	2441
专业技术服务业	Professional Technical Services	12132	4066	339
科技推广和应用服务业	Science and Technology Popularization and Application Services	1107	183	56
水利、环境和公共设施管理业小计	**Management of Water Conservancy, Environment and Public Facilities**	**5857**	**1724**	**317**
水利管理业	Management of Water Conservancy	2215	408	100
生态保护和环境治理业	Ecological Protection and Environmental Treatment	3420	1259	212
公共设施管理业	Management of Public Facilities	222	57	5
居民服务、修理和其他服务业小计	**Service to Households, Repair and Other Services**	**20**		
其他服务业	Service to Households	20		
教育小计	**Education**	**916**	**31**	**126**
教　育	Education	916	31	126
卫生和社会工作小计	**Health and Social Service**	**16896**	**7076**	**439**
卫　生	Health	16896	7076	439
文化、体育和娱乐业小计	**Culture, Sports and Entertainment**	**1358**	**94**	**118**
广播、电视、电影和影视录音制作业	Radio, Television, Motion Picture and Videotape Programme Production Services	119		3
文化艺术业	Culture and Art Activities	1025	70	91
体　育	Sports Activities	214	24	24
公共管理、社会保障和社会组织小计	**Public Management,Social Security and Social Organization**	**3263**	**54**	**175**
国家机构	Government Agencies	3245	54	173
社会保障	Social Security	18		2
群众团体、社会团体和其他成员组织	Mass Communities, Social Organizations and other Membership Organizations			

continued

专利申请数(件) Patent Applications (piece)	#发明专利 Invetions	有效发明专利(件) Patent in Force (piece)	专利所有权转让及许可数(件) Number of Transfer and Licensing of Patent Ownership (piece)	专利所有权转让及许可收入(万元) Revenue from Transfer and Licensing of Patent Ownership (10 000 yuan)	形成国家或行业标准数(项) Number of National and Industrial Standard (item)
28886	**22349**	**84692**	**2233**	**202805**	**1289**
25120	20258	76465	2104	200032	569
3197	1738	7614	79	2318	644
569	353	613	50	456	76
1407	**677**	**4358**	**23**	**2354**	**141**
734	280	1444	8	2246	43
631	367	2784	15	108	89
42	30	130			9
11	**7**	**22**			**3**
11	7	22			3
1510	**653**	**2417**	**50**	**1950**	**49**
1510	653	2417	50	1950	49
75	**35**	**193**			**9**
8	8	17			
32	20	39			7
35	7	137			2
148	**100**	**568**			**171**
140	98	550			170
8	2	18			1

四、高等学校

Higher Education

4-1 高等学校
Basic Statistics on Higher Education for

指 标	Item	2005	2006	2007	2008
高等学校基本情况	**Basic Statistics on Higher Education**				
学校数（个）	Number of Institutions(unit)	1792	1867	1908	2263
#理工农医	Natural Sciences & Technology	786	800	786	827
#人文社科	Social Sciences & Humanities	815	843	840	869
R&D机构（个）	R&D Institutions(unit)	3936	4154	4502	5159
研究与试验发展(R&D)投入情况	**Statistics on R&D Input**				
R&D人员（万人）	R&D Personnel(10 000 persons)	38.7	42.1	44.8	47.8
R&D人员全时当量（万人年）	Full-time Equivalent of R&D Personnel(10 000 man-year)	22.7	24.2	25.4	26.6
#基础研究	Basic Research	7.8	9.0	9.4	10.9
应用研究	Applied Research	11.1	11.3	12.0	13.7
试验发展	Experimental Development	3.9	3.9	4.0	2.0
R&D经费内部支出(亿元)	Intramural Expenditure on R&D(100 million yuan)	242.3	276.8	314.7	390.2
#基础研究	Basic Research	56.7	71.4	86.8	114.8
应用研究	Applied Research	125.0	137.3	161.8	208.9
试验发展	Experimental Development	60.6	68.2	66.1	66.5
#政府资金	Government Funds	133.1	151.5	177.7	225.5
企业资金	Self-raised Funds by Enterprises	88.9	101.2	110.3	134.9
研究与试验发展(R&D)项目(课题)情况	**Statistics on R&D Projects**				
R&D项目(课题)数(项)	R&D Projects(item)	280327	365294	375425	429096
R&D项目(课题)人员全时当量(万人年)	Participants(10 000 man-year)	22.5	26.8	25.2	26.6
R&D项目(课题)经费内部支出(亿元)	Intramural Expenditure(100 million yuan)	193.5	287.0	258.2	323.2
科技产出及成果情况	**Statistics on S&T Outputs and Results**				
发表科技论文(篇)	Scientific Papers Issued(piece)	728082	830948	905985	964877
#国外发表	Published in Foreign Periodicals	69857	90722	108727	134058
出版科技著作（种）	Publication on Science and Technology(kind)	33064	34633	35733	37541
专利申请数（件）	Number of Patent Applications(piece)	20094	24490	29860	40610
#发明专利	Inventions	14673	18059	21864	29337
专利授权数（件）	Number of Patent Granted(piece)	8843	12043	14111	19248
#发明专利	Inventions	4715	6650	8251	10216

科技活动情况
Science and technology Activities

2009	2010	2011	2012	2013	2014	2015	2016	2017	2018	2019	2020	2021
2305	2358	2409	2442	2491	2529	2560	2596	2631	2663	2688	2738	2756
1003	970	975	1039	1070	1356	1713	2021	2162	2211	2294	2342	2381
954	963	997	1090	1150	1540	1814	2199	2325	2346	2376	2447	2546
6082	7833	8630	9225	9842	10632	11732	13062	14971	16280	18379	19988	22859
50.9	59.4	63.2	67.8	71.5	76.3	83.9	85.2	91.4	98.4	123.3	127.4	140.8
27.5	29.0	29.9	31.4	32.5	33.5	35.5	36.0	38.2	41.1	56.5	61.5	67.2
11.3	12.0	12.9	14.0	14.7	15.5	16.4	16.7	18.1	19.1	26.7	28.5	31.9
14.1	14.8	15.0	15.4	15.9	16.1	17.2	17.3	18.3	19.7	25.8	28.9	30.7
2.1	2.1	2.0	1.9	1.9	1.9	1.9	2.0	1.9	2.3	4.1	4.1	4.6
468.2	597.3	688.8	780.6	856.7	898.1	998.6	1072.2	1266.0	1457.9	1796.6	1882.5	2180.5
145.5	179.9	226.7	275.7	307.6	328.6	391.0	432.5	531.1	589.9	722.2	724.8	904.5
250.0	337.0	372.4	402.7	441.3	476.4	516.3	528.4	623.1	711.5	879.3	964.2	1054.1
72.6	80.3	89.8	102.2	107.8	93.1	91.3	111.4	111.8	156.5	195.1	193.5	221.9
262.2	358.8	405.1	474.1	516.9	536.5	637.3	687.8	804.5	972.3	1048.5	1128.0	1249.2
171.7	198.5	242.9	260.5	289.3	302.7	301.5	310.5	360.4	387.2	471.0	666.0	710.4
476708	547717	604107	657027	711010	766731	841520	894279	966780	1076903	1188769	1288633	1436251
27.4	28.9	29.9	31.3	32.4	33.5	35.4	36.0	38.2	41.1	56.5	61.5	67.2
363.5	467.0	535.3	607.3	662.7	701.8	765.6	777.2	877.0	988.8	1154.0	1202.2	1343.6
1016354	1062512	1109965	1117742	1127210	1152147	1220467	1267881	1308110	1389912	1447336	1503531	1577932
156750	182247	218301	226097	249673	278599	313698	355483	390235	459492	542557	595080	683991
40919	38101	37472	38760	37866	39326	43136	44518	45591	44794	43331	42970	44039
56641	72744	95592	113430	133865	149961	190351	236665	277524	320790	340685	340360	381565
36241	44132	54362	66755	81251	93415	109911	137755	157131	191964	210885	194612	220640
25570	37490	53055	74550	84930	85006	127329	149524	169679	193027	213163	278016	319514
14408	18055	25064	34441	35873	39468	55021	66419	78254	79773	92394	116633	145352

4-2 各地区高等
R&D Personnel in Higher

地 区	Region	学校数 (个) Number of Institutions (unit)	R&D人员合计 (人) R&D Personnel (person)	#女性 Female	#博士毕业 Doctor
全 国	**National Total**	**2756**	**1407976**	**538511**	**537080**
东部地区	Eastern Region	1034	702027	257837	295447
中部地区	Middle Region	723	271486	107800	94462
西部地区	Western Region	739	303647	118708	98199
东北地区	Northeast Region	260	130816	54166	48972
北 京	Beijing	92	132061	37056	73264
天 津	Tianjin	56	37619	12880	16646
河 北	Hebei	123	43978	22984	9753
山 西	Shanxi	82	27180	11821	9118
内 蒙 古	Inner Mongolia	54	13063	6714	4110
辽 宁	Liaoning	114	48160	20348	18598
吉 林	Jilin	66	46199	20402	15675
黑 龙 江	Heilongjiang	80	36457	13416	14699
上 海	Shanghai	64	76106	24594	38274
江 苏	Jiangsu	167	100642	34924	44343
浙 江	Zhejiang	109	77838	31148	30635
安 徽	Anhui	121	51910	17843	17996
福 建	Fujian	89	46335	19514	14079
江 西	Jiangxi	106	26112	10566	7827
山 东	Shandong	153	82180	33939	29449
河 南	Henan	156	47078	22522	13295
湖 北	Hubei	130	60641	20836	25994
湖 南	Hunan	128	58565	24212	20232
广 东	Guangdong	160	97638	37201	36964
广 西	Guangxi	85	40182	18548	9041
海 南	Hainan	21	7630	3597	2040
重 庆	Chongqing	69	38505	14231	13423
四 川	Sichuan	134	68228	25318	22238
贵 州	Guizhou	75	20430	8981	5302
云 南	Yunnan	82	26747	11962	6656
西 藏	Tibet	7	1387	579	227
陕 西	Shaanxi	97	57929	17807	26111
甘 肃	Gansu	49	17672	6343	6401
青 海	Qinghai	12	1908	763	512
宁 夏	Ningxia	20	4714	2083	1189
新 疆	Xinjiang	55	12882	5379	2989

学校R&D人员(2021年)
Education by Region (2021)

#硕士毕业 Master	#本科毕业 Undergraduate	#全时人员 Full-time Personnel	R&D人员全时当量(人年) Full-time Equivalent of R&D Personnel (man-year)	#研究人员 Researchers	基础研究 Basic Research	应用研究 Applied Research	试验发展 Experimental Development
562325	**279411**	**601316**	**671766**	**599515**	**319323**	**306813**	**45630**
263392	128003	313000	343950	309038	161941	161648	20361
115863	54537	108188	123779	108393	57389	56737	9653
128624	71375	64128	134968	119602	64543	57769	12656
54446	25496	116000	69070	62482	35450	30660	2960
34381	20899	69510	73760	67968	30867	39195	3698
13966	6542	19383	20618	18964	8322	9889	2407
24053	9328	12571	16573	14969	6744	9327	502
12128	5087	13354	13427	11900	7021	5848	558
5989	2687	4607	5388	4924	2204	2821	364
19121	9745	22270	23564	21601	12489	9639	1436
21574	8321	20605	22876	20196	12068	9852	956
13751	7430	21253	22629	20685	10893	11168	568
21111	13740	46691	46230	40560	24627	18632	2972
39298	16352	44289	48818	46452	27448	17890	3480
33520	12388	25157	31718	27954	13662	16203	1854
22672	9457	24066	26620	23372	14182	10939	1499
20885	10017	16292	19052	16557	4200	13881	971
12565	5226	9780	10714	9168	6490	3840	384
34537	16777	36002	39147	34810	20856	15516	2775
23513	9488	13098	16779	14316	6542	8252	1985
20124	13003	26351	30315	26316	11088	16113	3115
24861	12276	21539	25923	23321	12065	11745	2113
38490	19788	40697	45108	38394	23471	20044	1592
19875	10286	13281	15520	12998	8582	6402	536
3151	2172	2408	2927	2409	1746	1070	112
14886	9654	11595	14919	12728	6253	7585	1080
27735	16298	28390	32120	27780	12833	15626	3661
9096	5577	5629	7309	6458	3871	3117	321
12474	7224	9333	11824	10085	7724	3710	391
796	342	236	401	324	302	87	12
21122	10296	29764	31489	29712	14489	11401	5599
7024	4134	6633	8196	7785	4073	3816	307
916	472	699	878	774	415	447	16
2121	1368	1996	2213	1894	1041	980	191
6590	3037	3837	4712	4140	2755	1778	179

4–3 各地区高等学校R&D
Intramural Expenditures on R&D in

单位：万元

地 区	Region	R&D经费内部支出 Intramural Expenditures on R&D	基础研究 Basic Research	应用研究 Applied Research	试验发展 Experimental Development
全 国	**National Total**	**21804934**	**9045181**	**10540645**	**2219108**
东部地区	Eastern Region	12801466	5649007	6021946	1130513
中部地区	Middle Region	3995258	1587517	1960409	447332
西部地区	Western Region	3324681	1235022	1605321	484338
东北地区	Northeast Region	1683528	573635	952969	156925
北 京	Beijing	2922095	1021150	1654693	246252
天 津	Tianjin	864177	490176	300331	73670
河 北	Hebei	336695	120790	200310	15595
山 西	Shanxi	175457	90528	76909	8020
内 蒙 古	Inner Mongolia	91039	29648	55966	5425
辽 宁	Liaoning	720472	263063	340650	116759
吉 林	Jilin	310707	145359	144606	20742
黑 龙 江	Heilongjiang	652349	165213	467712	19424
上 海	Shanghai	1774352	983099	643207	148046
江 苏	Jiangsu	1791631	866591	700833	224206
浙 江	Zhejiang	1145353	447686	607472	90195
安 徽	Anhui	951248	510015	356555	84677
福 建	Fujian	703138	167033	464180	71924
江 西	Jiangxi	307133	167053	120724	19357
山 东	Shandong	948759	409136	438582	101041
河 南	Henan	572690	158967	326038	87686
湖 北	Hubei	1027198	294796	566985	165418
湖 南	Hunan	961532	366160	513199	82174
广 东	Guangdong	2226221	1085796	985206	155220
广 西	Guangxi	191620	119952	64606	7062
海 南	Hainan	89046	57549	27133	4364
重 庆	Chongqing	588804	213281	308365	67158
四 川	Sichuan	954977	260428	492893	201657
贵 州	Guizhou	203452	91827	92013	19612
云 南	Yunnan	248743	135914	99582	13247
西 藏	Tibet	9053	6396	1368	1289
陕 西	Shaanxi	743302	250113	341662	151527
甘 肃	Gansu	131506	59495	67352	4658
青 海	Qinghai	33564	10986	21286	1292
宁 夏	Ningxia	69356	23418	36768	9169
新 疆	Xinjiang	59266	33566	23459	2241

经费内部支出(2021年)
Higher Education by Region (2021)

(10 000 yuan)

日常性支出 Routine Expenses		资产性支出 Assets Expenditure		政府资金 Government Funds	企业资金 Self-raised Funds by Enterprises	国外资金 Foreign Funds	其他资金 Other Funds
	#人员劳务费 Labor Cost		#仪器和设备支出 Equipment				
17568408	**5364503**	**4236525**	**2925507**	**12491896**	**7103852**	**63150**	**2146036**
10176824	3004085	2624643	1718486	7448853	4137993	53152	1161469
3166522	1152563	828736	587081	2314598	1313603	3815	363242
2810970	796071	513712	388130	1811903	1028430	4215	480133
1414093	411783	269435	231810	916543	623826	1967	141192
2613882	629428	308214	278038	1714640	849372	40238	317845
477652	110314	386525	70970	508155	318986	159	36877
271973	71418	64723	61000	181275	124607	5	30809
143800	44220	31657	24025	103021	40789		31647
72096	21332	18943	14729	66883	7290	1	16866
622802	183316	97670	83891	322950	349867	1161	46494
263237	86885	47470	39225	200165	92814	384	17344
528054	141583	124295	108695	393428	181145	423	77354
1352732	395271	421619	249376	1077410	580505	4702	111736
1443887	390438	347744	286788	867378	766940	1475	155838
977040	382494	168313	150202	639773	385692	2737	117151
699096	321069	252151	161844	616829	241725	911	91783
526285	210213	176853	101556	432582	211618	907	58031
234533	80334	72600	54738	176190	99458	265	31221
785307	260524	163452	134581	532832	335200	872	79856
409403	108567	163287	136755	287992	216600	260	67840
894653	258379	132545	106078	582511	370444	1883	72360
785037	339995	176496	103642	548055	344589	496	68392
1674185	539403	552036	373476	1432286	558632	2059	233244
149370	51014	42250	35627	141221	24158	20	26221
53881	14582	35166	12499	62522	6441		20083
474814	152641	113991	67840	273077	217415	476	97836
832528	236367	122449	91081	422984	383249	183	148561
147413	48226	56040	37561	131330	41789		30333
214486	47694	34256	29343	160357	24426	9	63951
7901	1714	1152	1070	6866	1348		839
664683	166350	78619	76767	405062	272409	3376	62455
109375	37191	22131	18492	78854	37464	136	15052
24935	6135	8630	4397	25356	2253		5956
61985	11638	7372	7372	53825	9640		5892
51385	15771	7881	3853	46090	6991	14	6170

4-4 各地区高等学校R&D经费外部支出(2021年)
External Expenditure on R&D in Higher Education by Region (2021)

单位：万元 (10 000 yuan)

地区	Region	R&D经费外部支出 Total	对境内研究机构支出 to Domestic Research Institutions	对境内高等学校支出 to Domestic Higher Education	对境内企业支出 to Domestic Enterprises	对境外机构支出 to Foreign Institutions
全 国	**National Total**	**1498004**	**433993**	**481793**	**477130**	**92613**
东部地区	Eastern Region	964813	271989	317794	290515	76043
中部地区	Middle Region	228401	44096	67592	101655	13592
西部地区	Western Region	188467	71105	65086	47754	2825
东北地区	Northeast Region	116324	46804	31322	37207	154
北 京	Beijing	268100	92974	98067	68722	7247
天 津	Tianjin	42030	14893	12217	9430	5487
河 北	Hebei	7166	1760	3305	2099	2
山 西	Shanxi	9140	2289	1510	5322	0
内蒙古	Inner Mongolia	5933	1944	1135	2842	
辽 宁	Liaoning	41798	17828	7840	15185	153
吉 林	Jilin	10867	3513	4658	2687	0
黑龙江	Heilongjiang	63659	25463	18824	19334	1
上 海	Shanghai	195361	52919	53113	31649	57352
江 苏	Jiangsu	131708	36460	35382	57510	763
浙 江	Zhejiang	92789	13321	43161	34302	841
安 徽	Anhui	22319	3707	11341	6879	53
福 建	Fujian	17978	5673	7064	4880	211
江 西	Jiangxi	5897	2254	708	2204	555
山 东	Shandong	46668	13150	17886	11122	439
河 南	Henan	8600	2694	3540	1894	329
湖 北	Hubei	114774	17314	31872	65470	48
湖 南	Hunan	67672	15837	18620	19887	12608
广 东	Guangdong	161562	40342	47095	70356	3701
广 西	Guangxi	5163	2416	1294	1234	175
海 南	Hainan	1450	499	504	446	
重 庆	Chongqing	19653	9488	7962	2069	2
四 川	Sichuan	58835	19593	18647	19236	1035
贵 州	Guizhou	4071	893	1149	959	1064
云 南	Yunnan	14231	5228	5007	3925	1
西 藏	Tibet	1649	90	1162	58	339
陕 西	Shaanxi	65660	25922	23519	15238	187
甘 肃	Gansu	4700	1992	2011	655	15
青 海	Qinghai	1050	484	390	169	7
宁 夏	Ningxia	5588	2402	2164	919	0
新 疆	Xinjiang	1934	652	644	451	

4–5 各地区高等学校R&D课题(2021年)
R&D Projects of Higher Education by Region (2021)

地　区	Region	R&D课题数 (项) R&D Projects (item)	投入人员 (人年) Input of Personnel (man-year)	投入经费 (万元) Input of Funds (10 000 yuan)
全　国	**National Total**	**1436251**	**671733**	**13435734**
东部地区	Eastern Region	722731	343931	7934357
中部地区	Middle Region	289600	123771	2063492
西部地区	Western Region	322596	134961	2317760
东北地区	Northeast Region	101324	69071	1120126
北　京	Beijing	130853	73763	2253347
天　津	Tianjin	31865	20612	444093
河　北	Hebei	34794	16567	152754
山　西	Shanxi	21743	13429	129272
内蒙古	Inner Mongolia	14145	5388	69909
辽　宁	Liaoning	40630	23561	445864
吉　林	Jilin	34362	22880	192615
黑龙江	Heilongjiang	26332	22629	481647
上　海	Shanghai	80563	46227	1112771
江　苏	Jiangsu	105319	48817	1106549
浙　江	Zhejiang	88736	31718	742395
安　徽	Anhui	57620	26619	402403
福　建	Fujian	51879	19052	294600
江　西	Jiangxi	34188	10715	153914
山　东	Shandong	77957	39147	600102
河　南	Henan	43648	16779	264975
湖　北	Hubei	68109	30307	691181
湖　南	Hunan	64292	25921	421747
广　东	Guangdong	112442	45101	1167640
广　西	Guangxi	35431	15520	118946
海　南	Hainan	8323	2927	60106
重　庆	Chongqing	37486	14920	307941
四　川	Sichuan	79119	32120	735422
贵　州	Guizhou	23348	7309	90271
云　南	Yunnan	23182	11817	154465
西　藏	Tibet	1548	401	6323
陕　西	Shaanxi	74046	31486	656966
甘　肃	Gansu	15987	8196	78375
青　海	Qinghai	1424	878	15672
宁　夏	Ningxia	6014	2213	38643
新　疆	Xinjiang	10866	4712	44830

4-6 按学科分高等学校R&D课题(2021年)
R&D Projects Taken by Higher Education by Discipline (2021)

学 科	Discipline	R&D课题数(项) R&D Projects (item)	投入人员(人年) Input of Personnel (man-year)	投入经费(万元) Input of Funds (10 000 yuan)
全 国	**National Total**	**1436251**	**671733**	**13435734**
数 学	Mathematics	16732	10245	151475
信息科学与系统科学	Information & System Science	16994	9639	297592
力 学	Mechanics	6730	4783	192106
物理学	Physics	21978	15629	450517
化 学	Chemistry	32361	21270	414748
天文学	Astronomy	781	641	15621
地球科学	Earth Science	23698	15263	399271
生物学	Biology	33681	22965	575065
心理学	Psychology	1250	809	10705
农 学	Agriculture	25466	15926	319935
林 学	Forestry	6323	3880	69288
畜牧、兽医科学	Livestock, Veterinary Medicine	10230	6572	133379
水产学	Aquatic	3443	1881	51460
基础医学	Basic Medicine	38851	28568	446326
临床医学	Clinic Medicine	102285	84308	877855
预防医学与公共卫生学	Protective Medicine	5904	4367	77165
军事医学与特种医学	Military Medicine & Special Medicine	300	214	6483
药 学	Pharmacy	12933	8056	166297
中医学与中药学	Traditional Chinese Medicine	28265	20255	186676
工程与技术科学基础学科	Engineering & Basic Technology Science	10436	6328	221702
信息与系统科学相关工程与技术	Information and System Science-related Engineering and Technology	15031	8975	310211
自然科学相关工程与技术	Science and Technology-related Engineering and Technology	7136	4422	167423
测绘科学技术	Surveying & Mapping	3674	2566	59307
材料科学	Material Science	45600	28330	757387
矿山工程技术	Mining	10592	6256	164785
冶金工程技术	Metallurgy	4077	2823	111215
机械工程	Mechanical Engineering	47860	28472	792277
动力与电气工程	Power & Electrical Engineering	22960	15777	514121
能源科学技术	Energy Technology	10421	6382	212258
核科学技术	Nuclear Technology	1749	1385	61506
电子与通信技术	Electronics & Communication technology	38710	24799	849731
计算机科学技术	Computer Technology	47311	28834	681301
化学工程	Chemical Engineering	17779	10318	274178
产品应用相关工程与技术	Products Application-related Engineering and Technology	2859	1159	23567
纺织科学技术	Textile Technology	3314	1759	43178
食品科学技术	Food Technology	12332	6733	132791
土木建筑工程	Civil Construction	33926	19125	509874
水利工程	Water Conservancy	5603	4010	104062
交通运输工程	Transportaiton Engineering	16771	10088	286215
航空、航天科学技术	Aviation and Aerospace	9557	7094	373136
环境科学技术及资源科学技术	Environment & Resources	24741	14913	389094
安全科学技术	Security	3980	2277	58046

4-6 续表 continued

学　科	Discipline	R&D课题数（项）R&D Projects (item)	投入人员（人年）Input of Personnel (man-year)	投入经费（万元）Input of Funds (10 000 yuan)
管理学	Management	11059	6563	94906
马克思主义	Marxism	38477	9145	48783
哲　学	Phylosophy	8025	1862	14778
宗教学	Religion	1217	287	2351
语言学	Linguistics	32947	8129	45908
文　学	Literature	26383	6282	43268
艺术学	Arts	60832	14353	161027
历史学	History	14198	3296	34575
考古学	Archaeology	4643	633	47910
经济学	Economics	70946	15802	175510
政治学	Politics	13307	2902	19917
法　学	Law	34188	7225	73705
军事学	Military			
社会学	Sociology	29196	6497	59640
民族学与文化学	Ethnography & Culture	9832	2503	18249
新闻学与传播学	Journalism	16569	3449	37247
图书馆、情报与文献学	Library and Information Literature	7658	1961	12742
教育学	Education	107998	24997	136385
体育科学	Physical Science	20573	5443	41678
统计学	Statistics	4720	1137	14024
其　他	Others	4088	962	18280

4-7 按来源和合作形式分高等学校R&D课题(2021年)

R&D Projects of Higher Education by Sources and Cooperation Modality (2021)

项　目	Item	R&D课题数（项）R&D Projects (item)	投入人员（人年）Input of Personnel (man-year)	投入经费（万元）Input of Funds (10 000 yuan)
总　计	**Total**	**1436251**	**671733**	**13435734**
按课题来源分组	**By Sources of Topics**			
本单位自选项目	S&T Projects Chosen by Enterprise	442317	130619	958316
政府部门科技项目	GovernmentS&T Projects	593229	367750	7629197
其他企业(单位)委托项目	S&T Projects Entrusted by Enterprise	347235	143659	4097073
境外项目	Overseas S&T Projects	2244	1261	42044
其他项目	Others	51226	28444	709103
按合作形式分组	**By Cooperation Modality**			
自主完成	Independent Implementation	1197569	517411	9261148
与境内研究机构合作	Cooperation with Independent Research Institutes	26853	21297	867356
与境内高等学校合作	Cooperation with Higher Education	43616	28621	1011694
与境内其他企业或单位合作	Cooperation with Other Enterprise	64239	34015	890857
与境外机构合作	Cooperation with Oversease Institutes	10614	7864	220269
其他形式	Others	90907	61139	1129820

4-8 各地区高等学校
S&T Output of Higher

地 区	Region	发表科技论文（篇） Scientific Papers Issued (piece)	#国外发表 Published in Foreign Periodicals	出版科技著作（种） Publication on S&T (kind)
全 国	**National Total**	**1577932**	**683991**	**44039**
东部地区	Eastern Region	799942	398295	20510
中部地区	Middle Region	311254	115659	10017
西部地区	Western Region	331869	110326	9982
东北地区	Northeast Region	134867	59711	3530
北 京	Beijing	132144	63262	4502
天 津	Tianjin	38591	19097	619
河 北	Hebei	34361	9135	1184
山 西	Shanxi	26059	7941	1022
内 蒙 古	Inner Mongolia	12844	3326	791
辽 宁	Liaoning	57464	26701	1638
吉 林	Jilin	36468	15141	885
黑 龙 江	Heilongjiang	40935	17869	1007
上 海	Shanghai	119514	70929	2824
江 苏	Jiangsu	152963	76362	2746
浙 江	Zhejiang	67839	38450	2328
安 徽	Anhui	49971	18835	986
福 建	Fujian	32104	12020	899
江 西	Jiangxi	29249	9986	998
山 东	Shandong	87028	43251	2429
河 南	Henan	57187	15809	2246
湖 北	Hubei	87310	39261	2804
湖 南	Hunan	61478	23827	1961
广 东	Guangdong	129006	63599	2639
广 西	Guangxi	28653	7214	806
海 南	Hainan	6392	2190	340
重 庆	Chongqing	39984	15569	1512
四 川	Sichuan	85779	32603	1946
贵 州	Guizhou	21646	4339	795
云 南	Yunnan	22331	4169	1020
西 藏	Tibet	1129	123	47
陕 西	Shaanxi	76388	34464	2012
甘 肃	Gansu	19991	4270	573
青 海	Qinghai	3791	974	93
宁 夏	Ningxia	4267	1023	156
新 疆	Xinjiang	15066	2252	231

科技产出(2021年)
Education by Region(2021)

专利申请数 (件) Patent Applications (piece)	#发明专利 Invetions	有效发明专利 (件) Patent in Force (piece)	专利所有权转让及许可数 (件) Number of Transfer and Licensing of Patent Ownership (piece)	专利所有权转让及许可收入 (万元) Revenue from Transfer and Licensing of Patent Ownership (10 000 yuan)	形成国家或行业标准数 (项) Number of National and Industrial Standard (item)
381565	**220640**	**600653**	**16293**	**334172**	**1297**
195200	124962	349618	10075	193380	906
82697	42568	101080	2738	74610	205
75240	36821	96302	2468	43008	170
28428	16289	53653	1012	23173	16
24390	20512	77715	918	55230	233
5993	4713	14965	383	3766	5
6596	3087	8018	477	2280	112
4558	2268	7296	489	2092	4
2730	761	1652	11	595	21
14373	6669	21201	519	18365	1
6418	3938	9951	127	1904	2
7637	5682	22501	366	2903	13
17398	13053	32790	659	29021	62
55433	30199	79679	3916	32470	125
26651	18020	48580	1741	23297	98
16180	9266	17329	564	5050	23
8946	4995	13819	342	4624	26
7126	2640	4768	118	1904	29
22383	13051	35433	834	13931	106
17805	8263	16308	430	4449	38
20286	12017	31959	742	22344	30
16742	8114	23420	395	38771	81
26002	16600	37821	791	28701	139
7156	2760	7794	182	1734	2
1408	732	798	14	59	
8180	5235	12573	513	2932	8
16022	8433	24914	544	10846	44
4300	1036	2552	38	1100	7
6036	2046	6366	97	585	19
79	28	25	1		
20240	12510	35588	950	24285	52
3327	895	2819	83	454	17
404	138	273	5	20	
1015	301	502	24	424	
5751	2678	1244	20	34	

五、高技术产业

High-tech Industry

5-1 高技术产业生产经营情况（2021年）
Statistics on Production and Management in High-tech Industry(2021)

单位：亿元 (100 million yuan)

行　业	Industry	企业数（个）Number of Enterprises (unit)	营业收入 Business Revenue	利润总额 Profits
合　计	**Total**	**45646**	**209896**	**18435**
医药制造业	**Manufacture of Medicines**	**8629**	**29583**	**6431**
#化学药品制造	Manufacture of Chemical Medicine	2564	12750	1857
中成药生产	Manufacture of Finished Traditional Chinese Herbal Medicine	1590	5059	872
生物药品制品制造	Manufacture of Biopharmaceutical Products	971	5802	2953
电子及通信设备制造业	**Manufacture of Electronic Equipment and Communication Equipment**	**24856**	**132988**	**9046**
#电子工业专用设备制造	Manufacture of Special Equipment for Electronic Industry	1687	2576	249
光纤光缆及锂离子电池制造	Manufacture of Optical Fiber and Cable, and Lithium Ion Battery	1749	9993	562
#锂离子电池制造	Manufacture of Lithium Ion Batteries	1395	8663	510
通信设备、雷达及配套设备制造	Manufacture of Communication Equipment, Radar and Matching Equipment	2403	42375	2617
#通信系统设备制造	Manufacture of Communication System Equipment	1144	7563	560
通信终端设备制造	Manufacture of Communication Terminal Equipment	1138	34353	2033
雷达及配套设备制造	Manufacture of Radar and Related Equipment	121	459	24
广播电视设备制造	Manufacture of Broadcasting and TV Equipment	664	2168	134
非专业视听设备制造	Manufacture of Non-professional Audio-visual Equipment	1191	7496	233
电子器件制造	Manufacture of Electronic Appliances	5534	30465	2558
#电子真空器件制造	Manufacture of Electronic Vacuum Appliances	529	1193	128
半导体分立器件制造	Manufacture of Semiconductor Discreting Appliances	469	1570	146
集成电路制造	Manufacture of Integrate Circuit	1104	8832	1002
光电子器件制造	Manufacture of Optoelectronic Devices	942	4038	257
电子元件及电子专用材料制造	Manufacture of Electronic Components and Electronic Specialized Materials	8685	27582	2128
#电阻电容电感元件制造	Manufacture of Resistance, Capacitance and Inductance Components	1286	3076	259
电子电路制造	Manufacture of Electronic Circuit	1830	6298	379
电子专用材料制造	Manufacture of Electronic Specialized Materials	1887	8908	859
智能消费设备制造	Manufacturing of Intelligent Consumption Equipment	1396	6854	334
其他电子设备制造	Other Electronic Equipment	1547	3481	231
计算机及办公设备制造业	**Manufacture of Computers and Office Equipments**	**2940**	**27359**	**828**
#计算机整机制造	Manufacture of Entired Computer	354	17207	263
计算机零部件制造	Manufacture of Parts and Fixture for Computer	1007	3983	208
计算机外围设备制造	Manufacture of Computer Peripheral Equipment	807	3405	182
办公设备制造	Manufacture of Office Equipment	283	876	37
医疗仪器设备及仪器仪表制造业	**Manufacture of Medical Equipments and Meters**	**8301**	**13846**	**1804**
#医疗仪器设备及器械制造	Manufacture of Medical Equipment and Appliances	2701	4565	810
#医疗诊断、监护及治疗设备制造	Manufacture of Medical Diagnosis, Monitoring and Treatment Equipment	819	1936	396
医疗、外科及兽医用器械制造	Manufacture of Medical, Surgical and Veterinary Instruments	683	1171	187
通用仪器仪表制造	Manufacture of General Instruments	3724	6355	671
专用仪器仪表制造	Manufacture of Special Instruments	1118	1613	177
信息化学品制造业	**Manufacture of Electronic Chemicals**	**174**	**661**	**75**

注：表5-1至表5-4的数据口径为规模以上工业企业。
Note: Statistics from table 5-1 to table 5-4 cover industrial enterprises above designated size.

5–2　各地区高技术产业生产经营情况（2021年）
Statistics on Production and Management in High-tech Industry by Region(2021)

单位：个，亿元　　(unit,100 million yuan)

地　区	Region	企业数（个）Number of Enterprises (unit)	营业收入 Business Revenue	利润总额 Profits
全　国	**National Total**	**45646**	**209896**	**18435**
东部地区	Eastern Region	30485	140494	13198
中部地区	Middle Region	8993	36513	2394
西部地区	Western Region	5042	29215	2211
东北地区	Northeast Region	1126	3673	631
北　京	Beijing	937	10311	2592
天　津	Tianjin	585	3339	264
河　北	Hebei	840	2163	269
山　西	Shanxi	255	1795	108
内蒙古	Inner Mongolia	111	509	48
辽　宁	Liaoning	549	2245	383
吉　林	Jilin	350	818	200
黑龙江	Heilongjiang	227	610	48
上　海	Shanghai	1323	8411	546
江　苏	Jiangsu	6893	32196	2294
浙　江	Zhejiang	4230	13391	1390
安　徽	Anhui	1931	6191	430
福　建	Fujian	1314	8487	928
江　西	Jiangxi	2111	8055	573
山　东	Shandong	1922	8020	746
河　南	Henan	1369	9347	402
湖　北	Hubei	1489	6151	476
湖　南	Hunan	1838	4974	405
广　东	Guangdong	12372	53915	4124
广　西	Guangxi	501	1602	110
海　南	Hainan	69	259	45
重　庆	Chongqing	866	7793	506
四　川	Sichuan	1766	11471	623
贵　州	Guizhou	387	973	77
云　南	Yunnan	286	1481	229
西　藏	Tibet	17	25	17
陕　西	Shaanxi	787	4097	417
甘　肃	Gansu	140	452	91
青　海	Qinghai	42	259	23
宁　夏	Ningxia	57	400	58
新　疆	Xinjiang	82	154	12

5-3 高技术产业R&D活动
Statistics on R&D Activities and

行　业	Industry	研发机构数（个） R&D Institutions (unit)
合　计	**Total**	**23041**
医药制造业	**Manufacture of Medicines**	**4059**
#化学药品制造	Manufacture of Chemical Medicine	1556
中成药生产	Manufacture of Finished Traditional Chinese Herbal Medicine	749
生物药品制品制造	Manufacture of Biopharmaceutical Products	515
电子及通信设备制造业	**Manufacture of Electronic Equipment and Communication Equipment**	**12918**
#电子工业专用设备制造	Manufacture of Special Equipment for Electronic Industry	835
光纤光缆及锂离子电池制造	Manufacture of Optical Fiber and Cable, and Lithium Ion Battery	937
#锂离子电池制造	Manufacture of Lithium Ion Batteries	750
通信设备、雷达及配套设备制造	Manufacture of Communication Equipment, Radar and Matching Equipment	1434
#通信系统设备制造	Manufacture of Communication System Equipment	689
通信终端设备制造	Manufacture of Communication Terminal Equipment	667
雷达及配套设备制造	Manufacture of Radar and Related Equipment	78
广播电视设备制造	Manufacture of Broadcasting and TV Equipment	338
非专业视听设备制造	Manufacture of Non-professional Audio-visual Equipment	655
电子器件制造	Manufacture of Electronic Appliances	2978
#电子真空器件制造	Manufacture of Electronic Vacuum Appliances	226
半导体分立器件制造	Manufacture of Semiconductor Discreting Appliances	253
集成电路制造	Manufacture of Integrate Circuit	581
光电子器件制造	Manufacture of Optoelectronic Devices	523
电子元件及电子专用材料制造	Manufacture of Electronic Components and Electronic Specialized Materials	4094
#电阻电容电感元件制造	Manufacture of Resistance, Capacitance and Inductance Components	571
电子电路制造	Manufacture of Electronic Circuit	962
电子专用材料制造	Manufacture of Electronic Specialized Materials	906
智能消费设备制造	Manufacturing of Intelligent Consumption Equipment	789
其他电子设备制造	Other Electronic Equipment	858
计算机及办公设备制造业	**Manufacture of Computers and Office Equipments**	**1628**
#计算机整机制造	Manufacture of Entired Computer	202
计算机零部件制造	Manufacture of Parts and Fixture for Computer	479
计算机外围设备制造	Manufacture of Computer Peripheral Equipment	482
办公设备制造	Manufacture of Office Equipment	146
医疗仪器设备及仪器仪表制造业	**Manufacture of Medical Equipments and Meters**	**4047**
#医疗仪器设备及器械制造	Manufacture of Medical Equipment and Appliances	1239
#医疗诊断、监护及治疗设备制造	Manufacture of Medical Diagnosis, Monitoring and Treatment Equipment	415
医疗、外科及兽医用器械制造	Manufacture of Medical, Surgical and Veterinary Instruments	321
通用仪器仪表制造	Manufacture of General Instruments	1868
专用仪器仪表制造	Manufacture of Special Instruments	581
信息化学品制造业	**Manufacture of Electronic Chemicals**	**82**

及相关情况（2021年）
Relatives in High-tech Industry(2021)

R&D人员折合全时当量（人年） Full-time Equivalent of R&D Personnel (man-year)	R&D经费内部支出（万元） Intramual Expenditure on R&D (10 000 yuan)	新产品开发项目数（项） New Products (unit)	新产品开发经费支出（万元） Expenditure on New Produts Development (10 000 yuan)
1119630	**56845724**	**224577**	**75100172**
154596	**9424368**	**49652**	**11286100**
67836	4414578	21525	5078234
27806	1092163	8888	1281733
26482	2715180	8261	3437219
707380	**36345892**	**110453**	**49034884**
23636	954675	7212	1370401
49601	2690806	7457	3225594
43756	2383121	5916	2870449
210077	11405426	13909	17747551
51284	2555942	6529	4359742
154098	8611478	6294	13083283
4695	238006	1086	304525
12238	421735	2823	593534
26390	1331366	4982	1769182
161797	10323260	27897	12712003
8256	272187	1842	326626
8301	359776	2005	516918
44905	4850661	7272	6000936
22341	1038943	4751	1364572
158303	6632469	31814	7967004
17758	605722	4365	735020
44308	1541606	7044	1907952
27515	2106036	7294	2378901
37939	1539743	7503	2171389
27400	1046413	6856	1478226
82595	**3163876**	**14038**	**4243369**
23185	1008550	2208	1449889
22307	730370	3524	881479
14013	506006	3711	719570
6026	180371	1133	241957
128263	**4850510**	**44422**	**6993975**
39415	1816552	15962	2697910
16014	849515	6249	1330807
11040	459238	3843	586041
58249	1955465	18763	2720616
18504	617568	6184	911779
2796	**94704**	**558**	**160658**

5-3 续表

行 业	Industry	新产品销售收入（万元） Sales Revenue of New Products (10 000 yuan)
合 计	**Total**	**817425738**
医药制造业	**Manufacture of Medicines**	**110451212**
#化学药品制造	Manufacture of Chemical Medicine	43695641
中成药生产	Manufacture of Finished Traditional Chinese Herbal Medicine	14640312
生物药品制品制造	Manufacture of Biopharmaceutical Products	34838702
电子及通信设备制造业	**Manufacture of Electronic Equipment and Communication Equipment**	**548351401**
#电子工业专用设备制造	Manufacture of Special Equipment for Electronic Industry	9677488
光纤光缆及锂离子电池制造	Manufacture of Optical Fiber and Cable, and Lithium Ion Battery	49860932
#锂离子电池制造	Manufacture of Lithium Ion Batteries	45286251
通信设备、雷达及配套设备制造	Manufacture of Communication Equipment, Radar and Matching Equipment	197302469
#通信系统设备制造	Manufacture of Communication System Equipment	38038027
通信终端设备制造	Manufacture of Communication Terminal Equipment	158259880
雷达及配套设备制造	Manufacture of Radar and Related Equipment	1004563
广播电视设备制造	Manufacture of Broadcasting and TV Equipment	7925190
非专业视听设备制造	Manufacture of Non-professional Audio-visual Equipment	32259845
电子器件制造	Manufacture of Electronic Appliances	107796847
#电子真空器件制造	Manufacture of Electronic Vacuum Appliances	3978783
半导体分立器件制造	Manufacture of Semiconductor Discreting Appliances	3965902
集成电路制造	Manufacture of Integrate Circuit	24432291
光电子器件制造	Manufacture of Optoelectronic Devices	13503771
电子元件及电子专用材料制造	Manufacture of Electronic Components and Electronic Specialized Materials	105784984
#电阻电容电感元件制造	Manufacture of Resistance, Capacitance and Inductance Components	9573059
电子电路制造	Manufacture of Electronic Circuit	25863715
电子专用材料制造	Manufacture of Electronic Specialized Materials	34897022
智能消费设备制造	Manufacturing of Intelligent Consumption Equipment	26576860
其他电子设备制造	Other Electronic Equipment	11166788
计算机及办公设备制造业	**Manufacture of Computers and Office Equipments**	**88959483**
#计算机整机制造	Manufacture of Entired Computer	57175157
计算机零部件制造	Manufacture of Parts and Fixture for Computer	13761295
计算机外围设备制造	Manufacture of Computer Peripheral Equipment	10365703
办公设备制造	Manufacture of Office Equipment	1650767
医疗仪器设备及仪器仪表制造业	**Manufacture of Medical Equipments and Meters**	**46290516**
#医疗仪器设备及器械制造	Manufacture of Medical Equipment and Appliances	14230507
#医疗诊断、监护及治疗设备制造	Manufacture of Medical Diagnosis, Monitoring and Treatment Equipment	6272829
医疗、外科及兽医用器械制造	Manufacture of Medical, Surgical and Veterinary Instruments	4008210
通用仪器仪表制造	Manufacture of General Instruments	22114432
专用仪器仪表制造	Manufacture of Special Instruments	5602819
信息化学品制造业	**Manufacture of Electronic Chemicals**	**2475861**

continued

#出口 Export	专利申请数(件) Patent Applications (piece)	#发明专利 Inventions	有效发明专利数(件) Number of Inventions in Force (piece)	技术改造经费支出(万元) Expenditure for Technical Renovation (10 000 yuan)	购买境内技术经费支出(万元) Expenditure for Purchase of Domestic Technology (10 000 yuan)	技术引进经费支出(万元) Expenditure for Acquisition of Foreign Technology (10 000 yuan)	消化吸收经费支出(万元) Expenditure for Assimilation of Technology (10 000 yuan)
292251793	**397524**	**197462**	**685428**	**7988271**	**2274900**	**1163637**	**102936**
20550162	**31497**	**15391**	**64511**	**1337537**	**357396**	**141368**	**13815**
5677762	11609	6827	27409	880788	269700	92518	3718
79799	4815	2153	14532	144700	34898	6730	
12719229	6085	3545	10274	83116	34465	1923	10096
206186292	**265530**	**142842**	**490022**	**5067197**	**1617567**	**969366**	**30431**
1089336	13149	4491	14053	58367	1628	3235	5547
11092698	21192	9630	15568	541658	126979	12346	10293
10593742	19086	8732	12361	514564	125092	10159	10293
86170560	71652	55987	251624	594842	1063317	679221	0
9904495	18145	11613	80759	49471	5107	567	0
76243568	52207	43631	168928	526572	1057922	678653	
22497	1300	743	1937	18799	289		
3378816	5051	1567	5607	55431	3015		
13529838	10376	4000	12938	228262	19922	5183	1115
42663433	69755	41159	109763	1784155	323884	227413	12501
1748818	5208	3162	4991	45376	2265		
868385	3285	1645	3515	103832	726	303	
7156608	21595	15317	32099	485108	59627	179664	12474
3787906	9645	4017	10945	104311	11086	1449	10
33427292	44571	16415	53061	1563837	65390	39988	973
3044373	4892	1506	5513	228720	17209	1086	23
11789464	8222	2592	9290	476545	20434	24425	
4072991	10649	5230	14419	362839	4030	5316	
12048509	18471	5982	13610	141510	11445	1762	
2785809	11313	3611	13798	99135	1988	220	2
56978366	**22544**	**9188**	**39903**	**468666**	**20589**	**12266**	**17**
41634031	4779	2586	14689	304940	5006	2077	
9217496	4728	1717	5619	69887	1406	5	5
4428452	6366	1985	7939	31428	7836	3766	12
685006	1983	622	6103	15314	836	74	
7771204	**65699**	**23163**	**69403**	**378605**	**33375**	**21208**	**58410**
3873797	24485	9239	26855	153328	6505	2825	58272
1873155	10272	4947	12346	74142	2502	2259	58272
1052658	5244	1795	5780	38993	1237	282	
2273232	27273	9145	28210	114614	12777	15526	7
625985	8915	2847	8068	53713	7295		131
297090	**796**	**384**	**1232**	**9807**	**1268**	**358**	

5-4 各地区高技术产业R&D活动
Statistics on R&D Activities and Relatives

单位：万元

地 区	Region	研发机构数（个） R&D Institutions (unit)	R&D人员折合全时当量（人年） Full-time Equivalent of R&D Personnel (man-year)
全 国	**National Total**	**23041**	**1119630**
东部地区	Eastern Region	17442	807454
中部地区	Middle Region	3994	187940
西部地区	Western Region	1366	100463
东北地区	Northeast Region	239	23773
北 京	Beijing	247	23104
天 津	Tianjin	159	15586
河 北	Hebei	382	10295
山 西	Shanxi	158	6924
内 蒙 古	Inner Mongolia	26	1122
辽 宁	Liaoning	126	15684
吉 林	Jilin	52	4367
黑 龙 江	Heilongjiang	61	3722
上 海	Shanghai	198	28549
江 苏	Jiangsu	3269	179969
浙 江	Zhejiang	2607	99593
安 徽	Anhui	1080	41634
福 建	Fujian	424	50034
江 西	Jiangxi	1105	31292
山 东	Shandong	1031	62205
河 南	Henan	477	37910
湖 北	Hubei	662	39133
湖 南	Hunan	512	31048
广 东	Guangdong	9090	337199
广 西	Guangxi	95	3843
海 南	Hainan	35	918
重 庆	Chongqing	346	21772
四 川	Sichuan	470	34579
贵 州	Guizhou	105	7251
云 南	Yunnan	66	4417
西 藏	Tibet		95
陕 西	Shaanxi	174	22842
甘 肃	Gansu	35	2344
青 海	Qinghai	12	302
宁 夏	Ningxia	25	1558
新 疆	Xinjiang	12	338

及相关情况（2021年）
in High-tech Industry by Region(2021)

(10 000 yuan)

R&D经费内部支出（万元）Intramual Expenditure on R&D (10 000 yuan)	新产品开发项目数（项）New Products (unit)	新产品开发经费支出（万元）Expenditure on New Produts Development (10 000 yuan)	新产品销售收入（万元）Sales Revenue of New Products (10 000 yuan)	#出口 Export
56845724	**224577**	**75100172**	**817425738**	**292251793**
41185083	160498	56894479	606327458	225836712
8742573	34672	10189819	136715517	47759594
5818051	23392	6666755	64446645	17813302
1100017	6015	1349120	9936119	842185
2119085	7887	3959513	53881022	19769042
816508	3972	855378	12964540	5487329
473430	3929	675328	8823196	1628511
146805	1671	265646	3619218	927226
125807	559	160976	945003	125719
736018	3099	791865	5674331	444598
178042	1387	295714	1629767	341804
185957	1529	261540	2632020	55784
2806421	6001	3656095	18108435	7372605
9048174	28509	10273252	124711331	55584212
4167292	25517	5923750	72294877	19050137
1945451	7505	2340261	31805655	10783712
2589867	6282	2770364	31429998	11632528
1340791	7800	1740533	28307297	5434921
2718772	13497	2981907	37873620	10932422
1326280	4581	1120901	30673464	22867790
2363708	5760	2819363	21859223	3589924
1619539	7355	1903115	20450659	4156021
16380571	64015	25693973	245918070	94371173
128548	1450	207771	2391737	1178063
64963	889	104919	322369	8751
1055375	4772	1179269	19233545	11439864
2020924	9108	2403316	24183410	4037987
363195	1694	377626	2500627	60663
310805	995	242260	1597394	50906
7715	52	8249		
1455984	3897	1742894	10082120	546441
143996	301	148188	1263822	271408
30787	78	42638	459170	193
158044	287	127386	1712157	102059
16871	199	26181	77661	

5-4 续表

地 区	Region	专利申请数（件） Patent Applications (piece)	#发明专利 Inventions
全 国	**National Total**	**397524**	**197462**
东部地区	Eastern Region	303063	153888
中部地区	Middle Region	58756	26380
西部地区	Western Region	30121	14504
东北地区	Northeast Region	5584	2690
北 京	Beijing	14457	9231
天 津	Tianjin	4690	2309
河 北	Hebei	3462	1406
山 西	Shanxi	922	308
内 蒙 古	Inner Mongolia	465	253
辽 宁	Liaoning	3684	1765
吉 林	Jilin	927	471
黑 龙 江	Heilongjiang	973	454
上 海	Shanghai	11325	6423
江 苏	Jiangsu	55019	23797
浙 江	Zhejiang	34351	15278
安 徽	Anhui	17865	8718
福 建	Fujian	15006	7627
江 西	Jiangxi	9086	2834
山 东	Shandong	17170	7831
河 南	Henan	7543	1854
湖 北	Hubei	15613	9081
湖 南	Hunan	7727	3585
广 东	Guangdong	147321	79778
广 西	Guangxi	1534	610
海 南	Hainan	262	208
重 庆	Chongqing	4493	1718
四 川	Sichuan	14414	7331
贵 州	Guizhou	2085	1061
云 南	Yunnan	832	261
西 藏	Tibet	8	8
陕 西	Shaanxi	5192	2798
甘 肃	Gansu	455	216
青 海	Qinghai	145	43
宁 夏	Ningxia	347	160
新 疆	Xinjiang	151	45

continued

有效发明专利数(件) Number of Inventions in Force (piece)	技术改造经费支出(万元) Expenditure for Technical Renovation (10 000 yuan)	购买境内技术经费支出(万元) Expenditure for Purchase of Domestic Technology (10 000 yuan)	技术引进经费支出(万元) Expenditure for Acquisition of Foreign Technology (10 000 yuan)	消化吸收经费支出(万元) Expenditure for Assimilation of Technology (10 000 yuan)
685428	**7988271**	**2274900**	**1163637**	**102936**
559931	5625783	1897837	1121984	93524
69288	1234855	299240	10705	8020
44865	860927	55323	29340	1392
11344	266706	22500	1607	
43932	5389	235123	2443	57992
7327	26980	6338	794	
5528	29701	105015	358	
1610	5043	2711	544	
718	2975	1244		
7473	187496	13517	238	
1769	6793	3772		
2102	72417	5211	1370	
26491	67649	14757	2547	11729
71453	1112761	85147	113821	3145
41274	561493	66733	23189	711
15233	477229	69993	3620	2254
17417	460781	152872	17099	18111
9296	254491	8500	174	36
22209	453304	65501	113156	1463
7941	66631	15127	2207	
24491	131127	14427	3813	5547
10717	300335	188483	346	184
323347	2904860	1161684	848577	373
2482	41734	1227	42	
953	2866	4669		
6314	67073	12842	10873	
19868	439231	27024	17665	1127
3094	93570	203	189	189
1684	47021	1831		
86		1624		
8935	141508	3444	572	76
887	95	5579		
262	4155	209		
350	23350	95		
185	217	1		

5–5 国家级高新区企业
Major Indicators of High-Technology

单位：万元

开发区	Development Area	企业数 (个) Number of Enterprises (unit)	期末从业人员 (人) Employed Persons (person)
合　计	**Total**	**181541**	**25067653**
中关村国家自主创新示范区	Zhongguancun Science Park	24055	2849075
天津滨海高新技术产业开发区	Tianjin Binhai High-tech Industrial Development Zone	4234	232647
石家庄高新技术产业开发区	Shijiazhuang High-tech Industrial Development Zone	2228	194701
唐山高新技术产业开发区	Tangshan High-tech Industrial Development Zone	414	20303
保定国家高新技术产业开发区	Baoding High-tech Industrial Development Zone	818	136301
承德高新技术产业开发区	Chengde High-tech Industrial Development Zone	122	16877
燕郊高新技术产业开发区	Yanjiao High-tech Industrial Development Zone	266	29564
太原高新技术产业开发区	Taiyuan High-tech Industrial Development Zone	1723	165568
长治高新技术产业开发区	Changzhi High-tech Industrial Development Zone	182	47212
呼和浩特金山高新技术产业开发区	Hohhot Jinshan High-tech Industrial Development Zone	67	82789
包头稀土高新技术产业开发区	Baotou Rare Earth High-tech Industrial Development Zone	567	83060
鄂尔多斯高新技术产业开发区	Eerduosi High-tech Industrial Development Zone	67	8916
沈阳高新技术产业开发区	Shenyang High-tech Industrial Development Zone	1573	149842
大连高新技术产业园区	Dalian High-tech Industrial Development Zone	2605	217622
鞍山高新技术产业开发区	Anshan High-tech Industrial Development Zone	461	43311
本溪高新技术产业开发区	Benxi High-tech Industrial Development Zone	94	9283
锦州高新技术产业开发区	Jinzhou High-tech Industrial Development Zone	180	24795
营口高新技术产业开发区	Yingkou High-tech Industrial Development Zone	167	22685
阜新高新技术产业开发区	Fuxin High-tech Industrial Development Zone	173	23523
辽阳高新技术产业开发区	Liaoyang High-tech Industrial Development Zone	56	25697
长春高新技术产业开发区	Changchun High-tech Industrial Development Zone	901	144444
长春净月高新技术产业开发区	Changchun Jingyue High-tech Industrial Development Zone	488	36317
吉林高新技术产业开发区	Jilin High-tech Industrial Development Zone	358	57130
通化国家医药高新技术产业开发区	Tonghua Medicine High-tech Industrial Development Zone	90	11446
延吉高新技术产业开发区	Yanji High-tech Industrial Development Zone	137	9344
哈尔滨高新技术产业开发区	Haerbin High-tech Industrial Development Zone	1045	102178
齐齐哈尔高新技术产业开发区	Qiqihaer High-tech Industrial Development Zone	161	28156
大庆高新技术产业开发区	Daqing High-tech Industrial Development Zone	432	70177
上海张江高新技术产业开发区	Shanghai Zhangjiang Hi-Tech Park	13982	1869278
上海紫竹高新技术产业开发区	Shanghai Zizhu High-tech Industrial Development Zone	308	45310
南京高新技术产业开发区	Nanjing High-tech Industrial Development Zone	8684	669459
无锡国家高新技术产业开发区	Wuxi High-tech Industrial Development Zone	1581	297572
江阴高新技术产业开发区	Jiangyin High-tech Industrial Development Zone	637	103226
徐州高新技术产业开发区	Xuzhou High-tech Industrial Development Zone	421	70389
常州高新技术产业开发区	Changzhou High-tech Industrial Development Zone	1944	237537
武进国家高新技术产业开发区	Wujin High-tech Industrial Development Zone	726	171062
苏州国家高新技术产业开发区	Suzhou High-tech Industrial Development Zone	2086	233954
昆山高新技术产业开发区	Kunshan High-tech Industrial Development Zone	1245	196250
苏州工业园区	Suzhou Industrial Park	3855	327934
常熟高新技术产业开发区	Changshu High-tech Industrial Development Zone	695	87875
南通高新技术产业开发区	Nantong High-tech Industrial Development Zone	540	107731
连云港高新技术产业开发区	Lianyungang High-tech Industrial Development Zone	292	55774
淮安高新技术产业开发区	Huaian High-tech Industrial Development Zone	360	46784
盐城高新技术产业开发区	Yancheng High-tech Industrial Development Zone	883	89338
扬州高新技术产业开发区	Yangzhou High-tech Industrial Development Zone	357	42100
镇江高新技术产业开发区	Zhenjiang High-tech Industrial Development Zone	483	57885
泰州医药高新技术产业开发区	Taizhou Medical High-tech Industrial Development Zone	645	94560
宿迁高新技术产业开发区	Suqian Medicine High-tech Industrial Development Zone	231	39911
杭州高新技术产业开发区	Hangzhou High-tech Industrial Development Zone	3070	433392
萧山临江高新技术产业开发区	Xiaoshan Linjiang High-tech Industrial Development Zone	1380	201538
宁波国家高新技术产业开发区	Ningbo High-tech Industrial Development Zone	2135	344886
温州高新技术产业开发区	Wenzhou High-tech Industrial Development Zone	797	185860

主要经济指标（2021年）
Industrial Development Zone (2021)

(10 000 yuan)

营业收入 Business Revenue	#技术收入 Tech-related	#销售收入 Sales Revenue	总产值 Gross Output Value	净利润 Profits after Taxes	实缴税费 Taxes	出口额 Exports
4950960839	**691996561**	**3414217206**	**2934328164**	**358619777**	**212675062**	**521200007**
844023205	204193978	235244954	153691253	66813126	31697692	38937509
52167288	7145733	25499048	15693145	2959019	1773424	3136779
24883153	7223324	14183960	13138199	2165359	1170483	929258
2173185	196389	1360076	1224723	146405	101170	67845
28947569	497378	27103390	15463363	758075	964558	1725315
2197662	143181	1964597	1696540	118540	80720	13575
6322716	218852	4351601	4176193	405681	354028	68595
41628154	1847587	37057486	23001045	1006077	846174	139183
5297025	33282	4798013	4103030	412029	412272	74064
18278275	70027	17666946	7817507	1268914	1586262	58410
23911174	1307668	21965755	18393249	1596877	742653	858972
1550710	52736	1423264	1478414	501755	58082	207313
19060570	5755829	12553733	11548881	803747	652219	1056396
37035870	3150032	30145833	26940017	2181397	1721657	4280686
9228473	1202173	7756891	7920024	1453791	748443	403981
680828	20319	640154	586902	9000	43335	36295
3335509	25501	3093940	2633940	155296	111120	638410
6986379	129730	6589552	6660692	425360	182532	711114
2721724	69197	2506700	2495256	251610	72445	197099
7070845	1876	5780284	5758770	127431	1160495	202076
47462340	564035	43449094	46845906	4485700	4684172	363098
4022947	311173	3010950	1620381	567515	242376	86717
7705362	355872	7107742	7059408	567078	1182478	87678
1569591	664	1040946	1161372	315694	76583	59365
1871503	12136	1749360	1798018	58768	998434	22839
23698858	2383272	17610341	10070589	112352	1564678	771284
4218658	25519	4019930	3986312	377237	217265	271302
17177994	608177	16076354	14846383	588743	2098819	425858
413688252	92813678	262930460	153328497	26983807	16934937	39189412
11344227	2223248	8051518	3131622	1929176	638138	711995
116888391	20297616	87820082	73224856	6709071	5270269	13958849
55792849	1437439	52856421	48801891	4120365	2050167	17194292
24668578	387692	22416635	24215460	1614643	782342	3510332
17551567	106528	14830844	13954844	1445193	672854	736243
36387385	2526133	31465582	30449875	2332476	1318210	5331810
33096526	636153	17266167	16958231	2797114	2208400	2697271
44880633	4267778	37459805	34874319	2275227	1502135	18111499
24315657	279295	22866976	22059470	1213022	925206	6996151
72238347	7740456	61615576	60103547	5845737	3225832	24533428
16110708	213083	15409061	15187828	658807	483853	3317770
26766940	638580	25481744	15050456	2723483	1243404	3692548
9024222	317657	8414567	8957123	1546295	580767	390717
5783819	15417	5579929	5567900	228969	220898	476704
11928050	466614	7273861	4995141	662800	417112	1218262
5368826	185732	4986564	5247796	349590	199547	742893
8598818	197275	7551318	7725301	214942	212478	729200
11488510	96775	10718931	11150080	695360	623673	1374940
4751007	245358	4290728	4662756	393932	172277	469905
90504403	26680708	55057149	45388917	9331632	4504374	7372411
38620027	786716	33396935	31170729	2037308	1193453	4844816
63687631	5592347	50218003	48225961	5826480	3637234	11714416
17420307	288765	16672381	17061975	1494638	759196	2066816

5-5 续表 1

单位：万元

开发区	Development Area	企业数 (个) Number of Enterprises (unit)	期末从业人员 (人) Employed Persons (person)
嘉兴秀洲高新技术产业开发区	Jiaxing Xiuzhou High-tech Industrial Development Zone	216	72258
莫干山高新技术产业开发区	Moganshan High-tech Industrial Development Zone	378	59484
绍兴国家高新技术产业开发区	Shaoxing High-tech Industrial Development Zone	690	89910
衢州高新技术开发区	Quzhou High-tech Industrial Development Zone	381	71722
合肥高新技术产业开发区	Hefei High-tech Industrial Development Zone	2967	355842
芜湖国家高新技术产业开发区	Wuhu High-tech Industrial Development Zone	366	100482
蚌埠国家高新技术产业开发区	Bengbu High-tech Industrial Development Zone	214	53415
淮南高新技术产业开发区	Huainan High-tech Industrial Development Zone	180	18126
马鞍山慈湖高新技术产业开发区	Maanshan Cihu High-tech Industrial Development Zone	254	40711
铜陵狮子山高新技术产业开发区	Tongling Shizishan High-tech Industrial Development Zone	139	16966
福州高新技术产业开发区	Fuzhou High-tech Industrial Development Zone	741	129418
厦门火炬高技术产业开发区	Xiamen Torch High-tech Industrial Development Zone	2321	294397
莆田高新技术产业开发区	Putian High-tech Industrial Development Zone	226	66073
三明高新技术产业开发区	Sanming High-tech Industrial Development Zone	115	20006
泉州高新技术产业开发区	Quanzhou High-tech Industrial Development Zone	588	110731
漳州高新技术产业开发区	Zhangzhou High-tech Industrial Development Zone	657	88298
龙岩高新技术产业开发区	Longyan High-tech Industrial Development Zone	182	25082
南昌高新技术产业开发区	Nanchang High-tech Industrial Development Zone	729	168979
景德镇高新技术产业开发区	Jingdezhen High-tech Industrial Development Zone	313	69118
九江共青城高新技术产业开发区	Jiujiang Gongqingcheng High-tech Industrial Development Zone	259	27583
新余高新技术企业开发区	Xinyu High-tech Industrial Development Zone	303	82286
鹰潭国家高新技术产业开发区	Yingtan High-tech Industrial Development Zone	206	26204
赣州高新技术产业开发区	Ganzhou High-tech Industrial Development Zone	239	17395
吉安高新技术产业开发区	Jian High-tech Industrial Development Zone	181	43903
宜春丰城高新技术产业开发区	Yichun Fengcheng High-tech Industrial Development Zone	216	29884
抚州高新技术产业开发区	Fuzhou High-tech Industrial Development Zone	227	38525
济南高新技术产业开发区	Jinan High-tech Industrial Development Zone	2022	320001
青岛高新技术产业开发区	Qingdao High-tech Industrial Development Zone	1687	218661
淄博高新技术产业开发区	Zibo High-tech Industrial Development Zone	754	173496
枣庄高新技术产业开发区	Zaozhuang High-tech Industrial Development Zone	181	19883
黄河三角洲农业高新技术产业示范区	Huanghesanjiaozhou Agricultural High-tech Industrial Development Zone	42	3686
烟台高新技术产业开发区	Yantai High-tech Industrial Development Zone	443	57339
潍坊高新技术产业开发区	Weifang High-tech Industrial Development Zone	689	243717
济宁高新技术产业开发区	Jining High-tech Industrial Development Zone	653	174076
泰安高新技术产业开发区	Taian High-tech Industrial Development Zone	438	61526
威海火炬高技术产业开发区	Weihai Torch High-tech Industrial Development Zone	409	126325
莱芜高新技术产业开发区	Laiwu High-tech Industrial Development Zone	245	31220
临沂高新技术产业开发区	Linyi High-tech Industrial Development Zone	433	63433
德州高新技术产业开发区	Dezhou High-tech Industrial Development Zone	245	24363
郑州高新技术产业开发区	Zhengzhou High-tech Industrial Development Zone	3181	216016
洛阳高新技术产业开发区	Luoyang High-tech Industrial Development Zone	1219	212638
平顶山高新技术产业开发区	Pingdingshan High-tech Industrial Development Zone	165	29915
安阳高新技术产业开发区	Anyang High-tech Industrial Development Zone	373	78940
新乡高新技术产业开发区	Xinxiang High-tech Industrial Development Zone	378	56681
焦作高新技术产业开发区	Jiaozuo High-tech Industrial Development Zone	272	29026
南阳高新技术产业开发区	Nanyang High-tech Industrial Development Zone	402	70451
武汉东湖新技术开发区	Wuhan Donghu New Technology Development Zone	4762	616153
黄石大冶湖高新技术产业开发区	Huangshi Dazhi High-tech Industrial Development Zone	537	76098
宜昌高新技术产业开发区	Yichang High-tech Industrial Development Zone	618	161014
襄阳高新技术产业开发区	Xiangyang High-tech Industrial Development Zone	1036	209214
荆门高新技术产业开发区	Jingmen High-tech Industrial Development Zone	542	100712
孝感高新技术产业开发区	Xiaogan High-tech Industrial Development Zone	612	113531
荆州高新技术产业开发区	Jingzhou High-tech Industrial Development Zone	113	14507
黄冈高新技术产业开发区	Huanggang High-tech Industrial Development Zone	836	89434
咸宁高新技术产业开发区	Xianning High-tech Industrial Development Zone	534	81831
随州高新技术产业开发区	Suizhou High-tech Industrial Development Zone	361	54381
仙桃高新技术产业开发区	Xiantao High-tech Industrial Development Zone	420	73575
潜江高新技术产业开发区	Qianjiang High-tech Industrial Development Zone	84	16098

continued

(10 000 yuan)

营业收入 Business Revenue	#技术收入 Tech-related	#销售收入 Sales Revenue	总产值 Gross Output Value	净利润 Profits after Taxes	实缴税费 Taxes	出口额 Exports
12333492	77283	10595492	9392831	1293611	421441	2234163
8437732	195218	7660349	7468952	779465	306935	1585479
11865504	743609	10240919	10909914	736468	458221	2030757
15610755	47975	14401535	13702708	1241356	496705	1587499
80349717	15394420	57702742	53416266	7517503	4917546	13590677
19482393	168749	18148537	18031500	919166	665476	1516163
12225386	241437	10781699	4609606	359277	1328457	310779
2847448	53080	2505046	1171565	200156	66407	37703
17107691	2604267	12992418	11763620	606541	504243	587298
5741412	61412	5414993	4940114	196788	88442	331505
19686565	2519662	16116448	12277940	1251558	646805	1422396
44661597	3081246	34400331	34872512	3112282	1224011	11089905
12906677	40315	7951594	8259429	604078	292576	543343
4172763	5885	4118660	4479824	158454	52000	125546
9853929	90857	9254462	11629192	536151	332572	876038
12099245	49197	11715326	11755141	1026987	339638	1172899
3719269	481749	3143200	3717146	200697	117556	94638
45023691	2244235	41164238	40734880	1616806	2674874	5053657
10089140	440944	9537571	9282786	335994	236465	897443
3744388	231570	3402594	3389828	327554	81911	277367
16431654	180941	16103383	15929640	974024	468132	911363
10103188	103888	9517159	8969640	628215	325063	427239
3826996	59275	3630353	2678196	235014	86374	197491
6100772	31921	5948267	5973089	507437	150895	3513092
7182433	29147	6971156	6999538	554721	543213	175330
7756333	186700	7514297	7089166	653928	332306	222741
74817837	5454231	67375162	54302988	4992685	2329913	4159734
52300835	4889862	42186620	35957893	3524987	2029577	8378305
30903041	1161243	28576438	29592731	2509156	2292853	3109430
3010571	305096	1945201	1145979	168123	125919	280701
2721366	1694	1838536	2208096	13029	178557	8794
8147424	462013	6385149	5520224	555281	305160	707348
50837971	369382	47684269	35608404	2483533	1356611	4563554
30721228	143134	24581684	25848117	1700762	1093865	1057686
9246484	770624	7880195	7460536	666493	294931	354188
18333219	374949	16716765	14591138	1770392	843043	3069840
7837268	94576	7381507	5199336	199184	154710	365887
9116580	64917	8993373	9266826	762974	342321	410855
2734580	23797	2513506	2607982	62051	88655	246343
32724557	3313471	25927224	13812129	1479448	1133745	1334930
31471353	603239	28365079	27027105	1549182	985478	1179848
6807335	85494	5027547	4173658	575333	186145	312607
12383004	334258	11632506	11044044	703767	722244	101497
7592314	76498	6685469	6772104	1111816	296059	521585
5328260	124692	4854421	4387677	759182	176899	494991
6024665	505659	5195840	5071474	601117	245337	429967
127451318	46877956	70715658	52610647	7035716	4444310	9026271
12770753	297565	11422318	11833063	773096	569053	303243
26441510	1240221	22750701	19451282	2147313	1086981	1765288
36726293	2291047	33002707	34455438	3160852	1256065	817614
18019811	345893	16119817	16849465	1486451	498800	832159
18106080	279509	16998180	14854042	1065065	749282	400100
2000165	25806	1855415	1987485	85966	44169	42500
13436643	525081	12105805	12632519	899263	549946	556982
14463775	576011	13561870	15007242	1370083	402099	547616
7273104	183430	6791815	7367807	505370	191185	730909
8101449	134346	7863784	8092467	486905	263895	1045392
4785233	126304	4634226	3632028	163600	103430	113204

5-5 续表 2

单位：万元

开发区	Development Area	企业数 (个) Number of Enterprises (unit)	期末从业人员 (人) Employed Persons (person)
长沙高新技术产业开发区	Changsha High-tech Industrial Development Zone	2215	350027
株洲高新技术产业开发区	Zhuzhou High-tech Industrial Development Zone	584	175226
湘潭高新技术产业开发区	Xiangtan High-tech Industrial Development Zone	431	92761
衡阳高新技术产业开发区	Hengyang High-tech Industrial Development Zone	344	53870
常德高新技术产业开发区	Changde High-tech Industrial Development Zone	504	50080
益阳高新技术产业开发区	Yiyang High-tech Industrial Development Zone	451	57204
郴州高新技术产业开发区	Chenzhou High-tech Industrial Development Zone	180	29455
怀化高新技术产业开发区	Huaihua High-tech Industrial Development Zone	181	14265
广州高新技术产业开发区	Guangzhou High-tech Industrial Development Zone	6020	841954
深圳高新技术产业开发区	Shenzhen High-tech Industrial Development Zone	7960	1284428
珠海高新技术产业开发区	Zhuhai High-tech Industrial Development Zone	1828	283156
汕头高新技术产业开发区	Shantou High-tech Industrial Development Zone	289	28379
佛山高新技术产业开发区	Foshan High-tech Industrial Development Zone	2380	369968
江门高新技术产业开发区	Jiangmen High-tech Industrial Development Zone	830	120902
湛江高新技术产业开发区	Zhanjiang High-tech Industrial Development Zone	163	33583
茂名高新技术产业开发区	Maoming High-tech Industrial Development Zone	174	25018
肇庆高新技术产业开发区	Zhaoqing High-tech Industrial Development Zone	357	66404
惠州仲恺高新技术产业开发区	Huizhou Zhongkai High-tech Industrial Development Zone	905	224861
源城高新技术产业开发区	Yuancheng High-tech Industrial Development Zone	175	54150
清远高新技术产业开发区	Qingyuan High-tech Industrial Development Zone	235	70070
东莞松山湖高新技术产业开发区	Dongguan Songshanhu High-tech Industrial Development Zone	1030	157086
中山国家高新技术产业开发区	Zhongshan High-tech Industrial Development Zone	852	159176
南宁高新技术产业开发区	Nanning High-tech Industrial Development Zone	1186	188663
柳州高新技术产业开发区	Liuzhou High-tech Industrial Development Zone	720	116828
桂林国家高新技术产业开发区	Guilin High-tech Industrial Development Zone	776	111029
北海高新技术产业开发区	Beihai High-tech Industrial Development Zone	159	51609
海口国家高新技术产业开发区	Haikou High-tech Industrial Development Zone	392	42256
重庆高新技术产业开发区	Chongqing High-tech Industrial Development Zone	1896	298781
璧山高新技术产业开发区	Bishan High-tech Industrial Development Zone	420	80814
荣昌高新技术产业开发区	Rongchang High-tech Industrial Development Zone	336	58577
永川高新技术产业开发区	Yongchuan High-tech Industrial Development Zone	340	83708
成都高新技术产业开发区	Chengdu High-tech Industrial Development Zone	3899	515972
自贡高新技术产业开发区	Zigong High-tech Industrial Development Zone	384	56764
攀枝花高新技术产业开发区	Panzhihua High-tech Industrial Development Zone	170	21419
泸州高新技术产业开发区	Luzhou High-tech Industrial Development Zone	460	59146
德阳高新技术产业开发区	Deyang High-tech Industrial Development Zone	274	45814
绵阳国家高新技术产业开发区	Mianyang High-tech Industrial Development Zone	398	120441
内江高新技术产业开发区	Neijiang High-tech Industrial Development Zone	172	25828
乐山高新技术产业开发区	Leshan High-tech Industrial Development Zone	296	53024
贵阳国家高新技术产业开发区	Guiyang High-tech Industrial Development Zone	1112	214853
安顺高新技术产业开发区	Anshun High-tech Industrial Development Zone	200	28404
昆明国家高新技术产业开发区	Kunming High-tech Industrial Development Zone	530	100661
玉溪高新技术产业开发区	Yuxi High-tech Industrial Development Zone	114	28600
楚雄高新技术产业开发区	Chuxiong High-tech Industrial Development Zone	95	11982
西安高新技术产业开发区	Xi'an High-tech Industrial Development Zone	5901	608244
宝鸡高新技术产业开发区	Baoji High-tech Industrial Development Zone	869	162975
杨凌农业高新技术产业示范区	Yangling Agricultural High-tech Industries Demonstration Zone	233	24781
咸阳高新技术产业开发区	Xianyang High-tech Industrial Development Zone	144	38918
渭南国家高新技术产业开发区	Weinan High-tech Industrial Development Zone	210	25821
榆林高新科技产业园区	Yulin High-tech Industrial Development Zone	339	49583
安康高新技术产业开发区	Ankang High-tech Industrial Development Zone	244	33371
兰州高新技术产业开发区	Lanzhou High-tech Industrial Development Zone	742	128453
白银高新技术产业开发区	Baiyin High-tech Industrial Development Zone	244	62240
青海高新技术产业开发区	Qinghai High-tech Industrial Development Zone	101	12054
银川高产业开发区	Yinchuan High-tech Industrial Development Zone	166	19052
宁夏石嘴山高新技术产业开发区	Ningxia Shizuishan High-tech Industrial Development Zone	128	16173
乌鲁木齐高新技术产业开发区	Wulumuqi High-tech Industrial Development Zone	494	199680
昌吉高新技术产业开发区	Changji High-tech Industrial Development Zone	238	13437
石河子高新技术产业开发区	Shihezi High-tech Industrial Development Zone	96	28368

continued

(10 000 yuan)

营业收入 Business Revenue	#技术收入 Tech-related	#销售收入 Sales Revenue	总产值 Gross Output Value	净利润 Profits after Taxes	实缴税费 Taxes	出口额 Exports
56536805	12739037	36448187	23239244	3071212	2075045	3281449
30563088	363739	26395659	23876415	1014536	1040751	952641
16493376	1651387	13866767	15314608	1028692	496923	795772
8783257	840461	7547806	5890706	351410	224756	1116232
7651450	39499	6979950	7221618	405061	205474	123163
9710376	796812	8794879	9376617	496596	353569	511292
5988142	52833	5764298	3339925	434071	81228	494552
1258193	32456	1148258	1093161	70158	49741	3507
146443209	28230336	104869279	82047112	10787705	5856696	15509017
228364078	51933913	156198663	144935259	26974073	8207211	47326129
36109636	1505759	32625052	25556090	3542641	1323354	8018017
2934462	212180	2585623	2262025	223328	99226	351692
59992295	3713512	52556659	50167461	3829152	2148326	11772239
15739238	107897	14875950	15137246	904410	536475	4638013
20271216	591343	19025334	18959205	1807467	2920532	1328313
5751033	76210	5302557	5018324	301068	207799	165475
10187012	126588	9838391	10256439	334071	282523	743502
30967632	3252733	26589558	26327378	2306056	607589	11860633
5522055	114923	4899093	5338075	304020	142790	911129
10700191	219835	9694470	9518283	489647	282641	956364
41599612	614009	35362492	34957851	3615699	993090	6644597
20631113	350585	18046236	18172880	1150322	655154	6530628
31488733	5871549	23339786	12620124	1263418	707624	4659149
25647394	156752	22318810	20931270	461015	786017	1214042
11144993	1939936	7937652	9582409	918107	578815	1022487
11672411	518427	10990110	7658778	1205887	226937	1781270
12956646	2232842	4377508	3886708	831238	817364	349225
50544915	4235882	41827794	51062616	2347629	1191689	12413625
8041486	223478	7609324	7947309	564350	212074	836652
6940415	93076	6690793	7001172	681579	419107	281227
13599988	579061	12660421	12969862	1274578	615160	576735
106338639	22154880	73832438	70636760	10388466	4642103	32283109
7452922	51660	6862909	7598707	398392	242813	269155
5392946	49249	4994795	5784912	519680	175979	58935
11198738	317530	10125016	9152092	1455543	977612	188287
7360111	83898	7074828	6544400	361832	252679	75040
18043907	240769	13281535	10630813	330351	441286	2927214
4335731	171284	3918557	4375649	451816	125034	130675
10550949	41882	9665481	10142969	1748851	366049	719923
32417376	4474852	22431431	14252029	1666445	1113618	613885
2874100	102407	2614990	3152566	98608	89817	34056
30156134	980937	22598405	17143886	292726	987599	446126
10426932	24147	9449144	10841486	963235	5474221	12752
2536058	14715	2494377	2503479	59811	42623	3653
99953706	24848224	64317828	69423749	9576783	6803723	7592458
23836848	206108	22017733	22988095	890943	1379372	532447
3082860	484101	2128537	1719682	197078	89583	65567
9239745	1030148	7805691	8489449	689794	1163488	1528186
5221538	71588	3665431	4741653	500867	162627	277356
14687387	281802	11641470	9985654	2303827	1414672	18269
5627646	1250829	2743759	2655381	1014749	209513	101799
21870856	2072213	10022689	8057846	1296867	1972278	304904
12168535	87805	11823548	7226651	196226	473407	64883
710578	50112	542982	524869	44923	46521	8070
1832115	96678	1553927	1476418	33661	73118	37383
1980777	26254	1789920	1720087	130731	63666	85138
43918135	1921981	7521748	4955450	2502182	1192968	87961
3193793	10964	2340512	1910464	189808	92794	227591
8187880	18835	6906482	6905763	1321347	439392	40854

六、企业创新活动

Innovation Activities of Enterprises

6-1 规模(限额)以上企业创新活动总体情况(2021年)
Enterprises above Designated Size with Innovation(2021)

项 目	Item	开展创新活动企业数(个) Number of Innovation-active Enterprises (unit)	#实现创新企业 Innovators	#同时实现四种创新企业 Enterprises with All 4 Kinds of Innovation	在全部企业中占比(%) Of Total(%) 开展创新活动企业 Innovation-active Enterprises	实现创新企业 Innovators	同时实现四种创新企业 Enterprises with All 4 Kinds of Innovation
总 计	**Total**	**433152**	**401901**	**74599**	**44.3**	**41.1**	**7.6**
一、按规模分	**by Size of Enterprises**						
大型企业	Large-sized Industrial Enterprises	17526	16579	4512	73.7	69.7	19.0
中型企业	Medium-sized Industrial Enterprises	75293	71256	13816	50.6	47.9	9.3
小型企业	Small -sized Industrial Enterprises	304096	280443	53112	48.2	44.4	8.4
微型企业	Micro-sized Industrial Enterprises	36237	33623	3159	20.7	19.2	1.8
二、按登记注册类型分	**by Status of Registration**						
内资企业	Domestic Funded	398837	370393	68832	43.7	40.6	7.5
国有企业	State-owned Enterprises	3955	3649	437	37.1	34.3	4.1
集体企业	Collective-owned Enterprises	739	694	69	22.0	20.7	2.1
股份合作企业	Cooperative Enterprises	637	584	71	38.0	34.8	4.2
联营企业	Joint Ownership Enterprises	127	119	10	38.6	36.2	3.0
有限责任公司	Limited Liability Corporations	73678	68167	11710	46.8	43.3	7.4
股份有限公司	Share-holding Corporations Ltd.	10814	10164	3069	71.0	66.7	20.2
私营企业	Private Enterprises	308824	286959	53453	42.6	39.6	7.4
其他企业	Other Enterprises	63	57	13	33.0	29.8	6.8
港、澳、台商投资企业	Enterprises with Funds from Hong Kong, Macau and Taiwan	15677	14464	2817	52.3	48.3	9.4
外商投资企业	Foreign Funded Enterprises	18638	17044	2950	52.0	47.5	8.2
三、按行业分	**by Industrial Sector**						
采矿业	Mining	3745	3283	176	32.9	28.8	1.5
制造业	Manufacturing	265039	243396	57377	64.2	58.9	13.9
电力、热力、燃气及水生产和供应业	Production and Supply of Electricity,Heat, Gas and Water	5930	5084	135	34.3	29.4	0.8
建筑业	Construction	19938	19052	1886	31.5	30.1	3.0
批发和零售业	Wholesale and Retail Trades	79314	78341	6811	24.7	24.4	2.1
交通运输、仓储和邮政业	Transport,Storage and Post	8997	8597	541	21.0	20.1	1.3
信息传输、软件和信息技术服务业	Information Transmission,Software and Information Technology	20038	17227	4380	74.9	64.4	16.4
租赁和商务服务业	Leasing and Business Services	12463	11684	994	25.0	23.4	2.0
科学研究和技术服务业	Scientific Research and Technical Services	15548	13288	2132	56.6	48.3	7.8
水利、环境和公共设施管理业	Management of Water Conservancy, Environment and Public Facilities	2140	1949	167	36.2	33.0	2.8
四、按地区分	**by Region**						
东部地区	Eastern Region	272620	252977	48189	45.8	42.5	8.1
中部地区	Middle Region	90023	82810	16841	45.5	41.9	8.5
西部地区	Western Region	58297	54784	8049	39.6	37.2	5.5
东北地区	Northeast Region	12212	11330	1520	32.2	29.8	4.0

注：按规模分小型企业和微型企业仅包括规模(限额)以上小型企业和微型企业。6-1至6-7各表同。

Note: The classification of small enterprises and micro enterprises by size only includes small enterprises and micro enterprises above size. The tables 6-1 to 6-7 are the same.

6-1 续表 continued

项 目	Item	开展创新活动企业数(个) Number of Innovation-active Enterprises (unit)	#实现创新企业 Innovators	#同时实现四种创新企业 Enterprises with All 4 Kinds of Innovation	在全部企业中占比(%) Of Total(%) 开展创新活动企业 Innovation-active Enterprises	实现创新企业 Innovators	同时实现四种创新企业 Enterprises with All 4 Kinds of Innovation
北 京	Beijing	12732	10451	1399	43.7	35.9	4.8
天 津	Tianjin	6531	6054	927	32.8	30.4	4.7
河 北	Hebei	11460	10955	1581	40.7	38.9	5.6
山 西	Shanxi	5246	5044	563	31.7	30.5	3.4
内蒙古	Inner Mongolia	2317	2168	170	29.7	27.8	2.2
辽 宁	Liaoning	6589	6046	851	32.3	29.6	4.2
吉 林	Jilin	2490	2313	319	31.8	29.6	4.1
黑龙江	Heilongjiang	3133	2971	350	32.1	30.5	3.6
上 海	Shanghai	15348	14134	2316	37.0	34.1	5.6
江 苏	Jiangsu	54447	51224	9082	47.2	44.4	7.9
浙 江	Zhejiang	52072	47867	9599	53.2	48.9	9.8
安 徽	Anhui	18435	17630	4110	51.7	49.4	11.5
福 建	Fujian	19165	18345	3224	39.9	38.2	6.7
江 西	Jiangxi	12748	12311	2961	44.0	42.5	10.2
山 东	Shandong	33561	31200	6186	46.8	43.5	8.6
河 南	Henan	18343	17478	2846	39.6	37.8	6.2
湖 北	Hubei	17151	15014	3197	50.1	43.9	9.3
湖 南	Hunan	18100	15333	3164	50.1	42.5	8.8
广 东	Guangdong	66433	61937	13787	47.1	43.9	9.8
广 西	Guangxi	6001	5501	717	34.6	31.7	4.1
海 南	Hainan	871	810	88	30.5	28.4	3.1
重 庆	Chongqing	8425	7866	1604	45.6	42.6	8.7
四 川	Sichuan	16030	15323	2414	43.6	41.7	6.6
贵 州	Guizhou	4908	4483	640	41.3	37.7	5.4
云 南	Yunnan	4916	4652	671	41.2	38.9	5.6
西 藏	Tibet	314	298	28	38.7	36.7	3.5
陕 西	Shaanxi	8136	7748	1188	39.9	38.0	5.8
甘 肃	Gansu	2433	2253	233	40.0	37.0	3.8
青 海	Qinghai	570	535	42	35.2	33.0	2.6
宁 夏	Ningxia	1251	1153	162	45.6	42.0	5.9
新 疆	Xinjiang	2996	2804	180	26.2	24.5	1.6

6-2 规模(限额)以上企业产品和
Enterprises above Designated Size

项　目	Item	开展产品或工艺创新活动企业数(个) Number of Product or Process Innovationactive Enterprises (unit)	#实现产品或工艺创新企业 Product or Process Innovators
总　计	**Total**	**324368**	**272271**
一、按规模分	**by Size of Enterprises**		
大型企业	Large-sized Industrial Enterprises	15430	13802
中型企业	Medium-sized Industrial Enterprises	54437	47089
小型企业	Small-sized Industrial Enterprises	236208	197477
微型企业	Micro-sized Industrial Enterprises	18293	13903
二、按登记注册类型分	**by Status of Registration**		
内资企业	Domestic Funded	295013	247131
国有企业	State-owned Enterprises	2528	2023
集体企业	Collective-owned Enterprises	376	298
股份合作企业	Cooperative Enterprises	501	416
联营企业	Joint Ownership Enterprises	82	65
有限责任公司	Limited Liability Corporations	54327	44806
股份有限公司	Share-holding Corporations Ltd.	9567	8383
私营企业	Private Enterprises	227582	191100
其他企业	Other Enterprises	50	40
港、澳、台商投资企业	Enterprises with Funds from Hong Kong, Macau and Taiwan	13411	11537
外商投资企业	Foreign Funded Enterprises	15944	13603
三、按行业分	**by Industrial Sector**		
采矿业	Mining	2731	2072
制造业	Manufacturing	238293	204449
电力、热力、燃气及水生产和供应业	Production and Supply of Electricity,Heat, Gas and Water	3981	2765
建筑业	Construction	10703	8802
批发和零售业	Wholesale and Retail Trades	26304	22959
交通运输、仓储和邮政业	Transport,Storage and Post	3793	3092
信息传输、软件和信息技术服务业	Information Transmission,Software and Information Technology	18495	13734
租赁和商务服务业	Leasing and Business Services	5584	4100
科学研究和技术服务业	Scientific Research and Technical Services	13222	9388
水利、环境和公共设施管理业	Management of Water Conservancy, Environment and Public Facilities	1262	910
四、按地区分	**by Region**		
东部地区	Eastern Region	213120	180692
中部地区	Middle Region	66203	54468
西部地区	Western Region	37027	30601
东北地区	Northeast Region	8018	6510

工艺创新分布情况(2021年)
with Product or Process Innovation(2021)

#实现产品创新企业 Product Innovators	#实现工艺创新企业 Process Innovators	在全部企业中占比(%) Of Total(%)			
		开展产品或工艺创新活动企业 Product or Process Innovation-active Enterprises	#实现产品或工艺创新企业 Product or Process Innovators	#实现产品创新企业 Product Innovators	#实现工艺创新企业 Process Innovators
195492	**222507**	**33.1**	**27.8**	**20.0**	**22.7**
10046	12273	64.9	58.0	42.2	51.6
33562	39927	36.6	31.7	22.6	26.9
143717	158966	37.4	31.3	22.8	25.2
8167	11341	10.5	7.9	4.7	6.5
176767	202411	32.3	27.1	19.4	22.2
1144	1740	23.7	19.0	10.7	16.3
163	258	11.2	8.9	4.9	7.7
312	306	29.9	24.8	18.6	18.2
35	54	24.9	19.8	10.6	16.4
29865	37711	34.5	28.5	19.0	24.0
6702	7021	62.8	55.0	44.0	46.1
138517	155287	31.4	26.4	19.1	21.4
29	34	26.2	20.9	15.2	17.8
8637	9324	44.8	38.5	28.8	31.1
10088	10772	44.5	37.9	28.1	30.0
647	1927	24.0	18.2	5.7	16.9
156704	165653	57.7	49.5	38.0	40.1
587	2620	23.0	16.0	3.4	15.2
4187	8214	16.9	13.9	6.6	13.0
12241	19534	8.2	7.2	3.8	6.1
1243	2773	8.9	7.2	2.9	6.5
10836	10162	69.1	51.3	40.5	38.0
2421	3259	11.2	8.2	4.8	6.5
6191	7574	48.1	34.2	22.5	27.6
435	791	21.4	15.4	7.4	13.4
132784	145146	35.8	30.3	22.3	24.4
39340	45816	33.5	27.5	19.9	23.2
19211	26106	25.1	20.8	13.0	17.7
4157	5439	21.1	17.1	10.9	14.3

6-2 续表

项　目	Item	开展产品或工艺创新活动企业数（个）Number of Product or Process Innovationactive Enterprises (unit)	#实现产品或工艺创新企业 Product or Process Innovators
北　京	Beijing	10098	6727
天　津	Tianjin	4530	3710
河　北	Hebei	8062	7222
山　西	Shanxi	3220	2859
内蒙古	Inner Mongolia	1280	1020
辽　宁	Liaoning	4717	3832
吉　林	Jilin	1537	1228
黑龙江	Heilongjiang	1764	1450
上　海	Shanghai	11460	9426
江　苏	Jiangsu	43132	37103
浙　江	Zhejiang	44552	38650
安　徽	Anhui	13781	12173
福　建	Fujian	12998	11574
江　西	Jiangxi	9423	8612
山　东	Shandong	24492	20756
河　南	Henan	11604	9934
湖　北	Hubei	13111	9981
湖　南	Hunan	15064	10909
广　东	Guangdong	53297	45156
广　西	Guangxi	3821	2998
海　南	Hainan	499	368
重　庆	Chongqing	6019	5093
四　川	Sichuan	10547	9110
贵　州	Guizhou	3203	2451
云　南	Yunnan	2993	2488
西　藏	Tibet	154	115
陕　西	Shaanxi	5011	4258
甘　肃	Gansu	1364	1023
青　海	Qinghai	334	252
宁　夏	Ningxia	899	743
新　疆	Xinjiang	1402	1050

continued

		在全部企业中占比(%) Of Total(%)			
#实现产品创新企业 Product Innovators	#实现工艺创新企业 Process Innovators	开展产品或工艺创新活动企业 Product or Process Innovation-active Enterprises	#实现产品或工艺创新企业 Product or Process Innovators	#实现产品创新企业 Product Innovators	#实现工艺创新企业 Process Innovators
4699	5080	34.7	23.1	16.1	17.4
2482	3053	22.7	18.6	12.5	15.3
4475	6000	28.6	25.6	15.9	21.3
1430	2502	19.5	17.3	8.6	15.1
436	908	16.4	13.1	5.6	11.6
2490	3200	23.1	18.8	12.2	15.7
797	1035	19.7	15.7	10.2	13.2
870	1204	18.1	14.9	8.9	12.4
6472	7507	27.6	22.7	15.6	18.1
25545	30235	37.4	32.1	22.1	26.2
31115	30055	45.5	39.5	31.8	30.7
9203	10207	38.6	34.1	25.8	28.6
7914	9584	27.1	24.1	16.5	20.0
7371	7104	32.5	29.7	25.5	24.5
15864	16965	34.2	28.9	22.1	23.7
6383	8561	25.1	21.5	13.8	18.5
7375	8225	38.3	29.2	21.5	24.0
7578	9217	41.7	30.2	21.0	25.5
34005	36362	37.8	32.0	24.1	25.8
1871	2552	22.0	17.3	10.8	14.7
213	305	17.5	12.9	7.5	10.7
3892	4209	32.6	27.6	21.1	22.8
5798	7719	28.7	24.8	15.8	21.0
1459	2113	26.9	20.6	12.3	17.8
1482	2146	25.1	20.8	12.4	18.0
53	106	19.0	14.2	6.5	13.1
2710	3642	24.6	20.9	13.3	17.9
541	891	22.4	16.8	8.9	14.6
122	212	20.6	15.6	7.5	13.1
391	679	32.8	27.1	14.2	24.7
456	929	12.3	9.2	4.0	8.1

6-3 规模(限额)以上企业产品或

Innovation Activities for Product or Process Innovation

项　目	Item	开展产品或工艺创新活动企业数(个) Number of Product or Process Innovation-active Enterprises (unit)	内部研发 In-house R&D
总　计	**Total**	**324368**	**61.2**
一、按规模分	**by Size of Enterprises**		
大型企业	Large-sized Industrial Enterprises	15430	69.5
中型企业	Medium-sized Industrial Enterprises	54437	62.3
小型企业	Small-sized Industrial Enterprises	236208	61.9
微型企业	Micro-sized Industrial Enterprises	18293	42.1
二、按登记注册类型分	**by Status of Registration**		
内资企业	Domestic Funded	295013	61.0
国有企业	State-owned Enterprises	2528	52.4
集体企业	Collective-owned Enterprises	376	44.9
股份合作企业	Cooperative Enterprises	501	53.3
联营企业	Joint Ownership Enterprises	82	43.9
有限责任公司	Limited Liability Corporations	54327	56.9
股份有限公司	Share-holding Corporations Ltd.	9567	70.9
私营企业	Private Enterprises	227582	61.7
其他企业	Other Enterprises	50	74.0
港、澳、台商投资企业	Enterprises with Funds from Hong Kong, Macau and Taiwan	13411	65.1
外商投资企业	Foreign Funded Enterprises	15944	61.7
三、按行业分	**by Industrial Sector**		
采矿业	Mining	2731	58.0
制造业	Manufacturing	238293	69.5
电力、热力、燃气及水生产和供应业	Production and Supply of Electricity,Heat, Gas and Water	3981	49.6
建筑业	Construction	10703	45.1
批发和零售业	Wholesale and Retail Trades	26304	42.2
交通运输、仓储和邮政业	Transport,Storage and Post	3793	14.1
信息传输、软件和信息技术服务业	Information Transmission,Software and Information Technology	18495	27.4
租赁和商务服务业	Leasing and Business Services	5584	14.3
科学研究和技术服务业	Scientific Research and Technical Services	13222	49.2
水利、环境和公共设施管理业	Management of Water Conservancy, Environment and Public Facilities	1262	38.4
四、按地区分	**by Region**		
东部地区	Eastern Region	213120	61.8
中部地区	Middle Region	66203	65.3
西部地区	Western Region	37027	53.1
东北地区	Northeast Region	8018	50.3

注：内部研发和外部研发数据不包括批发和零售业。
Note: Statistics on In-house R&D and External R&D do not cover the sector of wholesale and Retail Trades.

工艺创新活动类型(2021年)
in Enterprises above Designated Size(2021)

在开展产品或工艺创新活动企业中，有下列活动形式的企业占比(%) Of Product or Process Innovation-active Enterprises(%)						
外部研发 External R&D	获得机器设备和软件 Acquisition of Machinery, Equipment and Software	从外部获取相关技术 Acquisition of Other External Knowledge	相关培训 Training for Innovative Activities	市场推介 Market Introduction of Innovations	相关设计 Design	其他创新活动 Other Innovation Activities
8.4	**59.9**	**3.4**	**37.4**	**17.6**	**18.0**	**24.2**
25.1	56.3	10.6	53.9	25.3	19.5	35.2
13.5	52.5	6.3	44.1	20.8	18.2	27.3
6.5	62.7	2.3	35.5	16.5	18.2	23.0
5.0	47.9	3.2	29.4	15.2	13.8	21.3
8.3	59.7	3.4	37.1	17.5	17.8	23.7
17.8	46.2	8.2	44.5	16.9	11.1	29.0
4.5	48.9	2.4	32.4	12.8	11.4	21.8
4.0	60.7	1.4	27.1	11.0	14.4	15.4
8.5	51.2	7.3	47.6	13.4	9.8	23.2
13.0	55.3	5.6	42.9	19.3	16.0	28.3
22.0	65.1	6.9	50.0	27.8	23.5	33.5
6.5	60.8	2.7	35.1	16.7	18.1	22.2
22.0	50.0	2.0	42.0	18.0	12.0	38.0
9.1	64.0	3.1	40.0	18.1	20.9	27.1
10.4	58.6	4.2	41.7	18.2	19.7	31.3
13.3	56.5	1.0	30.3	5.6	3.0	20.7
7.3	71.5	1.3	36.5	17.0	20.4	24.1
9.1	58.5	1.2	27.7	3.6	1.6	21.1
11.8	31.7	11.4	46.7	22.3	6.4	30.0
16.6	23.7	9.2	43.9	27.1	20.3	25.4
3.8	28.2	8.1	34.7	12.6	4.9	22.8
9.0	21.5	9.6	36.7	18.8	9.9	22.9
3.4	20.6	8.1	36.8	18.2	8.7	21.4
12.4	28.0	12.1	41.3	12.9	7.8	25.6
6.7	30.1	10.9	35.4	12.5	6.7	22.9
8.2	60.4	3.5	36.9	17.5	18.7	24.7
8.5	62.6	2.7	36.5	16.6	16.0	21.4
9.6	53.9	4.0	42.1	20.0	18.0	25.9
10.1	49.8	3.3	39.3	17.4	15.1	27.2

6-3 续表

项　目	Item	开展产品或工艺创新活动企业数(个) Number of Product or Process Innovation-active Enterprises (unit)	
			内部研发 In-house R&D
北　京	Beijing	10098	34.6
天　津	Tianjin	4530	51.6
河　北	Hebei	8062	54.1
山　西	Shanxi	3220	40.6
内蒙古	Inner Mongolia	1280	46.0
辽　宁	Liaoning	4717	55.5
吉　林	Jilin	1537	37.0
黑龙江	Heilongjiang	1764	48.0
上　海	Shanghai	11460	43.1
江　苏	Jiangsu	43132	70.2
浙　江	Zhejiang	44552	63.0
安　徽	Anhui	13781	64.5
福　建	Fujian	12998	64.7
江　西	Jiangxi	9423	70.5
山　东	Shandong	24492	72.7
河　南	Henan	11604	63.9
湖　北	Hubei	13111	59.5
湖　南	Hunan	15064	74.2
广　东	Guangdong	53297	59.5
广　西	Guangxi	3821	45.2
海　南	Hainan	499	44.9
重　庆	Chongqing	6019	65.9
四　川	Sichuan	10547	55.7
贵　州	Guizhou	3203	58.9
云　南	Yunnan	2993	54.6
西　藏	Tibet	154	19.5
陕　西	Shaanxi	5011	41.7
甘　肃	Gansu	1364	46.1
青　海	Qinghai	334	40.1
宁　夏	Ningxia	899	71.4
新　疆	Xinjiang	1402	32.7

continued

在开展产品或工艺创新活动企业中，有下列活动形式的企业占比(%) Of Product or Process Innovation-active Enterprises(%)						
外部研发 External R&D	获得机器设备和软件 Acquisition of Machinery, Equipment and Software	从外部获取相关技术 Acquisition of Other External Knowledge	相关培训 Training for Innovative Activities	市场推介 Market Introduction of Innovations	相关设计 Design	其他创新活动 Other Innovation Activities
11.5	36.5	6.8	35.6	18.1	12.9	24.8
9.3	40.6	4.3	43.3	18.9	16.5	29.4
6.3	69.7	2.1	34.8	15.6	14.3	20.9
9.0	63.2	3.6	42.0	16.6	11.6	26.0
11.9	59.3	2.8	42.8	18.1	13.4	25.2
9.8	40.4	3.0	39.9	17.5	14.2	28.6
10.1	62.7	3.8	40.1	16.9	16.2	25.0
10.8	63.7	3.7	37.1	17.7	16.4	25.5
10.8	45.6	6.9	43.4	21.3	18.2	30.5
9.3	53.8	3.1	37.7	15.5	15.9	24.0
7.1	74.1	2.1	27.3	12.8	17.3	19.5
10.9	64.9	3.3	45.1	20.0	20.0	25.9
8.3	34.3	3.3	34.7	17.2	18.9	23.0
5.7	76.8	2.3	36.9	17.0	16.8	21.6
8.4	61.4	2.9	35.1	16.6	16.1	21.0
8.0	25.6	2.8	36.8	17.2	15.7	21.6
9.2	70.9	2.9	34.7	15.8	15.8	20.2
7.7	72.9	2.1	28.7	13.5	13.2	17.1
6.9	68.3	4.2	44.0	22.6	25.5	30.7
5.9	65.9	5.0	42.8	19.8	18.1	30.1
16.6	52.1	5.0	38.7	20.2	17.2	23.8
8.7	54.4	3.3	40.8	18.3	18.7	23.8
10.6	58.7	3.8	41.7	19.9	18.5	25.3
8.6	35.2	3.5	34.7	17.8	16.9	22.7
11.0	46.8	4.4	48.5	23.3	20.6	27.5
10.4	43.5	5.2	41.6	22.1	16.9	18.2
10.4	49.7	4.0	45.5	22.7	19.8	28.0
11.6	42.4	4.9	40.0	21.8	15.0	24.6
8.7	56.6	7.2	40.1	16.5	12.6	27.5
9.6	72.4	3.7	42.7	18.9	13.9	27.0
9.2	51.4	5.0	41.7	18.6	12.3	26.7

6-4 规模以上工业企业创
Innovation Expenditure of Industrial

项　目	Item	创新费用支出合计(亿元) Total Core Innovation Expenditure (100 Million Yuan)	1.内部研发经费支出 In-house R&D
总　计	**Total**	**28789.5**	**17514.2**
一、按规模分	**by Size of Enterprises**		
大型企业	Large-sized Industrial Enterprises	14730.8	8258.5
中型企业	Medium-sized Industrial Enterprises	6191.9	4023.4
小型企业	Small -sized Industrial Enterprises	7545.2	5061.3
微型企业	Micro-sized Industrial Enterprises	321.9	171.1
二、按登记注册类型分	**by Status of Registration**		
内资企业	Domestic Funded	23211.2	14136.8
国有企业	State-owned Enterprises	462.6	218.5
集体企业	Collective-owned Enterprises	11.1	7.8
股份合作企业	Cooperative Enterprises	13.9	9.2
联营企业	Joint Ownership Enterprises	4.8	3.1
有限责任公司	Limited Liability Corporations	8403.7	4856.7
股份有限公司	Share-holding Corporations Ltd.	4018.4	2238.1
私营企业	Private Enterprises	10272.3	6782.0
其他企业	Other Enterprises	24.4	21.4
港、澳、台商投资企业	Enterprises with Funds from Hong Kong, Macau and Taiwan	2270.2	1448.1
外商投资企业	Foreign Funded Enterprises	3308.3	1929.3
三、按行业分	**by Industrial Sector**		
采矿业	Mining	648.2	370.5
煤炭开采和洗选业	Mining and Washing of Coal	301.8	143.3
石油和天然气开采业	Extraction of Petroleum and Natural Gas	143.3	92.9
黑色金属矿采选业	Mining of Ferrous Metal Ores	58.1	34.1
有色金属矿采选业	Mining of Non-ferrous Metal Ores	50.8	29.6
非金属矿采选业	Mining and Processing of Nonmetal Ores	39.2	29.8
开采专业及辅助性活动	Mining Support Service Activities	55.0	40.6
制造业	Manufacturing	27526.7	16914.3
农副食品加工业	Processing of Food from Agricultural Products	457.3	348.8
食品制造业	Manufacture of Foods	288.4	156.6
酒、饮料和精制茶制造业	Manufacture of Liquor, Beverages and Refined Tea	206.3	65.2
烟草制品业	Manufacture of Tobacco	165.1	25.3
纺织业	Manufacture of Textile	392.8	231.7
纺织服装、服饰业	Manufacture of Textile, Apparel and Accessories	153.0	114.4
皮革、毛皮、羽毛及其制品和制鞋业	Manufacture of Leather, Fur, Feather and Related Products and Shoes	124.1	104.0

新费用支出情况(2021年)
Enterprises above Designated Size(2021)

所占比重 (%) As Percentage of Total (%)	2.外部研发经费支出 External R&D	所占比重 (%) As Percentage of Total (%)	3.获得机器设备和软件经费支出 Acquisition of Machinery, Equipment and Software	所占比重 (%) As Percentage of Total (%)	4.从外部获取相关技术经费支出 Acquisition of Other External Knowledge	所占比重 (%) As Percentage of Total (%)
60.8	**1283.3**	**4.5**	**9020.0**	**31.3**	**972.0**	**3.4**
56.1	877.8	6.0	4795.1	32.6	799.4	5.4
65.0	234.3	3.8	1837.9	29.7	96.3	1.6
67.1	159.4	2.1	2275.2	30.2	49.3	0.7
53.2	11.8	3.7	112.0	34.8	27.0	8.4
60.9	1018.3	4.4	7482.4	32.2	573.7	2.5
47.2	29.8	6.4	179.8	38.9	34.5	7.5
70.3	0.1	0.9	3.2	28.8		
66.2	0.3	2.2	4.4	31.7		
64.6	0.1	2.1	1.6	33.3		
57.8	461.4	5.5	2901.4	34.5	184.2	2.2
55.7	183.0	4.6	1504.2	37.4	93.1	2.3
66.0	342.4	3.3	2886.6	28.1	261.3	2.5
87.7	1.2	4.9	1.2	4.9	0.6	2.5
63.8	94.8	4.2	701.2	30.9	26.1	1.2
58.3	170.2	5.1	836.6	25.3	372.2	11.3
57.2	42.1	6.5	234.8	36.2	0.8	0.1
47.5	15.7	5.2	142.4	47.2	0.4	0.1
64.8	20.6	14.4	29.8	20.8		
58.7	1.5	2.6	22.4	38.6	0.1	0.2
58.3	2.0	3.9	19.0	37.4	0.2	0.4
76.0	0.6	1.5	8.6	21.9	0.2	0.5
73.8	1.8	3.3	12.6	22.9		
61.4	1199.5	4.4	8457.7	30.7	955.2	3.5
76.3	4.7	1.0	102.6	22.4	1.2	0.3
54.3	7.2	2.5	116.1	40.3	8.5	2.9
31.6	2.5	1.2	135.2	65.5	3.4	1.6
15.3	4.6	2.8	108.6	65.8	26.6	16.1
59.0	3.2	0.8	155.3	39.5	2.6	0.7
74.8	1.3	0.9	34.4	22.5	2.9	1.9
83.8	1.3	1.0	18.8	15.1		

6-4 续表 1

项　目	Item	创新费用支出合计(亿元) Total Core Innovation Expenditure (100 Million Yuan)	1.内部研发经费支出 In-house R&D
木材加工和木、竹、藤、棕、草制品业	Processing of Timbers and Manufacture of Wood,Bamboo, Rattan, Palm and Straw	112.3	90.1
家具制造业	Manufacture of Furniture	146.5	102.0
造纸和纸制品业	Manufacture of Paper and Paper Products	256.3	136.1
印刷和记录媒介复制业	Printing,Reproduction of Recording Media	163.0	95.6
文教、工美、体育和娱乐用品制造业	Manufacture of Artworks, and Articles for Culture, Education, Sports and Recreation	180.4	107.6
石油、煤炭及其他燃料加工业	Processing of Petroleum ,Coking and Processing of Nucleus Fuel	479.6	188.3
化学原料和化学制品制造业	Manufacture of Chemical Raw Material and Chemical Products	1589.7	857.1
医药制造业	Manufacture of Medicines	1473.2	942.4
化学纤维制造业	Manufacture of Chemical Fiber	212.6	169.3
橡胶和塑料制品业	Manufacture of Rubber and Plastic	760.7	518.1
非金属矿物制品业	Manufacture of Non-metallic Mineral Products	961.4	552.6
黑色金属冶炼和压延加工业	Manufacture and Processing of Ferrous Metals	2272.8	906.7
有色金属冶炼和压延加工业	Manufacture and Processing of Non-ferrous Metals	853.7	475.3
金属制品业	Manufacture of Metal Products	963.1	683.0
通用设备制造业	Manufacture of General Purpose Machinery	1550.0	1119.1
专用设备制造业	Manufacture of Special Purpose Machinery	1410.0	1035.4
汽车制造业	Manufacture of Motor Vehicles	2487.9	1414.6
铁路、船舶、航空航天和其他运输设备制造业	Manufacture of Railway, Ships, Aerospace and Other Transport Equipment	962.9	620.2
电气机械和器材制造业	Manufacture of Electrical Machinery and Equipment	2523.9	1818.1
计算机、通信和其他电子设备制造业	Manufacture of Computer, Communication and Other Electronic Equipment	5729.5	3577.8
仪器仪表制造业	Manufacture of Measuring Instrument and Meter	450.0	313.3
其他制造业	Other Manufacturing	89.4	66.3
废弃资源综合利用业	Waste Recycling and Recovery	82.8	58.6
金属制品、机械和设备修理业	Repaire Service of Metal Products, Machinery and Equipment	28.8	20.6
电力、热力、燃气及水生产和供应业	Production and Distribution of Electricity, Gas and Water	614.7	229.4
电力、热力生产和供应业	Production and Supply of Electric Power and Heat Power	520.8	184.2
燃气生产和供应业	Production and Distribution of Gas	45.1	26.8
水的生产和供应业	Production and Distribution of Water	48.8	18.4
四、按地区分	**by Region**		
东部地区	Eastern Region	18544.4	11395.1
中部地区	Middle Region	5672.8	3576.9
西部地区	Western Region	3487.0	2000.3
东北地区	Northeast Region	1085.3	541.9

continued

所占比重 (%) As Percentage of Total (%)	2.外部研发经费支出 External R&D	所占比重 (%) As Percentage of Total (%)	3.获得机器设备和软件经费支出 Acquisition of Machinery, Equipment and Software	所占比重 (%) As Percentage of Total (%)	4.从外部获取相关技术经费支出 Acquisition of Other External Knowledge	所占比重 (%) As Percentage of Total (%)
80.2	0.3	0.3	21.7	19.3	0.2	0.2
69.6	0.8	0.5	42.7	29.1	1.0	0.7
53.1	0.7	0.3	118.2	46.1	1.3	0.5
58.7	1.0	0.6	63.1	38.7	3.3	2.0
59.6	1.7	0.9	69.4	38.5	1.7	0.9
39.3	5.5	1.1	284.6	59.3	1.2	0.3
53.9	28.9	1.8	686.6	43.2	17.1	1.1
64.0	176.8	12.0	304.1	20.6	49.9	3.4
79.6	1.9	0.9	31.8	15.0	9.6	4.5
68.1	12.1	1.6	220.9	29.0	9.6	1.3
57.5	6.3	0.7	396.1	41.2	6.4	0.7
39.9	11.6	0.5	1267.2	55.8	87.3	3.8
55.7	6.6	0.8	364.2	42.7	7.6	0.9
70.9	7.3	0.8	264.8	27.5	8.0	0.8
72.2	35.0	2.3	369.1	23.8	26.8	1.7
73.4	32.2	2.3	334.1	23.7	8.3	0.6
56.9	177.3	7.1	576.0	23.2	320.0	12.9
64.4	95.7	9.9	205.4	21.3	41.6	4.3
72.0	50.0	2.0	600.5	23.8	55.3	2.2
62.4	496.2	8.7	1407.2	24.6	248.3	4.3
69.6	20.8	4.6	111.2	24.7	4.7	1.0
74.2	3.9	4.4	18.9	21.1	0.3	0.3
70.8	1.4	1.7	22.6	27.3	0.2	0.2
71.5	0.9	3.1	7.3	25.3		
37.3	41.7	6.8	327.6	53.3	16.0	2.6
35.4	40.3	7.7	280.6	53.9	15.7	3.0
59.4	0.8	1.8	17.3	38.4	0.2	0.4
37.7	0.5	1.0	29.7	60.9	0.2	0.4
61.4	932.2	5.0	5504.0	29.7	713.1	3.8
63.1	159.8	2.8	1866.6	32.9	69.5	1.2
57.4	138.2	4.0	1260.8	36.2	87.7	2.5
49.9	53.0	4.9	388.7	35.8	101.7	9.4

6–4 续表 2

项　目	Item	创新费用支出合计（亿元） Total Core Innovation Expenditure (100 Million Yuan)	1.内部研发经费支出 In-house R&D
北　京	Beijing	627.2	313.5
天　津	Tianjin	374.3	251.3
河　北	Hebei	924.2	570.4
山　西	Shanxi	375.8	186.2
内蒙古	Inner Mongolia	258.4	154.8
辽　宁	Liaoning	629.4	367.3
吉　林	Jilin	289.6	85.8
黑龙江	Heilongjiang	166.4	88.8
上　海	Shanghai	1366.4	698.3
江　苏	Jiangsu	3907.8	2716.6
浙　江	Zhejiang	2475.4	1591.7
安　徽	Anhui	1268.0	739.1
福　建	Fujian	1052.9	771.7
江　西	Jiangxi	687.3	397.8
山　东	Shandong	2321.0	1565.3
河　南	Henan	971.4	764.0
湖　北	Hubei	1210.5	723.6
湖　南	Hunan	1159.8	766.1
广　东	Guangdong	5456.1	2902.2
广　西	Guangxi	309.7	137.0
海　南	Hainan	39.3	14.2
重　庆	Chongqing	609.9	424.5
四　川	Sichuan	833.1	480.2
贵　州	Guizhou	242.9	121.1
云　南	Yunnan	296.2	176.5
西　藏	Tibet	4.7	2.5
陕　西	Shaanxi	492.3	319.7
甘　肃	Gansu	147.6	64.3
青　海	Qinghai	26.7	13.8
宁　夏	Ningxia	118.8	51.8
新　疆	Xinjiang	146.9	54.2

continued

所占比重(%) As Percentage of Total (%)	2.外部研发经费支出 External R&D	所占比重(%) As Percentage of Total (%)	3.获得机器设备和软件经费支出 Acquisition of Machinery, Equipment and Software	所占比重(%) As Percentage of Total (%)	4.从外部获取相关技术经费支出 Acquisition of Other External Knowledge	所占比重(%) As Percentage of Total (%)
50.0	56.6	9.0	222.2	35.4	34.9	5.6
67.1	20.1	5.4	95.7	25.6	7.2	1.9
61.7	27.4	3.0	311.9	33.7	14.5	1.6
49.5	8.1	2.2	180.4	48.0	1.1	0.3
59.9	9.0	3.5	92.6	35.8	2.0	0.8
58.4	22.4	3.6	212.4	33.7	27.3	4.3
29.6	24.9	8.6	107.1	37.0	71.8	24.8
53.4	5.7	3.4	69.2	41.6	2.7	1.6
51.1	67.1	4.9	418.1	30.6	182.9	13.4
69.5	127.6	3.3	994.8	25.5	68.8	1.8
64.3	77.1	3.1	776.4	31.4	30.2	1.2
58.3	42.9	3.4	467.2	36.8	18.8	1.5
73.3	17.7	1.7	241.2	22.9	22.3	2.1
57.9	14.9	2.2	267.5	38.9	7.1	1.0
67.4	86.2	3.7	637.8	27.5	31.7	1.4
78.6	21.5	2.2	179.7	18.5	6.2	0.6
59.8	37.8	3.1	443.6	36.6	5.5	0.5
66.1	34.5	3.0	328.3	28.3	30.9	2.7
53.2	442.9	8.1	1791.0	32.8	320.0	5.9
44.2	8.3	2.7	149.0	48.1	15.4	5.0
36.1	9.5	24.2	15.1	38.4	0.5	1.3
69.6	19.4	3.2	141.4	23.2	24.6	4.0
57.6	28.0	3.4	312.8	37.5	12.1	1.5
49.9	9.0	3.7	111.2	45.8	1.6	0.7
59.6	12.0	4.1	81.2	27.4	26.5	8.9
53.2	0.7	14.9	1.3	27.7	0.2	4.3
64.9	36.6	7.4	133.2	27.1	2.8	0.6
43.6	2.9	2.0	79.1	53.6	1.3	0.9
51.7	0.6	2.2	12.3	46.1		
43.6	3.0	2.5	63.4	53.4	0.6	0.5
36.9	8.6	5.9	83.4	56.8	0.7	0.5

6–5 规模(限额)以上企业
Cooperation for Product or Process Innovation

项　目	Item	开展创新合作的企业数(个) Enterprises with Cooperation for Product or Process Innovation (unit)	创新合作企业占全部企业的比重(%) Of Total (%)	集团内其他企业 Other Enterprises within the Enterprise Group	高等学校 Universities
总　计	**Total**	**273354**	**27.9**	**31.6**	**25.0**
一、按规模分	**by Size of Enterprises**				
大型企业	Large-sized Industrial Enterprises	13798	58.0	64.6	48.9
中型企业	Medium-sized Industrial Enterprises	50085	33.7	44.2	29.6
小型企业	Small-sized Industrial Enterprises	189065	29.9	26.7	23.4
微型企业	Micro-sized Industrial Enterprises	20406	11.7	23.9	12.0
二、按登记注册类型分	**by Status of Registration**				
内资企业	Domestic Funded	250976	27.5	29.9	25.0
国有企业	State-owned Enterprises	2546	23.9	57.3	34.6
集体企业	Collective-owned Enterprises	406	12.1	26.1	14.8
股份合作企业	Cooperative Enterprises	355	21.2	17.2	19.4
联营企业	Joint Ownership Enterprises	86	26.1	57.0	23.3
有限责任公司	Limited Liability Corporations	48924	31.1	51.3	31.2
股份有限公司	Share-holding Corporations Ltd.	8284	54.4	46.0	49.7
私营企业	Private Enterprises	190333	26.3	23.4	22.3
其他企业	Other Enterprises	42	22.0	45.2	52.4
港、澳、台商投资企业	Enterprises with Funds from Hong Kong, Macau and Taiwan	10076	33.6	45.1	25.2
外商投资企业	Foreign Funded Enterprises	12302	34.3	54.2	24.3
三、按行业分	**by Industrial Sector**				
采矿业	Mining	2171	19.1	37.8	31.7
制造业	Manufacturing	173466	42.0	29.8	28.1
电力、热力、燃气及水生产和供应业	Production and Supply of Electricity,Heat, Gas and Water	3293	19.0	55.1	22.0
建筑业	Construction	12329	19.5	35.3	25.5
批发和零售业	Wholesale and Retail Trades	45191	14.1	26.3	9.3
交通运输、仓储和邮政业	Transport,Storage and Post	5031	11.7	38.5	11.4
信息传输、软件和信息技术服务业	Information Transmission,Software and Information Technology	13490	50.4	46.9	30.6
租赁和商务服务业	Leasing and Business Services	6999	14.0	37.8	17.0
科学研究和技术服务业	Scientific Research and Technical Services	10103	36.8	43.4	44.4
水利、环境和公共设施管理业	Management of Water Conservancy, Environment and Public Facilities	1281	21.7	41.3	29.7
四、按地区分	**by Region**				
东部地区	Eastern Region	169266	28.4	31.4	24.4
中部地区	Middle Region	58216	29.4	30.7	26.6
西部地区	Western Region	38577	26.2	33.3	23.9
东北地区	Northeast Region	7295	19.2	34.5	30.3

创新合作开展情况(2021年)
in Enterprises above Designated Size(2021)

在创新合作企业中，与下列伙伴开展合作的企业占比(%) Share of Enterprises Cooperate with These Partners in Enterprises with Cooperation for Innovation(%)						
研究机构 Public Research institutes	政府部门或行业协会 Government Departments or Industry Associations	供应商 Suppliers	客户或消费者 Customer or Consumer	竞争对手或同行业企业 Competitors or Other Enterprises in this Sector	咨询顾问、市场分析及中介机构 Consultants, market analysis and intermediaries	其他合作对　象 Others
14.3	**21.4**	**39.3**	**48.5**	**20.6**	**17.6**	**19.6**
29.6	27.6	33.5	31.4	15.3	16.9	11.4
16.5	23.7	35.2	42.0	18.6	18.3	17.1
13.3	20.4	41.0	50.9	20.9	17.4	19.9
8.0	21.0	38.0	54.7	26.2	18.2	28.2
14.5	21.9	39.2	48.8	21.0	17.7	20.0
22.2	32.5	30.4	28.5	16.1	14.9	18.2
9.9	28.1	39.2	46.8	18.7	12.1	24.9
11.8	25.1	36.6	48.2	21.1	15.5	19.7
15.1	32.6	30.2	45.3	19.8	20.9	23.3
18.8	24.2	33.9	38.6	17.9	15.7	17.7
30.7	28.5	33.3	38.7	17.5	16.3	13.5
12.5	20.9	41.0	52.1	22.1	18.3	20.9
31.0	26.2	28.6	42.9	16.7	11.9	26.2
14.1	16.4	41.4	47.2	16.6	18.1	15.1
12.3	14.0	40.0	45.1	14.7	15.4	13.9
24.8	19.3	38.0	25.4	12.8	12.3	17.8
16.3	18.1	43.0	49.2	18.3	16.2	16.3
19.6	23.5	40.3	14.2	9.7	11.9	18.1
13.3	35.5	40.3	29.9	21.5	20.7	25.4
5.6	20.8	37.6	60.6	27.9	20.4	28.8
6.1	25.6	25.0	45.9	28.1	19.2	27.5
14.5	31.2	26.0	44.6	24.4	17.7	19.8
7.7	34.2	18.7	46.5	25.6	25.9	28.2
25.0	36.3	23.5	32.8	19.1	21.2	18.1
17.5	37.5	23.0	27.9	17.3	21.9	21.9
13.8	20.0	40.6	50.0	20.7	18.8	19.1
15.5	23.0	37.7	46.1	19.8	15.7	19.1
14.5	24.9	37.4	47.0	22.3	16.2	22.3
17.8	21.8	32.7	42.3	15.9	13.7	19.9

6-5 续表

项　目	Item	开展创新合作的企业数（个）Enterprises with Cooperation for Product or Process Innovation (unit)	创新合作企业占全部企业的比重(%) Of Total (%)		
				集团内其他企业 Other Enterprises within the Enterprise Group	高等学校 Universities
北　京	Beijing	6867	23.6	43.9	29.4
天　津	Tianjin	3829	19.2	38.3	24.2
河　北	Hebei	6370	22.6	27.5	25.1
山　西	Shanxi	3312	20.0	30.7	29.0
内蒙古	Inner Mongolia	1478	19.0	39.2	26.6
辽　宁	Liaoning	3897	19.1	35.5	33.8
吉　林	Jilin	1590	20.3	35.6	28.3
黑龙江	Heilongjiang	1808	18.5	31.4	24.7
上　海	Shanghai	9551	23.0	45.7	25.9
江　苏	Jiangsu	33774	29.3	32.0	32.9
浙　江	Zhejiang	34365	35.1	24.1	18.6
安　徽	Anhui	12127	34.0	29.2	35.3
福　建	Fujian	12219	25.4	31.3	19.2
江　西	Jiangxi	8707	30.1	32.9	19.2
山　东	Shandong	20797	29.0	32.0	26.1
河　南	Henan	11612	25.1	27.5	24.1
湖　北	Hubei	11051	32.3	31.1	26.6
湖　南	Hunan	11407	31.6	33.6	25.0
广　东	Guangdong	40942	29.0	31.0	21.9
广　西	Guangxi	3719	21.4	35.4	23.9
海　南	Hainan	552	19.3	46.0	18.8
重　庆	Chongqing	5840	31.6	33.8	20.5
四　川	Sichuan	10769	29.3	31.7	24.7
贵　州	Guizhou	3289	27.6	35.0	21.9
云　南	Yunnan	3215	26.9	35.4	22.5
西　藏	Tibet	205	25.3	31.2	21.0
陕　西	Shaanxi	5487	26.9	29.5	27.5
甘　肃	Gansu	1615	26.5	34.9	22.4
青　海	Qinghai	361	22.3	35.7	26.0
宁　夏	Ningxia	837	30.5	35.6	34.9
新　疆	Xinjiang	1762	15.4	35.1	19.8

continued

在创新合作企业中，与下列伙伴开展合作的企业占比(%) Share of Enterprises Cooperate with These Partners in Enterprises with Cooperation for Innovation(%)						
研究机构 Public Research institutes	政府部门或行业协会 Government Departments or Industry Associations	供应商 Suppliers	客户或消费者 Customer or Consumer	竞争对手或同行业企业 Competitors or Other Enterprises in this Sector	咨询顾问、市场分析及中介机构 Consultants, market analysis and intermediaries	其他合作对象 Others
19.5	24.6	30.6	42.1	19.1	17.9	14.8
13.2	17.8	38.6	46.8	17.7	15.6	17.5
15.4	21.6	35.8	44.9	17.9	14.4	19.4
15.8	20.1	33.7	39.5	17.8	13.5	22.8
17.8	22.2	32.1	36.6	16.2	12.8	18.2
18.3	19.7	34.3	42.5	15.7	14.4	18.2
18.7	24.6	31.1	41.3	15.7	12.5	20.8
15.9	23.9	30.6	42.6	16.7	13.3	22.6
14.7	21.2	38.9	47.8	19.4	21.6	17.7
16.4	20.4	40.1	47.5	18.7	16.9	17.8
10.0	18.1	38.4	53.3	20.5	19.0	18.3
18.7	24.7	39.9	48.4	19.2	18.8	19.5
11.1	20.8	38.0	48.6	22.6	17.7	21.5
14.5	22.8	38.8	46.8	20.2	16.3	21.4
15.4	21.3	37.3	46.0	18.5	15.7	18.0
14.2	19.0	35.2	44.0	19.8	15.2	15.3
14.1	24.1	39.3	48.8	22.0	14.3	20.1
15.3	25.4	36.8	44.6	18.5	14.3	18.6
13.4	19.1	48.4	54.8	24.2	22.5	21.7
14.0	25.6	38.5	44.7	22.8	16.6	27.2
17.2	29.0	30.6	41.8	23.9	20.7	25.0
12.4	23.0	39.3	52.0	22.2	15.9	19.4
13.7	24.3	36.7	47.5	23.0	16.0	21.1
15.0	26.5	38.0	43.1	20.2	16.7	26.8
15.7	26.7	39.8	48.3	23.2	19.4	22.3
10.7	27.8	42.4	45.4	21.5	15.1	28.3
15.3	24.0	36.9	50.2	23.0	15.4	22.5
16.0	28.6	36.9	46.6	24.0	13.9	24.1
18.6	32.1	31.9	38.0	21.3	16.9	21.3
20.4	30.3	34.3	34.5	18.9	17.4	15.9
13.6	24.6	36.1	43.8	22.4	17.7	25.4

6–6 规模(限额)以上企业组织和
Enterprises above Designated Size with

项　目	Item	实现组织或营销创新企业数(个) Number of Organizational or Marketing Innovators (unit)
总　计	**Total**	**313507**
一、按规模分	**by Size of Enterprises**	
大型企业	Large-sized Industrial Enterprises	12960
中型企业	Medium-sized Industrial Enterprises	57850
小型企业	Small -sized Industrial Enterprises	213650
微型企业	Micro-sized Industrial Enterprises	29047
二、按登记注册类型分	**by Status of Registration**	
内资企业	Domestic Funded	291895
国有企业	State-owned Enterprises	3046
集体企业	Collective-owned Enterprises	588
股份合作企业	Cooperative Enterprises	375
联营企业	Joint Ownership Enterprises	101
有限责任公司	Limited Liability Corporations	54975
股份有限公司	Share-holding Corporations Ltd.	8164
私营企业	Private Enterprises	224601
其他企业	Other Enterprises	45
港、澳、台商投资企业	Enterprises with Funds from Hong Kong, Macau and Taiwan	10124
外商投资企业	Foreign Funded Enterprises	11488
三、按行业分	**by Industrial Sector**	
采矿业	Mining	2361
制造业	Manufacturing	172443
电力、热力、燃气及水生产和供应业	Production and Supply of Electricity,Heat, Gas and Water	3749
建筑业	Construction	16573
批发和零售业	Wholesale and Retail Trades	74582
交通运输、仓储和邮政业	Transport,Storage and Post	7663
信息传输、软件和信息技术服务业	Information Transmission,Software and Information Technology	13660
租赁和商务服务业	Leasing and Business Services	10596
科学研究和技术服务业	Scientific Research and Technical Services	10213
水利、环境和公共设施管理业	Management of Water Conservancy, Environment and Public Facilities	1667
四、按地区分	**by Region**	
东部地区	Eastern Region	190572
中部地区	Middle Region	66972
西部地区	Western Region	46735
东北地区	Northeast Region	9228

营销创新情况(2021年)
Organizational or Marketing Innovation(2021)

#实现组织创新企业 Organizational Innovators	#实现营销创新企业 Marketing Innovators	在全部企业中占比(%) Of Total(%)		
		实现组织或营销创新企业 Organizational or Marketing Innovators	#实现组织创新企业 Organizational Innovators	#实现营销创新企业 Marketing Innovators
248919	**219400**	**32.0**	**25.4**	**22.4**
11072	8658	54.5	46.5	36.4
46835	38748	38.9	31.5	26.1
168290	152802	33.8	26.7	24.2
22722	19192	16.6	13.0	11.0
232681	204250	32.0	25.5	22.4
2667	1521	28.6	25.0	14.3
501	330	17.5	14.9	9.8
275	255	22.4	16.4	15.2
82	59	30.7	24.9	17.9
45642	34345	34.9	29.0	21.8
6726	6005	53.6	44.2	39.4
176748	161710	31.0	24.4	22.3
40	25	23.6	20.9	13.1
7614	7265	33.8	25.4	24.3
8624	7885	32.0	24.0	22.0
2109	1023	20.7	18.5	9.0
134515	131231	41.8	32.6	31.8
3390	1262	21.7	19.6	7.3
15557	6128	26.2	24.6	9.7
55370	54721	23.2	17.2	17.0
6875	3306	17.9	16.0	7.7
11723	9514	51.0	43.8	35.5
8767	6095	21.2	17.6	12.2
9214	5250	37.2	33.5	19.1
1399	870	28.2	23.7	14.7
149585	134201	32.0	25.1	22.5
53860	48707	33.9	27.2	24.6
38210	30456	31.7	25.9	20.7
7264	6036	24.3	19.1	15.9

6–6 续表

项　目	Item	实现组织或营销创新企业数(个) Number of Organizational or Marketing Innovators (unit)
北　京	Beijing	8048
天　津	Tianjin	4878
河　北	Hebei	8215
山　西	Shanxi	4080
内蒙古	Inner Mongolia	1854
辽　宁	Liaoning	4713
吉　林	Jilin	1968
黑龙江	Heilongjiang	2547
上　海	Shanghai	11101
江　苏	Jiangsu	37325
浙　江	Zhejiang	32518
安　徽	Anhui	14406
福　建	Fujian	14367
江　西	Jiangxi	9637
山　东	Shandong	24367
河　南	Henan	14683
湖　北	Hubei	12275
湖　南	Hunan	11891
广　东	Guangdong	49036
广　西	Guangxi	4617
海　南	Hainan	717
重　庆	Chongqing	6521
四　川	Sichuan	12812
贵　州	Guizhou	3853
云　南	Yunnan	4063
西　藏	Tibet	282
陕　西	Shaanxi	6782
甘　肃	Gansu	2022
青　海	Qinghai	467
宁　夏	Ningxia	939
新　疆	Xinjiang	2523

continued

		在全部企业中占比(%) Of Total(%)		
#实现组织创新企业 Organizational Innovators	#实现营销创新企业 Marketing Innovators	实现组织或营销创新企业 Organizational or Marketing Innovators	#实现组织创新企业 Organizational Innovators	#实现营销创新企业 Marketing Innovators
6278	4941	27.6	21.6	17.0
3949	2984	24.5	19.8	15.0
6481	5613	29.2	23.0	19.9
3376	2434	24.7	20.4	14.7
1498	1063	23.8	19.2	13.6
3738	3014	23.1	18.3	14.8
1559	1320	25.2	19.9	16.9
1967	1702	26.1	20.2	17.5
8666	7380	26.7	20.9	17.8
29999	25694	32.3	26.0	22.3
24331	23909	33.2	24.8	24.4
11581	10585	40.4	32.5	29.7
11139	10202	29.9	23.2	21.2
7658	7302	33.3	26.5	25.2
19905	16838	34.0	27.8	23.5
11792	10442	31.7	25.5	22.6
9975	8788	35.9	29.1	25.7
9478	9156	32.9	26.3	25.4
38266	36199	34.8	27.1	25.7
3704	2919	26.6	21.3	16.8
571	441	25.1	20.0	15.4
5322	4529	35.3	28.8	24.5
10452	8594	34.8	28.4	23.4
3223	2486	32.4	27.1	20.9
3332	2698	34.0	27.9	22.6
222	175	34.8	27.4	21.6
5570	4482	33.2	27.3	22.0
1647	1277	33.2	27.1	21.0
391	267	28.8	24.1	16.5
782	582	34.2	28.5	21.2
2067	1384	22.1	18.1	12.1

6–7 规模(限额)以上企业创新
Innovation Strategic Objectives in

项　目	Item	制定创新战略目标的企业数(个) Number of Enterprises with Innovation Strategic Objectives (unit)	制定创新战略目标企业占全部企业的比重(%) Of Total (%)
总　计	**Total**	**416751**	**42.6**
一、按规模分	**by Size of Enterprises**		
大型企业	Large-sized Industrial Enterprises	17172	72.2
中型企业	Medium-sized Industrial Enterprises	75930	51.1
小型企业	Small-sized Industrial Enterprises	284503	45.1
微型企业	Micro-sized Industrial Enterprises	39146	22.4
二、按登记注册类型分	**by Status of Registration**		
内资企业	Domestic Funded	384802	42.1
国有企业	State-owned Enterprises	4539	42.6
集体企业	Collective-owned Enterprises	790	23.5
股份合作企业	Cooperative Enterprises	525	31.3
联营企业	Joint Ownership Enterprises	126	38.3
有限责任公司	Limited Liability Corporations	75374	47.9
股份有限公司	Share-holding Corporations Ltd.	10491	68.9
私营企业	Private Enterprises	292892	40.4
其他企业	Other Enterprises	65	34.0
港、澳、台商投资企业	Enterprises with Funds from Hong Kong, Macau and Taiwan	14240	47.5
外商投资企业	Foreign Funded Enterprises	17709	49.4
三、按行业分	**by Industrial Sector**		
采矿业	Mining	3376	29.7
制造业	Manufacturing	230115	55.7
电力、热力、燃气及水生产和供应业	Production and Supply of Electricity,Heat, Gas and Water	6078	35.1
建筑业	Construction	23327	36.9
批发和零售业	Wholesale and Retail Trades	91549	28.5
交通运输、仓储和邮政业	Transport,Storage and Post	11722	27.4
信息传输、软件和信息技术服务业	Information Transmission,Software and Information Technology	17932	67.0
租赁和商务服务业	Leasing and Business Services	15313	30.7
科学研究和技术服务业	Scientific Research and Technical Services	15066	54.8
水利、环境和公共设施管理业	Management of Water Conservancy, Environment and Public Facilities	2273	38.5

战略目标制定情况(2021年)
Enterprises above Designated Size(2021)

在制定创新战略目标企业中，制定下列目标的企业占比(%) Share of Enterprises with these Objectives(%)					
保持本领域的国际领先地位 Maintain International Leading Level	赶超同行业国际领先企业 Try to Catch up with International Leading Level	赶超同行业国内领先企业 Try to Catch up with National Leading Level	增加创新投入，提升企业竞争力 Increase Input and Improve Competitiveness	保持现有的技术水平和生产经营状况 Maintain the Current Level	其他目标 Other Objectives
3.9	**4.3**	**18.7**	**48.7**	**19.0**	**5.3**
9.5	8.3	21.9	49.4	8.6	2.3
5.1	5.3	20.7	47.8	16.3	4.8
3.5	4.0	18.6	50.0	19.0	4.9
2.8	3.0	14.7	40.5	28.4	10.6
3.3	4.1	18.9	49.1	19.2	5.5
3.2	3.7	16.8	49.7	18.9	7.7
1.6	1.9	8.2	45.4	32.2	10.6
1.7	2.5	17.1	47.4	25.9	5.3
4.0	3.2	17.5	47.6	19.8	7.9
3.8	4.5	20.6	49.2	16.5	5.4
6.5	7.5	23.7	51.0	8.7	2.6
3.0	3.9	18.3	49.0	20.2	5.6
9.2	1.5	24.6	41.5	16.9	6.2
9.1	7.1	17.9	45.9	16.5	3.5
14.2	8.0	16.2	42.5	16.1	3.1
2.0	2.4	12.4	49.1	27.8	6.3
4.5	5.2	19.8	53.1	14.8	2.6
4.0	3.9	18.5	42.8	24.9	6.0
1.5	1.9	12.1	49.8	28.1	6.6
3.2	3.2	17.5	38.4	26.4	11.3
3.0	3.8	19.9	36.6	27.5	9.1
5.0	4.5	20.0	55.3	12.2	3.0
3.7	3.1	18.6	41.3	23.3	10.0
4.4	4.1	19.1	52.1	16.6	3.6
2.2	2.9	17.9	51.9	18.1	7.0

6-7 续表

项目	Item	制定创新战略目标的企业数（个） Number of Enterprises with Innovation Strategic Objectives (unit)	制定创新战略目标企业占全部企业的比重(%) Of Total (%)
四、按地区分	**by Region**		
东部地区	Eastern Region	255331	42.9
中部地区	Middle Region	87460	44.2
西部地区	Western Region	60166	40.8
东北地区	Northeast Region	13794	36.3
北京	Beijing	12305	42.2
天津	Tianjin	7217	36.2
河北	Hebei	11881	42.2
山西	Shanxi	6327	38.2
内蒙古	Inner Mongolia	2786	35.7
辽宁	Liaoning	7329	35.9
吉林	Jilin	3046	39.0
黑龙江	Heilongjiang	3419	35.1
上海	Shanghai	16394	39.5
江苏	Jiangsu	49817	43.2
浙江	Zhejiang	45478	46.4
安徽	Anhui	18164	50.9
福建	Fujian	16496	34.4
江西	Jiangxi	12450	43.0
山东	Shandong	32117	44.8
河南	Henan	18947	41.0
湖北	Hubei	15888	46.4
湖南	Hunan	15684	43.5
广东	Guangdong	62631	44.4
广西	Guangxi	6652	38.3
海南	Hainan	995	34.8
重庆	Chongqing	7841	42.5
四川	Sichuan	15962	43.4
贵州	Guizhou	4453	37.4
云南	Yunnan	5199	43.5
西藏	Tibet	345	42.5
陕西	Shaanxi	8588	42.1
甘肃	Gansu	2644	43.5
青海	Qinghai	606	37.4
宁夏	Ningxia	1278	46.6
新疆	Xinjiang	3812	33.3

continued

在制定创新战略目标企业中，制定下列目标的企业占比(%) Share of Enterprises with these Objectives(%)					
保持本领域的国际领先地位 Maintain International Leading Level	赶超同行业国际领先企业 Try to Catch up with International Leading Level	赶超同行业国内领先企业 Try to Catch up with National Leading Level	增加创新投入，提升企业竞争力 Increase Input and Improve Competitiveness	保持现有的技术水平和生产经营状况 Maintain the Current Level	其他目标 Other Objectives
4.5	4.8	19.1	48.5	18.3	4.9
3.1	3.6	18.9	50.1	18.8	5.5
2.7	3.4	17.2	49.0	21.1	6.7
5.0	4.4	18.0	42.8	23.0	6.8
5.4	4.4	19.2	45.6	22.3	3.0
5.1	4.3	20.0	42.9	22.5	5.2
3.6	4.1	20.5	47.7	18.8	5.2
2.7	2.9	15.9	44.6	26.4	7.6
3.0	4.2	16.7	44.7	26.0	5.3
6.0	4.8	18.3	42.7	22.0	6.2
3.6	4.4	18.2	43.7	23.1	7.0
3.9	3.7	17.2	42.3	25.2	7.7
7.8	6.6	20.4	41.8	18.6	4.7
4.8	4.9	19.6	47.8	18.1	4.8
3.6	4.7	18.4	52.0	17.5	3.8
3.0	3.3	19.5	53.6	15.2	5.5
3.7	4.3	17.3	49.6	19.5	5.5
3.0	3.9	20.6	48.8	17.3	6.4
3.9	4.6	19.7	48.1	18.2	5.6
3.0	3.4	17.4	48.8	22.4	5.0
3.1	3.9	20.5	48.3	19.1	5.1
3.7	4.2	18.2	52.7	16.2	5.1
4.3	4.9	18.6	49.5	17.4	5.3
2.6	2.4	14.9	48.2	22.9	9.0
4.2	2.9	17.6	44.8	19.6	10.9
3.3	3.9	18.3	50.4	18.7	5.3
2.7	3.4	18.2	49.4	20.5	5.9
2.4	3.5	16.2	49.4	19.5	9.0
2.9	2.7	15.8	51.1	21.7	5.8
3.2	1.2	18.3	47.8	20.3	9.3
2.4	3.9	18.5	48.7	19.9	6.6
2.6	3.0	15.0	50.9	21.7	6.8
0.7	3.8	17.7	48.4	23.3	6.3
2.7	3.4	19.8	52.3	17.0	4.8
2.5	3.0	15.6	43.7	26.3	8.9

七、国家科技计划

National Program for Science and Technology Development

7-1 国家主要科技计划基本情况
Appropriation for S&T by Central Government in the Main Programs of S&T

单位：万元

项　目	Item	2016	2017	2018	2019	2020	2021
国家自然科学基金	National Natural Science Fund	2680331	2986659	3070270	2808086	2830251	3116846
国家重点研发计划	National Key R&D Program of China	1035418	1987692	2429937	2954185	2898108	2143838
中央引导地方科技发展基金	Central Guidance Science and Technology Development Fund	142000	127840	127840	20000	200000	260000
国家(重点)实验室引导专项	National (Key) Laboratory Guidance Project	20000	30000	70000	70000	50000	50000
国家重点实验室	National Key Laboratory	417000	465900	569000	559000	455200	357001

注：表中各项国家主要科技计划及相关内容依据“十四五”国家科技计划体系。
Note: In the table, the main program plans of S&T and its related contents base on "the Fourteen Five" National S&T Programs.

7–2 国家自然科学基金资助项目经费
Project Funding Approved by the National Natural Science Foundation of China

单位：万元 (10 000 yuan)

项 目	Item	2016	2017	2018	2019	2020	2021
总 计	**Total**	**2680331**	**2986659**	**3070270**	**2808086**	**2830251**	**3116846**
面上项目	General Programs	1212115	1272818	1329327	1112699	1112994	1108703
重点项目	Key Programs	203864	236141	244122	221840	216527	215213
重大项目	Major Program	41665	77678	81182	88596	79139	76233
重大研究计划	Major Research Plan	83989	99292	103684	100150	87400	75468
联合基金项目	Program of Joint Funds with other Institutions	133213	146034	165976	185090	238750	228521
国家杰出青年科学基金(包括外籍)	Projects of National Distinguished Young Scientists (including Foreign)	77640	77640	78040	116120	116920	123320
优秀青年科学基金	Excellent Young Scientists Fund	60000	59850	60000	77990	75000	129000
青年科学基金项目*	Young Scientists Fund	370892	476326	497600	420795	435608	628250
地区科学基金项目*	Regional Fund	130101	130694	131722	110486	110738	115040
海外及港澳学者合作研究基金项目	Programs of Joint Research for Oversea Scientists	6300	6800	5980	3920		
创新研究群体项目	Programs of Innovation Research Teams	67560	49920	50265	44580	36010	41400
国家重大科研仪器设备研制专项	Special Fund for Research on National Major Research Instruments and Facilities	93933	104531	95951	78341	94495	94643
应急管理项目	Management Program for Emergency	34566	39510	27710	41063	47710	
数学天元基金	Tianyuan Fund of Mathematics	2500	2500	3500	3500	4500	4500
国际合作研究项目	International Cooperation Research Projects	93826	112447	99243	25000	82620	66557
外国青年学者研究基金项目	Research Foundation Projects for Young Scholars of Foreign	3543	5313	5319	4500	4500	15650
国际合作与交流	International Cooperation and Exchange	7580	7246	7112	71416	10340	4466
基础科学中心项目	Programs of Basic Science Centres	57043	81919	83537	102000	77000	101000

注："青年科学基金项目"和"地区科学基金项目"自2007年开始从原"面上项目"中分出。
Note: Date of "Youth Scientists Fund" and "Regional Fund" seperated from "General Programs" in 2007.

7-3 分部门国家自然科学基金资助项目经费(2021年)

Project Funding Approved by the National Natural Science Foundation of China by Sectors (2021)

单位：万元 (10 000 yuan)

项　目	Item	合　计 Total	高等学校 Higher Education	#教育部所属院校 Subordinated Directly to Ministry of Education	科研机构 Research Institution	#中国科学院 China Academy of Sciences	其　他 Others
总　计	**Total**	**3116846**	**2544005**	**1403128**	**534362**	**344783**	**38479**
面上项目	General Programs	1108703	940729	508904	154850	95243	13124
重点项目	Key Programs	215213	169861	122780	43611	32037	1742
重大项目	Major Program	76233	46784	39285	29449	21974	
重大研究计划项目	Major Research Plan	75468	57778	40286	17150	11680	540
国际(地区)合作研究项目	International Cooperation Research Projects	66557	49184	36094	16693	11997	680
青年科学基金项目	Young Scientists Fund	628250	531520	230680	86630	41640	10100
地区科学基金项目	Regional Fund	115040	105406		5687		3947
优秀青年科学基金项目	Excellent Young Scientists Fund	129000	102600	68000	25800	22000	600
国家杰出青年科学基金项目	Projects of National Distinguished Young Scientists	123320	98880	70040	23640	20040	800
创新研究群体项目	Programs of Innovation Research Teams	41400	29400	19600	12000	11000	
国家重大科研仪器研制项目	Special Fund for Research on National Major Research Instruments and Facilities	94643	73396	48501	21247	18474	
联合基金项目	Program of Joint Funds with other Institutions	228521	178725	97847	47119	25228	2677
国际(地区)合作交流项目	International Cooperation and Exchange	4466	3927	2378	540	440	
应急管理项目	Management Program for Emergency						
外国青年学者研究基金项目	Research Foundation Projects for Young Scholars of Foreign	15650	12996	6644	2494	2195	160
数学天元基金	Tianyuan Fund of Mathematics	4500	4042	2493	258	218	200
基础科学中心项目	Programs of Basic Science Centres	101000	77000	65000	24000	18000	

7–4　全国创业风险投资基本情况
Basic Statistics on National VC Capital

项　　目	Item	2016	2017	2018	2019	2020	2021
一、机构数（个）	**No. of VC Firms (unit)**	**2045**	**2296**	**2800**	**2994**	**3290**	**3568**
二、管理资本总额（亿元）	**VC Capital under Management (100 Million Yuan)**	**8277.1**	**8872.5**	**9179.0**	**9989.1**	**11157.5**	**13035.3**
三、投资强度（万元/项）	**Avg. VC Deals Size (10 000 yuan/unit)**	**1842.0**	**3145.8**	**1924.0**	**1232.3**	**2326.3**	**2625.8**
四、累计投资	**Cumulative Investment**						
1.累计投资项目数（项）	No. of Cumulative Deals(unit)	19296	20674	22396	25411	28145	31996
#累计投资高新技术企业(项目)数	In Hi-tech Deals	8490	8851	9279	10200	11235	12937
2.累计投资金额（亿元）	Cumulative Capital (100 Million Yuan)	3765.2	4110.2	4769.0	5635.8	6271.8	7283
#累计投资高新技术企业(项目)额	In Hi-tech Deals	1566.8	1627.3	1757.2	1944.1	2160.7	2585.8
五、投资轮次（%）	**Investment Rounds (%)**						
首轮投资	First	69.0	72.7	70.9	70.3	64.2	61.3
后续投资	Follows-on	31.0	27.3	29.1	29.7	35.8	38.7
六、投资阶段	**Investment Stages**						
1.按投资项目分（%）	By Investment Deal (%)						
种子期	Seed	19.6	17.8	24.1	22.2	18.5	23.6
起步期	Startup	38.9	39.5	40.3	39.5	32.0	32.5
成长(扩张)期	Expansion	35.0	36.2	29.4	32.0	42.4	37.8
成熟(过渡)期	Maturity	5.7	5.9	5.4	6.0	6.7	5.7
重建期	Turn Around	0.8	0.6	0.8	0.3	0.4	0.4
2.按投资金额分（%）	By Investment Amt. (%)						
种子期	Seed	4.3	4.5	10.9	15.6	9.2	13.2
起步期	Startup	30.3	20.8	33.0	34.8	24.2	28.0
成长(扩张)期	Expansion	38.5	44.7	44.6	35.7	55.0	43.5
成熟(过渡)期	Maturity	26.3	29.8	10.4	13.7	11.4	14.6
重建期	Turn Around	0.6	0.2	1.1	0.2	0.2	0.7
七、退出方式（%）	**Exit (%)**						
上市	IPO	15.5	13.7	16.2	16.8	19.2	19.5
收购	Acquisition	31.0	32.7	33.0	27.4	25.8	15.0
回购	Buyback	37.5	34.8	39.2	42.3	39.8	51.3
清算	Liquidation	6.5	8.9	9.9	11.0	11.0	12.2
其他	Others	9.5	9.9	1.7	2.5	4.2	2.0

八、科技活动成果

Results of Science and Technology Activities

8-1 国内专利申请数
Domestic Patent Applications

单位：件 (piece)

地 区	Region	1995	2000	2005	2010	2014	2015	2016	2017	2018	2019	2020	2021
全 国	**National Total**	**69535**	**140339**	**383157**	**1109428**	**2210616**	**2639446**	**3305225**	**3536333**	**4146772**	**4195104**	**5016030**	**5060312**
北 京	Beijing	6362	10344	22572	57296	138111	156312	189129	185928	211212	226113	254165	283134
天 津	Tianjin	1648	2789	11657	25973	63422	79963	106514	86996	99038	96045	111514	90471
河 北	Hebei	2707	3848	6401	12295	30000	44060	54838	61288	83785	101274	125608	130705
山 西	Shanxi	917	1475	1985	7927	15687	14948	20031	20697	27106	31705	40302	40460
内蒙古	Inner Mongolia	647	1138	1455	2912	6359	8876	10672	11701	16426	21069	26224	29462
辽 宁	Liaoning	4449	7151	15672	34216	37860	42153	52603	49871	65686	69732	86527	88504
吉 林	Jilin	1389	2501	4101	6445	11933	14800	18922	20450	27034	31052	34438	38807
黑龙江	Heilongjiang	2569	3106	6050	10269	31856	34611	35293	30958	34582	37313	43252	47577
上 海	Shanghai	2456	11337	32741	71196	81664	100006	119937	131740	150233	173586	210293	232918
江 苏	Jiangsu	4078	8211	34811	235873	421907	428337	512429	514402	600306	594249	719452	696693
浙 江	Zhejiang	4042	10316	43221	120742	261435	307264	393147	377115	455590	435883	507050	503197
安 徽	Anhui	1026	1877	3516	47128	99160	127709	172552	175872	207428	166871	202298	196427
福 建	Fujian	1979	4211	9460	21994	58075	83146	130376	128079	166610	153133	174867	160703
江 西	Jiangxi	1008	1557	2815	6307	25594	36936	60494	70591	86001	91474	109738	100930
山 东	Shandong	4624	10019	28835	80856	158619	193220	212911	204859	231585	263211	337280	369470
河 南	Henan	2386	3823	8981	25149	62434	74373	94669	119240	154381	144010	178585	167550
湖 北	Hubei	2004	3486	11534	31311	59050	74240	95157	110234	124535	141321	163613	175312
湖 南	Hunan	2628	4117	8763	22381	44194	54501	67779	77934	94503	106113	128573	114167
广 东	Guangdong	7729	21123	72220	152907	278358	355939	505667	627834	793819	807700	967204	980634
广 西	Guangxi	1231	1762	2379	5117	32298	43696	59239	56988	44224	41900	51712	55987
海 南	Hainan	183	502	498	1019	2416	3127	3658	4564	6451	9302	14360	17679
重 庆	Chongqing	318	1780	6260	22825	55298	82791	59518	64648	72121	67271	83826	83555
四 川	Sichuan	2868	4496	10567	40230	91167	110746	142522	167484	152987	131529	160036	163664
贵 州	Guizhou	562	986	2226	4414	22467	18295	25315	34610	44508	44328	49200	41733
云 南	Yunnan	959	1710	2556	5645	13343	17603	23709	28695	36515	35212	45153	47997
西 藏	Tibet	11	28	102	162	248	309	712	1097	1469	2304	2296	2644
陕 西	Shaanxi	1721	2080	4166	22949	56235	74904	69611	98935	76512	92087	99236	105652
甘 肃	Gansu	546	798	1759	3558	12020	14584	20276	24448	27882	27637	30732	30165
青 海	Qinghai	100	174	216	602	1534	2590	3284	3181	4439	5017	6736	7448
宁 夏	Ningxia	169	341	516	739	3532	4394	6149	8575	9860	9275	12172	14579
新 疆	Xinjiang	609	1088	1851	3560	10210	12250	14105	14260	14647	14771	18843	22221
香 港	Hong Kong	655	1374	2645	2980	3242	3319	4552	3907	5122	3748	3275	3010
澳 门	Macao		13	27	32	84	213	221	206	298	363	150	246
台 湾	Taiwan	4955	10778	20599	22419	20804	19231	19234	18946	19877	18506	17320	16611

注：本年鉴中有关专利申请受理与授权的数据口径为由我国专利机构受理与授权的专利，不包括我国在外国申请专利及被授权的数据。

Note: The data in this year book about the acceptance and authorization of patent applications are the patents accepted and authorized by china's patent institutions, excluding the data of china's patent applications and authorization in foreign countries.

8–2 国内专利授权数
Domestic Patent Granted

单位：件 (piece)

地区	Region	1995	2000	2005	2010	2014	2015	2016	2017	2018	2019	2020	2021
全国	**National Total**	**41881**	**95236**	**171619**	**740620**	**1209402**	**1596977**	**1628881**	**1720828**	**2335411**	**2474406**	**3520901**	**4467165**
北京	Beijing	4025	5905	10100	33511	74661	94031	100578	106948	123496	131716	162824	198778
天津	Tianjin	1034	1611	3045	11006	26351	37342	39734	41675	54680	57799	75434	97910
河北	Hebei	1580	2812	3585	10061	20132	30130	31826	35348	51894	57809	92196	120034
山西	Shanxi	569	968	1220	4752	8371	10020	10062	11311	15060	16598	27296	37379
内蒙古	Inner Mongolia	415	775	845	2096	4031	5522	5846	6271	9625	11059	17958	24362
辽宁	Liaoning	2745	4842	6195	17093	19525	25182	25104	26495	35149	40037	60185	80191
吉林	Jilin	824	1650	2023	4343	6696	8878	9995	11090	13885	15579	23951	29879
黑龙江	Heilongjiang	1403	2252	2906	6780	15412	18943	18046	18221	19435	19989	28475	38884
上海	Shanghai	1436	4050	12603	48215	50488	60623	64230	72806	92460	100587	139780	179317
江苏	Jiangsu	2413	6432	13580	138382	200032	250290	231033	227187	306996	314395	499167	640917
浙江	Zhejiang	2131	7495	19056	114643	188544	234983	221456	213805	284621	285342	391700	465468
安徽	Anhui	574	1482	1939	16012	48380	59039	60983	58213	79747	82524	119696	153475
福建	Fujian	933	3003	5147	18063	37857	61621	67142	68304	102622	98955	145928	153814
江西	Jiangxi	509	1072	1361	4349	13831	24161	31472	33029	52819	59140	80239	97372
山东	Shandong	2861	6962	10743	51490	72818	98101	98093	100522	132382	146481	238778	329838
河南	Henan	1145	2766	3748	16539	33366	47766	49145	55407	82318	86247	122809	158038
湖北	Hubei	1017	2198	3860	17362	28290	38781	41822	46369	64106	73940	110102	155169
湖南	Hunan	1515	2555	3659	13873	26637	34075	34050	37916	48957	54685	78723	98936
广东	Guangdong	4611	15799	36894	119343	179953	241176	259032	332652	478082	527390	709725	872209
广西	Guangxi	665	1191	1225	3647	9664	13573	14858	15270	20551	22687	34470	46804
海南	Hainan	108	320	200	714	1597	2061	1939	2133	3292	4423	8578	13632
重庆	Chongqing	305	1158	3591	12080	24312	38914	42738	34780	45688	43872	55377	76206
四川	Sichuan	1714	3218	4606	32212	47120	64953	62445	64006	87372	82066	108386	146936
贵州	Guizhou	274	710	925	3086	10107	14115	10425	12559	19456	24729	34971	39267
云南	Yunnan	569	1217	1381	3823	8124	11658	12032	14230	20340	22324	28943	41167
西藏	Tibet	2	17	44	124	146	198	245	420	755	1020	1702	1929
陕西	Shaanxi	1085	1462	1894	10034	22820	33350	48455	34554	41479	44101	60524	86272
甘肃	Gansu	257	493	547	1868	5097	6912	7975	9672	13958	14894	20991	26056
青海	Qinghai	65	117	79	264	619	1217	1357	1580	2668	3046	4693	6591
宁夏	Ningxia	111	224	214	1081	1424	1865	2677	4244	5658	5555	7710	12885
新疆	Xinjiang	312	717	921	2562	5238	8761	7116	8094	9658	8652	12763	21178
香港	Hong Kong	633	1285	1669	2601	2867	2940	2970	2888	3142	3437	3147	3072
澳门	Macao		13	3	34	55	142	179	139	125	234	173	181
台湾	Taiwan	4041	8465	11811	18577	14837	15654	13821	12690	12935	13094	13507	13019

8-3 国内有效专利数
Domestic Patent in Force

单位：件 (piece)

地 区	Region	2012	2013	2014	2015	2016	2017	2018	2019	2020	2021
全 国	**National Total**	**3005023**	**3635929**	**4032362**	**4792356**	**5527183**	**6324215**	**7517791**	**8812070**	**11236868**	**14417426**
北 京	Beijing	170516	219243	274667	344916	417666	494941	569929	653053	768090	913616
天 津	Tianjin	52338	68540	83628	103775	124443	144706	168879	198946	245540	308263
河 北	Hebei	43358	54781	66529	86360	105490	128291	159964	195377	266025	355909
山 西	Shanxi	19561	25037	29077	34009	38702	44848	52849	61654	80997	109091
内蒙古	Inner Mongolia	8996	11421	13734	16799	20007	23846	29496	36257	49902	68588
辽 宁	Liaoning	64019	74134	80089	90970	101657	113693	130112	152424	196225	256908
吉 林	Jilin	18818	21926	24668	29046	34101	39892	46224	54066	70382	91913
黑龙江	Heilongjiang	44570	55316	56451	58789	61245	65756	68588	74739	90310	118272
上 海	Shanghai	173513	194496	218156	251157	285877	329442	383928	443510	542526	676697
江 苏	Jiangsu	537180	616779	594186	674053	740215	809379	954415	1103925	1483781	1973116
浙 江	Zhejiang	449957	552681	597051	668889	732438	785190	901447	1023110	1276423	1592452
安 徽	Anhui	88326	119704	135785	162177	188240	212785	256482	302010	385211	498202
福 建	Fujian	81267	107246	126232	162451	197393	226325	278470	321070	417745	517568
江 西	Jiangxi	19663	26037	34458	51824	73745	94531	119286	148851	199256	257228
山 东	Shandong	177511	206983	226424	270920	312937	351351	410240	485852	662211	912727
河 南	Henan	67824	84420	99590	126381	148862	174998	215598	255966	336969	448242
湖 北	Hubei	64719	82392	96682	119345	143802	169585	202961	244552	322443	442481
湖 南	Hunan	59428	75530	88779	107088	122584	142224	165460	194971	249721	317087
广 东	Guangdong	490159	586592	670131	802493	940138	1165677	1473835	1803875	2296261	2895945
广 西	Guangxi	16822	22038	28303	37215	45928	54582	65627	78250	102867	136587
海 南	Hainan	3108	3948	5059	6416	7366	8442	10277	13403	21275	32901
重 庆	Chongqing	53383	66208	73780	94975	116201	121604	140064	158176	187340	239004
四 川	Sichuan	94938	119531	135209	169203	193737	215601	259008	292273	358830	462124
贵 州	Guizhou	15931	21835	27965	34909	37562	43048	55444	70498	94160	118367
云 南	Yunnan	17483	21837	26736	34045	40583	50223	62470	74896	93374	122471
西 藏	Tibet	462	527	588	724	989	1474	2027	2779	4090	5623
陕 西	Shaanxi	41447	55310	66573	86053	116270	119892	127921	146699	184056	248526
甘 肃	Gansu	9260	12459	15077	18580	22593	28222	34903	40976	53774	70295
青 海	Qinghai	1502	1588	1946	2975	3962	5107	6958	8947	12420	17207
宁 夏	Ningxia	2493	3277	4221	5317	7220	10288	14032	16941	21889	31836
新 疆	Xinjiang	10571	13594	16466	21681	24531	28064	31853	33473	40942	56252
香 港	Hong Kong	11326	11825	13578	14608	15815	16426	16262	16898	16955	17502
澳 门	Macao	104	176	236	360	511	563	636	789	838	840
台 湾	Taiwan	94470	98518	100308	103853	104373	103219	102146	102864	104040	103586

8–4 国内、外三种专利申请数

Three Kinds of Patent Applications

单位：件 (piece)

项　目	Item	1995	2000	2005	2010	2015	2016	2017	2018	2019	2020	2021
合　计	**Total**	**83045**	**170682**	**476264**	**1222286**	**2798500**	**3464824**	**3697845**	**4323112**	**4380468**	**5194154**	**5243592**
1.发　明	Inventions	21636	51747	173327	391177	1101864	1338503	1381594	1542002	1400661	1497159	1585663
国　内	Domestic	10018	25346	93485	293066	968251	1204981	1245709	1393815	1243568	1344817	1427845
职　务	Official	2993	12609	62270	223754	776117	982971	1043770	1202100	1136072	1214004	1313532
高等院校	Universities and Colleges	574	1942	14643	48294	133645	173049	179879	226628	244673	226090	260696
科研单位	Research Institutions	865	2228	6726	18254	44545	55076	53308	57959	63043	69564	76826
企　业	Industrial and Mineral Enterprises	1086	8316	40196	154581	582512	735533	788194	896648	807813	898925	953645
机关团体	Government Agencies and Organizations	468	123	705	2625	15415	19313	22389	20865	20543	19425	22365
非职务	Non-official	7025	12737	31215	69312	192134	222010	201939	191715	107496	130813	114313
国　外	Foreign	11618	26401	79842	98111	133613	133522	135885	148187	157093	152342	157818
职　务	Official	11045	25334	77575	95517	130838	130699	132883	145359	154192	149672	155300
非职务	Non-official	573	1067	2267	2594	2775	2823	3002	2828	2901	2670	2518
2.实用新型	Utility Models	43741	68815	139566	409836	1127577	1475977	1687593	2072311	2268190	2926633	2852219
国　内	Domestic	43429	68461	138085	407238	1119714	1468295	1679807	2063860	2259765	2918874	2845318
职　务	Official	8727	17792	46879	242479	858743	1135997	1348590	1699015	1884452	2391961	2419367
高等院校	Universities and Colleges	771	965	3843	18223	89077	124155	135481	153193	156505	169208	175275
科研单位	Research Institutions	1376	1616	2661	7474	18830	21535	22089	23676	24621	27789	27286
企　业	Industrial and Mineral Enterprises	4739	14912	39649	212081	730865	964644	1158372	1476090	1646655	2133461	2145167
机关团体	Government Agencies and Organizations	1841	299	726	4701	19971	25663	32648	46056	56671	61503	71639
非职务	Non-official	34702	50669	91206	164759	260971	332298	331217	364845	375313	526913	425951
国　外	Foreign	312	354	1481	2598	7863	7682	7786	8451	8425	7759	6901
职　务	Official	190	259	1171	2248	7323	7013	7198	7909	7856	7280	6527
非职务	Non-official	122	95	310	350	540	669	588	542	569	479	374
3.外观设计	Designs	17668	50120	163371	421273	569059	650344	628658	708799	711617	770362	805710
国　内	Domestic	15433	46532	151587	409124	551481	631949	610817	689097	691771	752339	787149
职　务	Official	8193	22974	49733	192337	268214	325655	339869	403909	400106	441339	492035
高等院校	Universities and Colleges	18	17	1435	12815	12440	17310	20825	27507	29349	24144	20989
科研单位	Research Institutions	104	278	359	1234	1101	1663	1183	1390	1401	1618	1458
企　业	Industrial and Mineral Enterprises	6031	22634	47552	173338	252374	304160	315201	372217	366197	413128	467359
机关团体	Government Agencies and Organizations	2040	45	387	4950	2299	2522	2660	2795	3159	2449	2229
非职务	Non-official	7240	23558	101854	216787	283267	306294	270948	285188	291665	311000	295114
国　外	Foreign	2235	3588	11784	12149	17578	18395	17841	19702	19846	18023	18561
职　务	Official	2013	3432	11230	11535	16637	17248	16899	18682	18756	17059	17593
非职务	Non-official	222	156	554	614	941	1147	942	1020	1090	964	968

8–5 国内、外三种专利授权数
Three Kinds of Patent Granted

单位：件 (piece)

项 目	Item	1995	2000	2005	2010	2015	2020	2021
合 计	**Total**	**45064**	**105345**	**214003**	**814825**	**1718192**	**3639268**	**4601457**
1.发 明	Inventions	3393	12683	53305	135110	359316	530127	695946
国 内	Domestic	1530	6177	20705	79767	263436	440691	585910
职 务	Official	932	2824	14761	66149	238818	423767	565087
高等院校	Universities and Colleges	258	652	4453	19036	57196	118675	146439
科研单位	Research Institutions	304	910	2423	6557	19243	31349	40587
企 业	Industrial and Mineral Enterprises	205	1016	7712	40049	158620	268366	370946
机关团体	Government Agencies and Organizations	165	246	173	507	3759	5377	7115
非职务	Non-official	598	3353	5944	13618	24618	16924	20823
国 外	Foreign	1863	6506	32600	55343	95880	89436	110036
职 务	Official	1748	6222	31555	54169	94325	88230	108436
非职务	Non-official	115	284	1045	1174	1555	1206	1600
2.实用新型	Utility Models	30471	54743	79349	344472	876217	2377223	3119990
国 内	Domestic	30195	54407	78137	342256	868734	2368651	3112795
职 务	Official	6766	15519	29191	209275	687372	2061438	2743662
高等院校	Universities and Colleges	623	868	2391	16002	68827	162615	189420
科研单位	Research Institutions	1025	1529	1599	7074	13680	26134	30772
企 业	Industrial and Mineral Enterprises	2627	12821	24743	183289	592771	1822840	2446252
机关团体	Government Agencies and Organizations	2491	301	458	2910	12094	49849	77218
非职务	Non-official	23429	38888	48946	132981	181362	307213	369133
国 外	Foreign	276	336	1212	2216	7483	8572	7195
职 务	Official	154	261	1011	1903	7030	7979	6756
非职务	Non-official	122	75	201	313	453	593	439
3.外观设计	Designs	11200	37919	81349	335243	482659	731918	785521
国 内	Domestic	9523	34652	72777	318597	464807	711559	768460
职 务	Official	5344	17789	27566	146407	249538	422394	468370
高等院校	Universities and Colleges	10	28	555	8115	10311	22381	20945
科研单位	Research Institutions	156	248	170	637	728	1493	1543
企 业	Industrial and Mineral Enterprises	2554	17482	26658	135680	237326	395975	443551
机关团体	Government Agencies and Organizations	2624	31	183	1975	1173	2545	2331
非职务	Non-official	4179	16863	45211	172190	215269	289165	300090
国 外	Foreign	1677	3267	8572	16646	17852	20359	17061
职 务	Official	1402	3108	8254	15851	16878	19337	16144
非职务	Non-official	275	159	318	795	974	1022	917

8–6 国内、外三种专利有效数
Three Kinds of Patent in Force

单位：件 (piece)

项　目	Item	2013	2014	2015	2016	2017	2018	2019	2020	2021
合　计	**Total**	**4195139**	**4642506**	**5477625**	**6285238**	**7147608**	**8380588**	**9722494**	**12192897**	**15420876**
1.发　明	Inventions	1033908	1196497	1472374	1772203	2085367	2366314	2670784	3057844	3596901
国　内	Domestic	586493	708690	921757	1158203	1413911	1662269	1926122	2279123	2773287
职　务	Official	519589	638148	839551	1066375	1313439	1559116	1829918	2183807	2671403
高等院校	Universities and Colleges	116337	136613	173683	210553	258399	297879	348254	442523	544110
科研单位	Research Institutions	46734	56274	70403	84411	100274	112263	127268	165253	193664
企　业	Industrial and Mineral Enterprises	351500	438221	585404	758354	938336	1129594	1332170	1556937	1908286
机关团体	Government Agencies and Organizations	5018	7040	10061	13057	16430	19380	22226	19094	25343
非职务	Non-official	66904	70542	82206	91828	100472	103153	96204	95316	101884
国　外	Foreign	447415	487807	550617	614000	671456	704045	744662	778721	823614
职　务	Official	439619	479685	541889	604689	661755	694501	735607	769353	813925
非职务	Non-official	7796	8122	8728	9311	9701	9544	9055	9368	9689
2.实用新型	Utility Models	1936789	2291326	2732554	3154485	3603187	4403658	5262039	6947697	9243443
国　内	Domestic	1917122	2265224	2700833	3118410	3563389	4359926	5214362	6895886	9190633
职　务	Official	1461587	1828413	2238950	2640791	3110502	3889415	4738230	6252689	8342094
高等院校	Universities and Colleges	84984	103344	135785	170863	194581	214377	240671	360477	464753
科研单位	Research Institutions	33400	39225	44899	51130	56795	63782	71012	99097	117364
企　业	Industrial and Mineral Enterprises	1329876	1669822	2034725	2388230	2823828	3569078	4360694	5701368	7606931
机关团体	Government Agencies and Organizations	13327	16022	23541	30568	35298	42178	65853	91747	153046
非职务	Non-official	455535	436811	461883	477619	452887	470511	476132	643197	848539
国　外	Foreign	19667	26102	31721	36075	39798	43732	47677	51811	52810
职　务	Official	18124	24378	29881	34176	37836	41708	45602	49477	50461
非职务	Non-official	1543	1724	1840	1899	1962	2024	2075	2334	2349
3.外观设计	Designs	1224442	1154683	1272697	1358550	1459054	1610616	1789671	2187356	2580532
国　内	Domestic	1132314	1058448	1169766	1250570	1346915	1495596	1671586	2061859	2453506
职　务	Official	672339	626252	680400	729868	806344	933255	1071335	1324970	1600984
高等院校	Universities and Colleges	19289	16284	18486	21003	23347	25697	33203	44321	45844
科研单位	Research Institutions	3395	2744	2532	2821	2953	3362	3800	5058	5754
企　业	Industrial and Mineral Enterprises	646281	605410	657156	703506	777397	901112	1030038	1270163	1543244
机关团体	Government Agencies and Organizations	3374	1814	2226	2538	2647	3084	4294	5428	6142
非职务	Non-official	459975	432196	489366	520702	540571	562341	600251	736889	852522
国　外	Foreign	92128	96235	102931	107980	112139	115020	118085	125497	127026
职　务	Official	89259	93063	99292	104117	107952	110785	113781	120869	122383
非职务	Non-official	2869	3172	3639	3863	4187	4235	4304	4628	4643

8-7 国内三种专利申请数按地区分布(2021年)

Three Kinds of Domestic Patent Applications by Region (2021)

单位：件 (piece)

地区	Region	合计 Total	发明 Invention	实用新型 Utility Model	外观设计 Design
全国	**National Total**	**5060312**	**1427845**	**2845318**	**787149**
北京	Beijing	283134	167608	89406	26120
天津	Tianjin	90471	21370	63512	5589
河北	Hebei	130705	23923	86877	19905
山西	Shanxi	40460	10059	27280	3121
内蒙古	Inner Mongolia	29462	5998	21215	2249
辽宁	Liaoning	88504	23078	60052	5374
吉林	Jilin	38807	12680	23023	3104
黑龙江	Heilongjiang	47577	15018	28583	3976
上海	Shanghai	232918	92527	113176	27215
江苏	Jiangsu	696693	188241	450594	57858
浙江	Zhejiang	503197	129821	254741	118635
安徽	Anhui	196427	64106	116337	15984
福建	Fujian	160703	31093	93513	36097
江西	Jiangxi	100930	19171	54593	27166
山东	Shandong	369470	82481	254956	32033
河南	Henan	167550	34950	114130	18470
湖北	Hubei	175312	51690	108272	15350
湖南	Hunan	114167	36746	57087	20334
广东	Guangdong	980634	242551	456220	281863
广西	Guangxi	55987	13693	33617	8677
海南	Hainan	17679	4497	12082	1100
重庆	Chongqing	83555	24068	50721	8766
四川	Sichuan	163664	45358	94330	23976
贵州	Guizhou	41733	9869	25819	6045
云南	Yunnan	47997	10293	33832	3872
西藏	Tibet	2644	515	1887	242
陕西	Shaanxi	105652	38643	60163	6846
甘肃	Gansu	30165	6423	21626	2116
青海	Qinghai	7448	1585	5544	319
宁夏	Ningxia	14579	3054	10805	720
新疆	Xinjiang	22221	4395	16283	1543
香港	Hong Kong	3010	1059	698	1253
澳门	Macao	246	142	65	39
台湾	Taiwan	16611	11140	4279	1192

8–8 国内三种专利授权数按地区分布(2021年)
Three Kinds of Domestic Patent Granted by Region (2021)

单位：件 (piece)

地区	Region	合计 Total	发明 Invention	实用新型 Utility Model	外观设计 Design
全国	**National Total**	**4467165**	**585910**	**3112795**	**768460**
北京	Beijing	198778	79210	96078	23490
天津	Tianjin	97910	7376	85076	5458
河北	Hebei	120034	8621	92603	18810
山西	Shanxi	37379	3915	30608	2856
内蒙古	Inner Mongolia	24362	1651	20737	1974
辽宁	Liaoning	80191	10480	64406	5305
吉林	Jilin	29879	5730	21220	2929
黑龙江	Heilongjiang	38884	6337	28698	3849
上海	Shanghai	179317	32860	120857	25600
江苏	Jiangsu	640917	68813	515935	56169
浙江	Zhejiang	465468	56796	292944	115728
安徽	Anhui	153475	23624	114415	15436
福建	Fujian	153814	12561	105267	35986
江西	Jiangxi	97372	6741	64221	26410
山东	Shandong	329838	36345	264072	29421
河南	Henan	158038	13536	126477	18025
湖北	Hubei	155169	22376	118303	14490
湖南	Hunan	98936	16564	62871	19501
广东	Guangdong	872209	102850	484320	285039
广西	Guangxi	46804	4573	34133	8098
海南	Hainan	13632	954	11561	1117
重庆	Chongqing	76206	9413	58410	8383
四川	Sichuan	146936	19337	105327	22272
贵州	Guizhou	39267	2824	30666	5777
云南	Yunnan	41167	3643	33900	3624
西藏	Tibet	1929	184	1449	296
陕西	Shaanxi	86272	15516	65011	5745
甘肃	Gansu	26056	2253	21975	1828
青海	Qinghai	6591	454	5774	363
宁夏	Ningxia	12885	1103	11141	641
新疆	Xinjiang	21178	1153	18691	1334
香港	Hong Kong	3072	934	792	1346
澳门	Macao	181	85	60	36
台湾	Taiwan	13019	7098	4797	1124

8–9 国内三种专利有效数按地区分布(2021年)
Three Kinds of Domestic Patent in Force by Region (2021)

单位：件 (piece)

地区	Region	合计 Total	发明 Invention	实用新型 Utility Model	外观设计 Design
全国	**National Total**	**14417426**	**2773287**	**9190633**	**2453506**
北京	Beijing	913616	405037	403429	105150
天津	Tianjin	308263	43409	244766	20088
河北	Hebei	355909	41657	255601	58651
山西	Shanxi	109091	19474	81172	8445
内蒙古	Inner Mongolia	68588	8215	53256	7117
辽宁	Liaoning	256908	56146	181946	18816
吉林	Jilin	91913	21699	60832	9382
黑龙江	Heilongjiang	118272	32754	74275	11243
上海	Shanghai	676697	171972	411822	92903
江苏	Jiangsu	1973116	349035	1459654	164427
浙江	Zhejiang	1592452	250383	940937	401132
安徽	Anhui	498202	121732	328016	48454
福建	Fujian	517568	62156	338506	116906
江西	Jiangxi	257228	23086	169438	64704
山东	Shandong	912727	150776	663222	98729
河南	Henan	448242	55749	337172	55321
湖北	Hubei	442481	92920	305872	43689
湖南	Hunan	317087	70114	190616	56357
广东	Guangdong	2895945	439607	1586524	869814
广西	Guangxi	136587	28240	85906	22441
海南	Hainan	32901	5005	24704	3192
重庆	Chongqing	239004	42349	165890	30765
四川	Sichuan	462124	87186	306375	68563
贵州	Guizhou	118367	15147	88363	14857
云南	Yunnan	122471	18872	91619	11980
西藏	Tibet	5623	916	3351	1356
陕西	Shaanxi	248526	67379	162316	18831
甘肃	Gansu	70295	10164	54285	5846
青海	Qinghai	17207	2225	13733	1249
宁夏	Ningxia	31836	4310	25704	1822
新疆	Xinjiang	56252	6388	44114	5750
香港	Hong Kong	17502	5751	4519	7232
澳门	Macao	840	195	315	330
台湾	Taiwan	103586	63239	32383	7964

8-10 按国别(地区)分国外三种专利申请受理

Three Kinds of Foreign Patent Applications Accepted by Country (Area)

单位：件 (piece)

国 家 (地区)	Country (Area)	合 计 Total	发 明 Invention	实用新型 Utility Model	外观设计 Design
总 计	**Total**	**183280**	**157818**	**6901**	**18561**
安道尔	Andorra				
阿根廷	Argentina	8	6	2	
奥地利	Austria	1180	1038	35	107
澳大利亚	Australia	1087	740	84	263
巴哈马	Bahamas	3	3		
巴巴多斯	Barbados	308	252	16	40
比利时	Belgium	898	798	42	58
伯利兹	Belize	2	1	1	
百慕大群岛	Bermuda	68	68		
巴 西	Brazil	346	259	10	77
保加利亚	Bulgaria	24	11		13
加拿大	Canada	1414	1230	55	129
开曼群岛	Cayman Islands	1147	1069	13	65
智 利	Chile	23	22		1
哥伦比亚	Colombia	13	13		
克罗地亚	Croatia	15	6		9
古 巴	Cuba	6	6		
塞浦路斯	Cyprus	38	21	2	15
捷 克	Czech Republic	121	48	7	66
朝 鲜	Korea DPR	4	2	2	
丹 麦	Denmark	1444	1154	45	245
埃 及	Egypt	3	3		
芬 兰	Finland	1263	1073	68	122
法 国	France	6052	4964	269	819
德 国	Germany	18996	16481	798	1717
直布罗陀	Gibraltar	1	1		
希 腊	Greece	40	38		2
匈牙利	Hungary	48	44	2	2
冰 岛	Iceland	13	13		
印 度	India	381	337	13	31
印度尼西亚	Indonesia	14	7		7
伊 朗	Iran	7	2	3	2
爱尔兰	Ireland	564	496	25	43
以色列	Israel	1376	1204	47	125
意大利	Italy	2725	1938	169	618
日 本	Japan	52365	47010	1860	3495
哈萨克斯坦	Kazakhstan	3	3		
吉尔吉斯斯坦	kyrgyzstan	1	1		
拉托维亚	Latvia	26	8	1	17

8-10 续表 continued

单位：件 (piece)

国 家（地区）	Country (Area)	合 计 Total	发 明 Invention	实用新型 Utility Model	外观设计 Design
列支敦士登	Liechtenstein	225	205	5	15
卢森堡	Luxembourg	277	225	2	50
马来西亚	Malaysia	124	88	15	21
马耳他	Malta	35	25		10
毛里求斯	Mauritius	3	3		
墨西哥	Mexico	50	40	3	7
摩纳哥	Monaco	51	8	1	42
荷 兰	Netherlands	3704	3133	162	409
新西兰	New Zealand	230	161	11	58
挪 威	Norway	350	293	15	42
巴拿马	Panama	6	5	1	
菲律宾	Philippines	18	11	6	1
波 兰	Poland	124	87	4	33
葡萄牙	Portugal	69	62	1	6
韩 国	Korea Rep.	21148	17691	855	2602
罗马尼亚	Romania	8	7		1
俄罗斯联邦	Russian Federation	232	168	24	40
萨摩亚	Samoa	7	5	1	1
沙特阿拉伯	Saudi Arabia	217	207		10
塞舌尔	Seychelles	16	13	2	1
新加坡	Singapore	2458	2024	188	246
斯洛伐克	Slovakia	11	6	2	3
斯洛文尼亚	Slovenia	35	18	1	16
南 非	South Africa	47	36	1	10
西班牙	Spain	632	486	21	125
瑞 典	Sweden	2985	2489	111	385
瑞 士	Switzerland	5331	4365	158	808
泰 国	Thailand	147	92	15	40
突尼斯	Tunis	1	1		
土耳其	Turkey	130	112	2	16
乌克兰	Ukraine	19	9	4	6
越 南	Viet Nam	21	7	5	9
爱沙尼亚	Estonia	47	28	2	17
英 国	United Kingdom	3552	2867	104	581
美 国	United States of America	48609	42266	1568	4775
维尔京群岛	Virgin Islands, British	97	47	11	39
其 他	Others	174	120	26	28

8-11　按国别(地区)分国外三种专利授权
Three Kinds of Foreign Patent Granted by Country (Area)

单位：件　　(piece)

国家(地区)	Country (Area)	合计 Total	发明 Invention	实用新型 Utility Model	外观设计 Design
总　计	**Total**	**134292**	**110036**	**7195**	**17061**
安道尔	Andorra	2	2		
阿根廷	Argentina	7	7		
奥地利	Austria	857	747	23	87
澳大利亚	Australia	736	393	87	256
巴哈马	Bahamas	1	1		
巴巴多斯	Barbados	177	113	4	60
比利时	Belgium	642	541	33	68
伯利兹	Belize	1		1	
百慕大群岛	Bermuda	100	99		1
巴　西	Brazil	143	67	12	64
保加利亚	Bulgaria	20	7	1	12
加拿大	Canada	876	687	78	111
开曼群岛	Cayman Islands	2289	2140	50	99
智　利	Chile	21	19	1	1
哥伦比亚	Colombia	4	4		
克罗地亚	Croatia	13	2		11
古　巴	Cuba	3	3		
塞浦路斯	Cyprus	36	13	4	19
捷　克	Czech Republic	127	52	8	67
朝　鲜	Korea DPR	2		2	
丹　麦	Denmark	1086	822	36	228
埃　及	Egypt	3	3		
芬　兰	Finland	915	722	48	145
法　国	France	4555	3490	321	744
德　国	Germany	14106	11758	776	1572
直布罗陀	Gibraltar	1	1		
希　腊	Greece	21	19	1	1
匈牙利	Hungary	32	32		
冰　岛	Iceland	6	6		
印　度	India	192	156	13	23
印度尼西亚	Indonesia	12	1	4	7
伊　朗	Iran	8	3	1	4
爱尔兰	Ireland	376	321	23	32
以色列	Israel	779	645	36	98
意大利	Italy	2249	1457	179	613
日　本	Japan	39825	34853	1986	2986
哈萨克斯坦	Kazakhstan	3	2	1	
吉尔吉斯斯坦	kyrgyzstan				
拉托维亚	Latvia	27	4		23

8–11 续表 continued

单位：件 (piece)

国家（地区）	Country (Area)	合计 Total	发明 Invention	实用新型 Utility Model	外观设计 Design
列支敦士登	Liechtenstein	158	137	5	16
卢森堡	Luxembourg	256	185	6	65
马来西亚	Malaysia	61	30	15	16
马耳他	Malta	35	8		27
毛里求斯	Mauritius	1	1		
墨西哥	Mexico	36	28	2	6
摩纳哥	Monaco	77	4		73
荷　兰	Netherlands	2811	2343	170	298
新西兰	New Zealand	180	109	21	50
挪　威	Norway	233	199	3	31
巴拿马	Panama				
菲律宾	Philippines	9	4	4	1
波　兰	Poland	84	61	6	17
葡萄牙	Portugal	43	36	1	6
韩　国	Korea Rep.	14713	11086	822	2805
罗马尼亚	Romania	4	3	1	
俄罗斯联邦	Russian Federation	159	103	10	46
萨摩亚	Samoa	17	13	2	2
沙特阿拉伯	Saudi Arabia	173	159	2	12
塞舌尔	Seychelles	17	6	7	4
新加坡	Singapore	1611	1004	404	203
斯洛伐克	Slovakia	16	10	2	4
斯洛文尼亚	Slovenia	26	12	1	13
南　非	South Africa	48	37	3	8
西班牙	Spain	424	282	17	125
瑞　典	Sweden	2531	2110	119	302
瑞　士	Switzerland	3917	2956	180	781
泰　国	Thailand	112	54	7	51
突尼斯	Tunis				
土耳其	Turkey	69	45	5	19
乌克兰	Ukraine	22	7	5	10
越　南	Viet Nam	9	1		8
爱沙尼亚	Estonia	25	12	2	11
英　国	United Kingdom	2514	1850	120	544
美　国	United States of America	33391	27843	1456	4092
维尔京群岛	Virgin Islands, British	101	55	12	34
其　他	Others	106	29	46	31

8-12 按国别(地区)分国外三种专利有效数
Three Kinds of Foreign Patent in Force by Country (Area)

单位：件 (piece)

国 家(地区)	Country (Area)	合 计 Total	发 明 Invention	实用新型 Utility Model	外观设计 Design
总 计	**Total**	**1003450**	**823614**	**52810**	**127026**
安道尔	Andorra	12	11	1	
阿根廷	Argentina	46	35	6	5
奥地利	Austria	6289	5567	247	475
澳大利亚	Australia	4920	2950	399	1571
巴哈马	Bahamas	65	60	1	4
巴巴多斯	Barbados	1018	669	34	315
比利时	Belgium	4773	4102	184	487
伯利兹	Belize	21	9	11	1
百慕大群岛	Bermuda	563	492	42	29
巴 西	Brazil	852	489	91	272
保加利亚	Bulgaria	64	39	6	19
加拿大	Canada	7384	6192	339	853
开曼群岛	Cayman Islands	12083	9487	587	2009
智 利	Chile	89	84	3	2
哥伦比亚	Colombia	39	23	2	14
克罗地亚	Croatia	27	12		15
古 巴	Cuba	50	50		
塞浦路斯	Cyprus	149	80	10	59
捷 克	Czech Republic	654	243	55	356
朝 鲜	Korea DPR	8	2	6	
丹 麦	Denmark	7015	5570	247	1198
埃 及	Egypt	13	7	4	2
芬 兰	Finland	8056	6916	418	722
法 国	France	34892	27289	2123	5480
德 国	Germany	104250	86013	5491	12746
直布罗陀	Gibraltar	23	23		
希 腊	Greece	135	115	2	18
匈牙利	Hungary	219	181	18	20
冰 岛	Iceland	81	76	2	3
印 度	India	1264	1003	73	188
印度尼西亚	Indonesia	76	21	14	41
伊 朗	Iran	10	4	2	4
爱尔兰	Ireland	2939	2561	146	232
以色列	Israel	3954	3214	207	533
意大利	Italy	15555	10440	868	4247
日 本	Japan	345020	296870	17454	30696
哈萨克斯坦	Kazakhstan	12	10	1	1
吉尔吉斯斯坦	kyrgyzstan	2		1	1
拉托维亚	Latvia	46	18	2	26

8-12 续表 continued

单位：件 (piece)

国 家（地区）	Country (Area)	合 计 Total	发 明 Invention	实用新型 Utility Model	外观设计 Design
列支敦士登	Liechtenstein	1001	786	15	200
卢森堡	Luxembourg	1952	1437	70	445
马来西亚	Malaysia	608	266	139	203
马耳他	Malta	227	162	6	59
毛里求斯	Mauritius	107	104		3
墨西哥	Mexico	349	271	7	71
摩纳哥	Monaco	173	28	2	143
荷 兰	Netherlands	22868	19564	766	2538
新西兰	New Zealand	1133	658	76	399
挪 威	Norway	1602	1373	43	186
巴拿马	Panama	36	32		4
菲律宾	Philippines	89	54	30	5
波 兰	Poland	410	274	29	107
葡萄牙	Portugal	196	155	3	38
韩 国	Korea Rep.	93050	71882	4814	16354
罗马尼亚	Romania	15	8	4	3
俄罗斯联邦	Russian Federation	944	584	121	239
萨摩亚	Samoa	269	210	43	16
沙特阿拉伯	Saudi Arabia	861	662	6	193
塞舌尔	Seychelles	132	43	42	47
新加坡	Singapore	9655	5908	2690	1057
斯洛伐克	Slovakia	79	51	5	23
斯洛文尼亚	Slovenia	200	128	4	68
南 非	South Africa	416	334	15	67
西班牙	Spain	2749	1717	136	896
瑞 典	Sweden	16162	13163	496	2503
瑞 士	Switzerland	28842	21766	1474	5602
泰 国	Thailand	483	196	53	234
突尼斯	Tunis	3	3		
土耳其	Turkey	390	206	32	152
乌克兰	Ukraine	72	27	13	32
越 南	Viet Nam	71	10	10	51
爱沙尼亚	Estonia	159	97	11	51
英 国	United Kingdom	16634	11882	776	3976
美 国	United States of America	236753	197595	11414	27744
维尔京群岛	Virgin Islands, British	1489	809	227	453
其 他	Others	384	150	106	128

8-13 按国际专利标准分类的专利申请受理、授权和有效数(2021年)
Patent Applications Accepted, Granted and in Force by International Patent Classification (2021)

单位：件 (piece)

项　目	Item	申请 Application	授权 Granted	有效 in Force
合　计	**Total**	**4587892**	**3815936**	**12840344**
A部(人类生活需要)	**Section A: Human Necessities**	**658067**	**574635**	**1678809**
农、林、牧、渔	Agriculture, Forestry, Animal Husbandry and Fishery	113120	106494	306961
烘烤、食用面团	Baking and Edible Doughs	5161	4690	14590
屠宰、加工	Butchering and Meat Treatment	3579	3381	9374
食品、食物及处理	Foods and Foodstuffs and their Treatment	33441	20563	84883
烟类及用品	Tobacco, Cigars and Cigarettes	10393	6959	27404
服　装	Clothing	17799	20951	52234
帽类制品	Headwear	2829	2730	6945
鞋　类	Footwear	7846	7613	24318
男用服饰用品、珠宝	Haberdashery and Jewelry	4208	4252	15669
手携及旅行用品	Hand or Traveling Articles	12203	12834	43399
刷类用品	Brushware	2133	2208	7382
家具、家庭日用品或设备	Furniture, Domestic Articles, and Appliance	116483	109109	341681
医学、兽医学、卫生学	Medical or Veterinary Science and Hygiene	274740	233656	625851
救生、消防	Life-saving and Fire-fighting	12462	11450	33192
运动、游戏、娱乐活动	Sports, Games and Recreation	31593	27744	84859
本部其他类目中不包括的技术主题	Subject Matter not Otherwise Provided for in this Section	10077	1	67
B部(作业、运输)	**Section B: Industrial and Transportation**	**1420281**	**1307331**	**3937299**
物理或化学的方法功能装置	Physical or Chemical Processes or Apparatus	181511	170181	495648
破碎、研磨、粉碎	Crushing,Pulverizing or Disintegrating	40523	38836	97228
分选、分离	Separation of Solid Materials, Electrostatic Separation	7002	6168	22395
离心装置、离心机	Centrifugal Apparatus or Machines	3391	3458	10909
喷射、雾化	Spraying or Atomizing in General	41164	37469	103783
机械振动的产生和传递	Generating or Transmission of Mechanical Vibrations	480	457	1798
固体分离、分选	Separating Solids from Solids Wastes	31534	29163	72869
清　洁	Cleaning	46703	44537	108501
固体废料的处理	Disposal of Solid Waste	7327	6380	18607
金属加工、冲裁	Mechanical Metal-working and Stamping	67257	61016	196998
铸造、粉末冶金	Casting and Powder Metallurgy	21702	19983	73812
机床、其他金属加工	Machine Tools	158003	141377	435904
磨削、抛光	Grinding and Polishing	51225	48213	129220
简单工具	Hand tools, Portable Power Tools and Workshop Equipment	64070	58597	168781
手工切割工具、切断	Hand Cutting Tools, Cutting and Servering	33264	31626	84573
木材加工、保存、钉钉机	Wood Preservation and Nailing or Stapling Machines	11686	11453	33373
加工水泥、粘土和石料	Cement, Clay or Stone	30935	29199	80564
塑料制品的加工	Working of Plastics	81629	76070	224373
压力机	Presses	8210	8025	23350
纸品制作、纸的加工	Paper Making and Processing Paper	9464	8874	24279
叠层产品	Layered Products	22482	18834	61795
印刷、打字机、印刷机	Pringting, Lining Machines, and Typewriters	22311	21030	73282
装订、图册、文件夹	Bookbinding, Albums, and Files	4784	4621	12975
绘图具、办公附属用品	Writing or Drawing Appliances	6419	5701	15718
装饰艺术	Decorative Arts	5105	4709	15415

注：1.本表只包含发明和实用新型专利。
2.分类指专利分类部门对每一件发明专利申请或实用新型专利申请的技术主题进行分类，给出完整的代表发明或实用新型的发明情报的分类号。

8-13 续表 1 continued

单位：件 (piece)

项　目	Item	申请 Application	授权 Granted	有效 in Force
一般车辆	Vehicles in General	80952	66935	264310
铁　路	Railways	8878	7802	32204
无轨陆用车牌	Land Vehicles other than Rails	40855	39211	132116
船舶、船只，有关的设备	Ships and Related Equipment	12668	9999	35490
飞行器、航空、宇宙航行	Aircraft and Aviation	16669	12925	44125
输送、包装、存储、搬运	Conveying aand Packing Inflammatory Material	242683	230617	663246
卷扬、提升、牵引	Hoistng, Lifting, and Hauling	49323	45184	151113
液体的储运	Opening or Closing Bottles, Jars or Similar Containers	9030	8168	24601
鞍具、室内装璜	Saddlery and Upholstery	218	197	795
微观结构技术	Micro-Structural Technology	706	296	2685
超微技术	Nano-Technology	53	14	442
C部(化学、冶金)	**Section C: Chemistry and Metallurgy**	**291684**	**208558**	**904143**
无机化学	Inorganic Chemistry	13680	8211	46981
水、废污水、泥浆的处理	Treatment of Water, Waste Water, Sewage or Sludge	59105	53070	172214
玻璃、矿棉和渣棉	Glass, Mineral or Slag Wool	9255	7329	30425
水泥、陶瓷等、隔音材料	Cements, Concrete, Artificial Stone,Ceramics, Refractories	13717	7303	33482
肥料及制造	Fertilizers and Related Products	5512	2927	13443
炸药、火柴	Explosives and Matches	495	511	2274
有机化学	Organic Chemistry	31720	20336	113031
有机高分子化合物	Organic Macromolecular Compounds	30110	17224	98581
杂料、涂料、抛光剂等	Dyes, Paints, Polishes, Resins, and Adhesives	21363	13020	61331
石油、煤气及炼焦工业	Petroleum, Gas or Coke Industries,Inert Gases	9106	7557	39868
动植物油、脂类	Animal or Vegetable Oils, Fats	4094	3088	11640
生化、酒、醋、酶、遗传工程	Biochemistry, Beer, Spirits, Wine, Microbiology	42130	29591	110473
糖或淀粉工业	Sugar Industry	244	244	961
大小原皮、毛皮、皮革	Skins, Hides, Pelts, Leather	1227	1200	4037
黑色冶金	Metallurgy of Iron	11481	9269	37268
冶金学、合金或有色合金	Metallurgy, Ferrous or Non-ferrous Alloys	11582	8071	45087
金属加工涂料、防腐防锈	Coating Metallic Materials	13155	9627	43270
电解电泳方法及设备	Electrolytic or Electrophoretic Processes	10670	7872	30118
晶体生长	Crystal Growth	2905	2047	9371
组合技术	Combinatorial Technology	133	61	288
D部(纺织、造纸)	**Section D: Textiles and Papers Making**	**63814**	**56810**	**195829**
线、纤维、纺纱	Natural or Artificial Threads or Fibres, Spinning	9028	8473	32007
纺纱、整经或络经	Yarn, Mechanical Finishing of Yarns or Ropes	2916	2649	8556
织　造	Weaving	3952	3446	12932
编带、花边、针织、整理	Braiding, Lacce-making, Knitting	6022	5390	19545
缝纫、绣花、簇绒	Sewing, Embroidering, Tufting	6386	6120	20601
织物等的处理、洗涤	Treatment of Textiles, Laundering	29587	25679	80011
绳、除电缆外的缆绳	Ropes, Cables other than Electric	969	815	3050
造纸、纤维素的生产	Paper-making, Production of Cellulose	4954	4238	19127
E部(固定建筑物)	**Section E: Fixed Constructions**	**327600**	**299437**	**927039**
道路、铁路和桥梁的建筑	Construction od Roads, Railways, or Bridges	51748	47649	136926
水利工程、基础、运土	Hydraulic Engineering, Foundations, Soil-shifting	50622	43771	131290

a) Invention and Utility Model only.

b) Classification refers to the patent classification department classify technology theme of every piece of invention and utility model and give each complete classification number.

8-13 续表 2 continued

单位：件 (piece)

项　目	Item	申　请 Application	授　权 Granted	有　效 in Force
给水、排水	Water Supply, Sewerage	20988	20622	60642
建筑物	Building	123754	114436	331982
锁、钥匙、门窗、保险箱	Locks, Keys, Windows or Door Fittings,Safes	16949	16677	66612
一般门、窗、百叶窗、梯子	Doors, Windows, Shutters, or Roller Blinds in General,Ladders	21953	21938	71003
钻进、采矿	Well Drilling, Mining	41586	34344	128584
F部(机械工程)	**Section F: Mechanical Engineering**	**460946**	**420975**	**1482882**
一般机器、发动机、蒸汽机	Machines or Engines in General,Engines Plants in General, Steam Engines	11705	10264	47039
内燃机等	Combustion Engines	13202	11690	57765
液力机械和其他发动机	Machines or Engines for Liquids	8538	5606	24265
液体变容机械、泵	Prositive-displacement Machines for Liquids	36769	32953	124930
液压调节器、液压技术	Fluid-pressure Ajustors,Hydraulic or Pneumatics in General	9238	7818	31464
工程元件或部件	Engineering Elements of Units	166069	155661	490783
气体或液体的储藏或分配	Storing or Distributing of Gases or Liquids	8712	7915	24688
照　明	Lighting	42853	41810	157447
蒸汽的产生	Steam Generation	3945	3582	13958
燃烧设备、燃烧技术	Combustion Apparatus,Combustion Processes	16278	14275	55956
采暖、炉灶、通风	Heating, Ranges, Ventilation	61404	54108	205114
制冷气体的液化和固化	Refrigeration or Cooling, Heat Pump System	21670	17834	70842
干　燥	Drying	26792	26384	71053
炉、窑、灶、罐	Furnaces, Kins, Ovens	13258	12437	42129
一般热交换	Heat Exchanges in General	13334	12776	44948
武　器	Weapons	3860	3379	11244
弹药、爆破	Ammunition, Blasting Caps	3319	2483	9257
G部(物理)	**Section G: Physics**	**806263**	**507664**	**1868692**
测量、测试	Measurements,Testing	330472	251805	868016
光学技术	Optics	35452	28727	135096
照相术、电影术、电刻术	Photograpphy,Cinematography, Electrography	11205	9098	46999
测时技术	Horology	2401	2316	9695
控制、调节技术	Controlling, Regulating	32922	20683	100945
计算、推算、计数技术	Computing, Calculating, Counting	274373	106960	402816
核算装置	Checking Devices	17179	13861	53656
信号装置	Signaling	21683	16150	59182
教育、密码、显示、广告等	Education, Cryptography, Advertising, Seals	53334	43691	134553
乐器、声学	Musical Instruments, Acoustics	10131	6372	21747
信息的储存	Information Storage	5282	3751	20185
仪器的零部件	Instrument Details	233	264	1155
核物理、核工程	Nuclear Physics, Nuclear Engineering	9318	2589	5725
本部其他类目中不包括的技术主题	Subject Matter not Otherwise Provided for in this Section	2278	1397	8922
H部(电学)	**Section H: Electricity**	**559237**	**440526**	**1845651**
基本电器元件	Basic Electric Elements	200714	153530	684339
电力的发电、变电或配电	Generation, Conversion, or Distribution of Electric Power	142718	114866	441971
基本电子电路	Basic Electronic Circuitry	9963	6304	37415
电信技术	Telecommunication Technique	144170	115434	510438
其他类不包括的电技术	Electric Technique not Otherwise Provided for in this section	61672	50392	171488

8-14 国防专利申请数
National Defense Patent Applications

单位：件 (piece)

地 区	Region	2000	2005	2010	2013	2014	2015	2016	2017	2018	2019	2020	2021
全 国	**National Total**	**264**	**1587**	**6264**	**10578**	**4962**	**12749**	**13028**	**12283**	**14045**	**15521**	**20102**	**19302**
东部地区	Eastern Region	138	757	3576	5748	2841	6621	6855	6487	6934	7626	10520	10287
中部地区	Middle Region	36	271	1020	1611	620	2064	1880	1930	1084	2520	3081	2732
西部地区	Western Region	49	408	1383	2628	1200	3373	3645	3202	2940	4429	5487	5232
东北地区	Northeast Region	41	151	285	591	301	691	648	664	863	946	1014	1051
北 京	Beijing	91	408	2323	3765	1849	4227	4167	3968	4502	4880	6678	6524
天 津	Tianjin	1	10	66	154	17	282	281	290	254	316	519	269
河 北	Hebei	16	47	128	219	94	268	213	207	303	217	275	186
山 西	Shanxi	8	28	167	204	77	414	304	404	516	402	544	403
内蒙古	Inner Mongolia	2	2	93	152	71	192	145	222	139	224	226	307
辽 宁	Liaoning	22	97	144	357	182	468	413	459	442	598	640	686
吉 林	Jilin	12	27	51	65	39	70	57	41	56	94	58	56
黑龙江	Heilongjiang	7	27	90	169	80	153	178	164	250	254	316	309
上 海	Shanghai	7	108	347	500	263	495	520	554	557	479	910	933
江 苏	Jiangsu	15	113	512	789	440	852	1157	982	1357	1346	1416	1729
浙 江	Zhejiang	2	27	25	94	55	135	117	170	240	108	244	248
安 徽	Anhui	5	32	56	97	42	133	121	154	204	109	237	210
福 建	Fujian		9	13	17	4	8	6	6	9	26	18	15
江 西	Jiangxi	1	9	64	61	21	121	107	54	80	155	106	176
山 东	Shandong	4	30	145	191	81	279	268	202	352	161	394	317
河 南	Henan	4	48	227	426	91	524	621	555	389	815	927	690
湖 北	Hubei	5	96	352	511	243	581	568	605	677	843	867	879
湖 南	Hunan	13	58	154	312	146	291	159	158	314	196	400	374
广 东	Guangdong	2	4	17	19	37	74	125	108	66	92	63	66
广 西	Guangxi			18	28	8	39	17	20	33	18	27	67
海 南	Hainan		1			1	1	1			1	3	
重 庆	Chongqing	7	24	81	156	95	161	234	182	297	281	316	337
四 川	Sichuan	9	76	244	501	220	636	881	660	773	1081	1383	1334
贵 州	Guizhou		27	62	149	42	108	127	112	96	211	174	192
云 南	Yunnan	1	76	48	100	22	149	143	92	103	155	201	155
西 藏	Tibet												
陕 西	Shaanxi	22	190	758	1435	689	2009	2006	1794	1944	2316	2935	2657
甘 肃	Gansu	7	9	71	66	30	67	87	105	80	126	185	169
青 海	Qinghai							2		2			
宁 夏	Ningxia				11					2	13	7	2
新 疆	Xinjiang	1	4	8	30	23	12	3	15	8	4	33	12

8-15 国防专利授权数
National Defense Patent Granted

单位：件 (piece)

地　区	Region	2000	2005	2010	2013	2014	2015	2016	2017	2018	2019	2020	2021
全　国	**National Total**	**134**	**294**	**1664**	**6027**	**10108**	**10786**	**6830**	**7243**	**5748**	**6188**	**6627**	**6446**
东部地区	Eastern Region	55	156	839	3486	5534	6186	3784	3904	2873	3223	3401	3351
中部地区	Middle Region	33	40	293	1032	1752	1610	1029	1076	481	958	1039	1072
西部地区	Western Region	30	64	394	1254	2365	2471	1681	1871	1277	1735	1873	1532
东北地区	Northeast Region	16	34	138	255	457	519	336	392	348	272	314	491
北　京	Beijing	33	94	602	2407	3572	4087	2526	2495	1915	2144	1990	2164
天　津	Tianjin	1	1	20	62	205	176	75	133	191	86	173	93
河　北	Hebei	3	19	20	102	158	252	119	141	130	73	116	107
山　西	Shanxi	1	4	37	183	298	199	143	148	186	159	199	232
内蒙古	Inner Mongolia	1		12	48	145	114	70	81	70	95	113	112
辽　宁	Liaoning	12	11	72	110	249	348	213	267	149	172	215	249
吉　林	Jilin	3	18	34	67	67	45	46	40	33	22	25	156
黑龙江	Heilongjiang	1	5	32	78	141	126	77	85	66	78	74	86
上　海	Shanghai	2	7	42	242	534	576	314	297	249	218	288	250
江　苏	Jiangsu	10	22	102	507	733	747	522	559	421	484	581	387
浙　江	Zhejiang	1	2	21	38	73	82	65	86	74	56	82	98
安　徽	Anhui	7	13	19	104	111	77	56	64	56	69	49	90
福　建	Fujian			1	3	12	9	8	3	2	4	5	13
江　西	Jiangxi	1	1	9	35	82	53	57	56	52	14	51	35
山　东	Shandong	4	8	24	103	217	224	126	149	97	101	120	177
河　南	Henan	6	13	54	198	412	351	209	319	191	291	336	248
湖　北	Hubei	5	5	108	383	628	649	378	317	314	379	312	349
湖　南	Hunan	13	4	66	129	221	281	186	172	119	46	92	118
广　东	Guangdong	1	3	7	22	29	33	27	41	29	57	46	62
广　西	Guangxi		1	1	30	18	30	18	13	22	6	10	15
海　南	Hainan					1		2		1			
重　庆	Chongqing		4	13	53	147	136	62	101	59	97	91	74
四　川	Sichuan	8	16	76	220	444	493	346	340	307	336	430	322
贵　州	Guizhou			13	62	90	114	37	50	35	67	56	45
云　南	Yunnan	1	4	39	53	140	91	72	74	76	74	56	31
西　藏	Tibet												
陕　西	Shaanxi	18	35	220	741	1281	1420	978	1164	870	1010	1073	883
甘　肃	Gansu	2	3	19	40	89	57	63	33	30	46	44	46
青　海	Qinghai												
宁　夏	Ningxia					1		10	1				
新　疆	Xinjiang		1	1	7	10	16	25	14	4	4		4

8-16 国防有效专利数
National Defense Patent in Force

单位：件 (piece)

地区	Region	2000	2005	2010	2013	2014	2015	2016	2017	2018	2019	2020	2021
全　国	**National Total**	**679**	**1267**	**4010**	**15126**	**24336**	**34575**	**40812**	**40964**	**43634**	**48264**	**52675**	**56682**
东部地区	Eastern Region	327	594	1914	7971	13133	19094	22585	22914	22993	26629	29656	31915
中部地区	Middle Region	122	209	711	2715	4373	5871	6811	6794	3297	7425	8320	8910
西部地区	Western Region	160	333	1042	3638	5656	7962	9466	9628	8921	12433	12762	13685
东北地区	Northeast Region	70	131	343	802	1174	1648	1950	1628	2436	1777	1937	2172
北　京	Beijing	177	354	1322	5506	8845	12819	15164	15443	16450	18247	19776	21298
天　津	Tianjin	2	8	39	182	386	561	631	735	886	989	1082	1073
河　北	Hebei	12	51	46	228	376	618	731	748	816	777	941	981
山　西	Shanxi	21	33	87	340	633	803	942	946	974	1061	1147	1282
内蒙古	Inner Mongolia	15	15	40	148	290	400	432	482	533	634	733	843
辽　宁	Liaoning	50	79	225	450	638	969	1156	1078	1129	1186	1306	1490
吉　林	Jilin	10	32	43	120	179	223	262	181	173	171	179	167
黑龙江	Heilongjiang	10	20	75	232	357	456	532	369	389	420	452	515
上　海	Shanghai	9	23	114	601	1083	1604	1854	1775	1874	2011	2189	2302
江　苏	Jiangsu	103	119	270	1072	1748	2473	2968	2996	3228	3455	3999	4347
浙　江	Zhejiang	7	9	45	124	189	267	332	354	403	387	610	657
安　徽	Anhui	12	22	71	230	336	401	446	430	479	490	565	590
福　建	Fujian	1	1	2	5	17	26	34	31	32	34	38	47
江　西	Jiangxi	3	6	19	97	179	232	284	341	389	399	451	483
山　东	Shandong	11	19	59	209	416	621	737	695	655	540	795	933
河　南	Henan	29	55	155	609	1008	1348	1537	1519	1683	2172	2085	2232
湖　北	Hubei	19	31	214	1046	1624	2228	2579	2545	2480	2884	2870	3090
湖　南	Hunan	38	62	165	393	593	859	1023	1013	1097	419	1202	1233
广　东	Guangdong	5	10	17	44	72	104	131	135	135	187	224	275
广　西	Guangxi		1	2	34	52	82	100	92	113	109	110	122
海　南	Hainan					1	1	3	2	3	2	2	2
重　庆	Chongqing	7	17	53	152	276	389	440	371	375	407	401	413
四　川	Sichuan	37	69	198	691	1101	1561	1882	1943	2164	2503	2836	3029
贵　州	Guizhou	4	2	24	177	249	363	395	394	417	458	488	508
云　南	Yunnan	6	10	73	190	240	322	383	410	466	495	536	562
西　藏	Tibet												
陕　西	Shaanxi	82	201	598	2110	3222	4546	5437	5568	5918	7429	7228	7752
甘　肃	Gansu	6	13	44	108	188	245	308	288	295	328	369	395
青　海	Qinghai												
宁　夏	Ningxia					1	1	11	12	11	11	11	11
新　疆	Xinjiang	3	5	10	28	37	53	78	68	67	59	50	50

8-17 按申请人分国防专利申请、授权和有效数
National Defense Patent Applications Accepted,Granted and in Force by Type of Applicant

单位：件 (piece)

年 份 Year	合 计 Total	大专院校 Universities and Colleges	科研单位 Research Institutions	企 业 Industrial and Enterprises	机关团体 Government Agencies and Organizations	个 人 Individual
一、申请量 Applications						
2000	264	65	118	41	15	25
2005	1587	437	761	333	39	17
2006	2945	564	1746	590	34	11
2007	3814	756	2277	730	49	2
2008	4754	1122	2724	835	66	7
2009	5574	1228	3195	1059	90	2
2010	6264	1224	3688	1195	155	2
2011	6787	973	4357	1263	182	12
2012	8558	1222	5525	1445	361	5
2013	10578	1437	7053	1688	394	6
2014	4962	923	3090	756	192	1
2015	12749	1557	8631	2207	352	2
2016	13028	1423	9088	2197	315	5
2017	12283	1413	8350	2222	295	3
2018	14045	1510	9629	2582	322	2
2019	15521	1584	10695	2997	236	9
2020	20102	1478	14484	3539	595	6
2021	19302	1561	13131	3938	664	8
二、授权量 Granted						
2000	134	46	57	18	10	3
2005	294	120	116	42	12	4
2006	213	72	100	35	5	1
2007	314	131	134	41	7	1
2008	653	244	286	97	24	2
2009	954	332	405	182	32	3
2010	1664	510	857	267	23	7
2011	3514	808	2035	619	44	8
2012	4142	933	2345	767	81	16
2013	6027	1173	3607	1080	165	2
2014	10108	1465	6443	1935	260	5
2015	10786	1506	7257	1662	354	7
2016	6830	904	4646	1066	210	4
2017	7243	868	4984	1175	216	
2018	5748	715	3964	944	125	
2019	6188	868	4216	979	123	2
2020	6627	739	4653	1108	127	
2021	6446	674	4426	1180	165	1
三、有效量 in Force						
2000	679	189	286	110	53	41
2005	1267	360	583	224	52	48
2006	1349	380	618	250	53	48
2007	1542	455	711	278	50	48
2008	2031	612	935	370	65	49
2009	2807	844	1281	542	88	52
2010	4010	1097	1991	773	97	52
2011	6992	1611	3862	1346	122	51
2012	10340	2073	5986	2052	169	60
2013	15126	2626	9168	2989	285	58
2014	24336	3886	15049	4808	536	57
2015	34575	5295	21995	6336	888	61
2016	40812	6129	26312	7217	1090	64
2017	40964	4649	28090	7371	833	21
2018	43634	4777	30063	8010	767	17
2019	48264	5224	33770	8738	514	18
2020	52675	5369	37023	9491	774	18
2021	56682	5503	40038	10341	782	18

8-18 国外主要检索工具收录我国论文总数及在世界上的位置
Number of Chinese Paper Taken by Major Foreign Referencing Systems and Precedence in the World

项 目 Item	1995	2000	2005	2010	2013	2014	2015	2016	2017	2018	2019	2020
收录论文数(篇)												
Number of Papers Taken(piece)												
《Science Citation Index》	13134	30499	68226	143769	232070	264522	296847	324189	361220	418213	495875	552557
《Engineering Index》	8109	13163	54362	119374	163688	172914	218666	226495	227985	267734	287650	364829
《Conference Proceedings Citation Index-Science》	5152	6016	30786	37780	68501	56642	41657	78236	73626	68376	58498	52416
位 次												
Precedence												
《Science Citation Index》	15	8	5	2	2	2	2	2	2	2	2	2
《Engineering Index》	7	3	2	1	1	1	1	1	2	1	1	1
《Conference Proceedings Citation Index-Science》	10	8	5	2	2	2	2	2	1	2	2	2

注：为便于国际比较，本表数据统一使用各检索系统直接检索结果，未经逐一核对。
Note: For international comparison,data in this table refer to retrieval results using the retrieval systems without ticking off.

8-19 国外主要检索工具收录的我国科技人员在国内外期刊上发表论文数
Number of Papers by Chinese Scientists and Technicians Published in Domestic and Foreign Periodicals and Taken by Major Foreign Referencing System

单位：篇 (piece)

项 目	Item	1995	2000	2005	2010	2015	2016	2017	2018	2019	2020
《Science Citation Index》收录合计	**Taken by SCI**	**7980**	**22608**	**63150**	**121026**	**265469**	**290647**	**323878**	**376354**	**450215**	**501576**
国内发表	Published in Domestic Periodicals	1087	9208	16669	25934	23407	21789	21331	21480	22568	25786
比重(%)	As % of Total	14	41	26.4	21.4	8.8	7.5	6.6	5.7	5.0	5.1
国外发表	Published in Foreign Periodicals	6893	13400	46481	95092	242062	268858	302547	354874	427647	475790
比重(%)	As % of Total	86	59	73.6	78.6	91.2	92.5	93.4	94.3	95.0	94.9
《Engineering Index》收录合计	**Taken by《Engineering Index》**	**6791**	**13991**	**60301**	**119374**	**204332**	**213385**	**214226**	**249948**	**271240**	**340715**
国内发表	Published in Domestic Periodicals	3038	8293	35262	56578	61873	55263	47545	48630	53574	101392
比重(%)	As % of Total	45	59	58.5	47.4	30.3	25.9	22.2	19.5	19.8	29.8
国外发表	Published in Foreign Periodicals	3753	5698	25039	62796	142459	158122	166681	201318	217666	239323
比重(%)	As % of Total	55	41	41.5	52.6	69.7	74.1	77.8	80.5	80.2	70.2

注：表8-19至表8-23数据为逐一核对的第一作者单位在中国的论文数。
Note: Data from table 8-19 to 8-23 is the checked number of papers whose frist author belong to China.

8–20 国外主要检索工具收录我国科技论文按学科分布(2020年)

Chinese Scientific Papers Taken by Major Foreign Referencing System by Discipline (2020)

学 科	Discipline	篇数(篇) Pieces(piece)			位 次 Precedence		
		SCI	EI	CPCI-S	SCI	EI	CPCI-S
合 计	**Total**	**501576**	**340715**	**33892**			
数 学	Mathematics	12896	9368	139	14	15	19
力 学	Mechanics	4884	6250	9	20	17	29
信息、系统科学	Information, Systems Science	1405	1409	35	31	22	26
物理学	Physics	38358	19009	2530	4	8	5
化 学	Chemistry	63740	17864	464	1	9	12
天文学	Astronomy	2320	706	9	23	23	29
地 学	Earth Science	20666	33573	126	9	2	20
生物学	Biology	54259	35200	410	3	1	13
预防医学与卫生学	Protective Medicine	8430		1	15	33	32
基础医学	Basic Medicine	28185	501	665	7	25	9
药 学	Pharmacy	19969		44	10	33	25
临床医学	Clinic Medicine	57754		3803	2	33	3
中医学	Traditional Chinese Medicine	1635			28	33	34
军事医学与特种医学	Special Medicine	926			37	33	34
农 学	Agriculture	6373	327	71	18	28	22
林 学	Forestry	1200		1	33	33	32
畜牧、兽医科学	Livestock, Veterinary Medicine	2519			22	33	34
水产学	Aquatic	2132			24	33	34
测绘科学技术	Surveying & Mapping	2	3714		40	18	34
材料科学	Material Science	35282	23468	526	5	5	10
工程与技术基础学科	Engineering & Basic Technology Science	3032	15975	158	21	12	18
矿山工程技术	Mining	913	1660	2	38	21	31
能源科学技术	Energy	14086	19755	2928	12	7	4
冶金、金属学	Metallurgy, Metallography	1898	17078		27	11	34
机械、仪表	Machinery, Instrument	6486	12922	967	17	13	7
动力与电气	Power & Electrical Engineering	998	22792	482	35	6	11
核科学技术	Nuclear Technology	2050	311	364	26	29	15
电子、通讯与自动控制	Electronics,Communication & Automation	32537	26202	8769	6	4	1
计算技术	Computer	19928	17624	7883	11	10	2
化 工	Chemical Engineering	12985	577	67	13	24	23
轻工、纺织	Light Industry & Textile Industry	1347	484		32	26	34
食 品	Food	4923	137	86	19	31	21
土木建筑	Civil Construction	7575	27459	409	16	3	14
水 利	Water Conservancy	2110	11	11	25	32	28
交通运输	Transportaiton	1460	7826	235	30	16	16
航空航天	Aviation and Aerospace	1477	3322	219	29	19	17
环 境	Environment	22423	11561	840	8	14	8
安全科学技术	Security	310	473	20	39	27	27
管 理	Management Science	1164	2895	46	34	20	24
其 他	Others	939	262	1573	36	30	6

8–21 国外主要检索工具收录我国科技论文按地区分布(2020年)
Chinese Scientific Papers Taken by Major Foreign Referencing System by Region (2020)

地区	Region	篇数(篇) Pieces(piece)			位次 Precedence		
		SCI	EI	CPCI-S	SCI	EI	CPCI-S
全国	**National Total**	**501576**	**340715**	**33892**			
北京	Beijing	71157	54936	7246	1	1	1
天津	Tianjin	14452	11806	1120	12	12	11
河北	Hebei	6807	4813	394	19	19	19
山西	Shanxi	5699	3977	225	22	22	24
内蒙古	Inner Mongolia	2163	1373	159	27	26	25
辽宁	Liaoning	17666	14231	1350	11	10	10
吉林	Jilin	11373	8377	417	16	15	18
黑龙江	Heilongjiang	12230	10803	903	15	13	13
上海	Shanghai	38727	23585	2982	3	3	3
江苏	Jiangsu	51195	35168	3107	2	2	2
浙江	Zhejiang	26384	16275	1506	8	8	9
安徽	Anhui	13111	9387	946	13	14	12
福建	Fujian	10930	7251	572	18	18	16
江西	Jiangxi	6634	4288	244	20	21	23
山东	Shandong	28773	17040	1598	5	7	8
河南	Henan	13063	7813	457	14	16	17
湖北	Hubei	27416	18076	1805	6	6	6
湖南	Hunan	18174	13043	849	10	11	14
广东	Guangdong	38642	19493	2295	4	5	4
广西	Guangxi	5004	2660	280	24	23	21
海南	Hainan	1545	477	63	28	30	28
重庆	Chongqing	11287	7623	698	17	17	15
四川	Sichuan	23424	15592	1739	9	9	7
贵州	Guizhou	3207	1431	97	25	25	26
云南	Yunnan	5235	2642	288	23	24	20
西藏	Tibet	90	9	4	31	31	31
陕西	Shaanxi	26547	21740	2104	7	4	5
甘肃	Gansu	6496	4313	267	21	20	22
青海	Qinghai	627	593	35	30	28	30
宁夏	Ningxia	890	530	62	29	29	29
新疆	Xinjiang	2628	1370	80	26	27	27

8–22 2004–2020年《SCI》收录的我国科技论文的10年滚动被引用情况
Citation Impact of Chinese Scientific Papers in 10 Year over Lapping Taken in SCI

单位：篇 (piece)

项 目	Item	2004-2013	2005-2014	2006-2015	2007-2016	2008-2017	2009-2018	2010-2019	2011-2020
收录论文数 (A)	Number of Papers Taken by SCI	1102007	1089964	1599251	1830098	1941591	2606423	3019068	3365919
被引用次数 (B)	Citations times	8180753	8614382	14249025	18190895	21196243	28452349	36057149	43322811
论文影响 (B/A)	Impact	7.42	7.90	8.91	10.06	10.92	10.92	11.94	12.87
高被引论文数 (C)	Number of Highly Cited Papers								42920

8–23 中文科技期刊刊登的科技论文篇数按机构类型分类(2020年)
Scientific Papers Published in Chinese Science and Technology Periodicals by Type of Institutions (2020)

单位：篇 (piece)

项 目	Item	合 计 Total	高等院校 Universities	研究机构 Research Institutes	企 业 Enterprises	医 院 Hospital	其 他 Others
总 计	**Total**	**451555**	**285567**	**51878**	**43087**	**52024**	**18999**
基础学科	Basic Disciplines						
数 学	Mathematics	4103	3950	70	26	1	56
力 学	Mechanics	1837	1525	226	45	2	39
信息、系统	Information, System Science	294	261	24	4		5
物 理	Physics	4500	3488	805	72	2	133
化 学	Chemistry	8124	5621	1357	472	24	650
天 文	Astronomy	466	247	183	2		34
地 学	Earth Sciences	14142	6245	3975	1026	8	2888
生 物	Biological Sciences	9673	7108	1937	137	156	335
医药卫生	Medical Care	182745	103308	9332	14135	51359	4611
农林牧渔	Agriculture, Forestry, Animal Husbandry and Fishery	33927	20326	10418	914	23	2246
工业技术	Manufacturing Technology	174298	119459	21725	25868	203	7043
其 他	Others	17446	14029	1826	386	246	959

8–24 重大科技成果
Major Research Results of Science and Technology

单位：项 (item)

项 目	Item	2000	2005	2010	2015	2016	2017	2018	2019	2020	2021
合 计	**Total**	**32858**	**32359**	**42108**	**55284**	**58779**	**59792**	**65720**	**68562**	**76521**	**78655**
按成果类别分组	**by Type of Results**										
基础理论	Elementary Theory	2368	2129	3288	5115	5565	6535	6497	7009	7678	8791
应用技术	Applied Technology	28843	28559	37029	48363	51728	51677	57618	59903	67108	68199
软科学	Soft Science	1647	1671	1791	1806	1486	1580	1605	1650	1735	1665
按完成单位类型分组	**by Type of Performing Institutes**										
研究机构	Research Institutions	7859	6140	7141	9061	8879	8708	9588	9158	9513	9650
高等院校	Universities	6508	7469	8536	10235	10780	10621	11863	10567	11782	11216
企 业	Enterprises	10586	11525	16704	23650	23896	25126	36555	35511	40642	42266
其 他	Others	7905	7225	9727	12338	15224	15337	7714	13326	14584	15523
应用技术成果按行业分组	**by Industries**										
农林牧渔业	Farming, Forestry, Animal Husbandry and Fishery	4147	5123	5868	6970	7831	7974	8510	7754	9355	9783
采矿业	Mining	600	1004	1568	1251	1244	1385	1472	1345	1256	1391
制造业	Manufacturing	5334	5054	7526	12366	13958	14170	21931	22436	26941	25719
电力、热力、煤气及水的生产和供应业	Production and Distribution of Electricity,Gas and Water	1279	1274	2647	2702	2826	2832	3122	2738	2553	2457
建筑业	Construction	1189	1334	1376	1703	1908	1891	2629	2781	2818	2899
批发和零售业	Wholesale and Retail Trade	152	109	146	96	100	78	131	214	201	242
交通运输、仓储和邮政业	Traffic,Transport, Storage and Post	1963	1641	1704	1693	1674	1669	1866	1841	1777	1770
金融业	Finance	244	175	82	229	317	393	322	326	117	277
房地产业	Real Estate	176	72	52	76	47	72	66	94	120	95
科学研究和技术服务业	Scientific Research, Technical Service			4571	6651	6957	7178	8820	5146	5645	5968
水利、环境和公共设施管理业	Management of Water Conservancy, Environment and Public Establishment	580	655	1077	1296	1448	1344	1742	1942	1946	2036
居民服务、修理和其他服务业	Resident Services and Other Services	404	407	187	164	276	253	184	242	315	337
卫生和社会工作	Sanitation and Social Works	6009	5834	7622	9541	9310	8336	9122	7484	7515	7869
文化、体育和娱乐业	Culture, Sports and Entertainment	456	253	342	183	285	212	361	277	349	257
公共管理、社会保障和社会组织	Public Management and Social Organization	501	649	423	568	547	615	559	613	600	609
其 他	Others	3655	741	1838	2874	3000	3276	3232	4670	5600	6490

8–25 国家级科技奖励
National Science and Technology Awards

单位：项 (item)

项 目	Item	2000	2005	2010	2012	2013	2014	2015	2016	2017	2018	2019	2020
合 计	**Total**	**292**	**321**	**356**	**337**	**323**	**327**	**302**	**287**	**280**	**285**	**308**	**275**
一、国家科学技术进步奖	**National S&T Advancement Award**	**250**	**236**	**273**	**212**	**188**	**202**	**187**	**171**	**170**	**173**	**185**	**157**
特 等	Special Grade			3	3	3	3	3	2	3	2	3	2
一 等	1st Class	22	18	31	22	24	26	17	20	21	23	22	18
二 等	2nd Class	228	218	239	187	161	173	167	149	146	148	160	137
二、国家技术发明奖	**National Invention Award**	**23**	**40**	**46**	**77**	**71**	**70**	**66**	**66**	**66**	**67**	**65**	**61**
一 等	1st Class		1	2	3	2	3	1	3	4	4	3	3
二 等	2nd Class	23	39	44	74	69	67	65	63	62	63	62	58
三、国家自然科学奖	**National Natural Science Award**	**15**	**38**	**30**	**41**	**54**	**46**	**42**	**42**	**35**	**38**	**46**	**46**
一 等	1st Class					1	1	1	1	2	1	1	2
二 等	2nd Class	15	38	30	41	53	45	41	41	33	37	45	44
四、国家最高科学技术奖	**National Supreme Award of Science and Technology**	**2**	**2**	**2**	**2**	**2**	**1**		**2**	**2**	**2**	**2**	**2**
五、国际科学技术合作奖	**International Science and Technology Co-operation Award**	**2**	**5**	**5**	**5**	**8**	**8**	**7**	**6**	**7**	**5**	**10**	**9**

8–26 国家级科技奖励分布
Distribution of National Science and Technology Awards

单位：项 (item)

项　目	Item	2000	2005	2010	2012	2013	2014	2015	2016	2017	2018	2019	2020
一、国家科技进步奖	**National S&T Advancement Award**	**250**	**236**	**273**	**212**	**188**	**202**	**187**	**171**	**170**	**173**	**185**	**157**
按行业分组	**by Industries**												
工业交通	Manufacturing and Transportation	79	113	91	69	67	71	64	65	58	60	75	55
农林牧渔	Agriculture, Forestry, Animal Husbandry and Fishery	24	27	41	56	24	52	26	19	19	22	26	20
文教卫生	Education, Culture and Health Care	35	35	38	27	25	28	32	28	22	21	25	23
国防公安	National Defense and Public Security	71	61	59	50	51	48	46	39	38	36	39	36
其　他	Others	41		44	10	21	3	19	20	33	34	20	23
按隶属分组	**by Subordination**												
部　委	Ministries and Commissions	123	62	82	68	44	45	35	43	42	35	28	27
省市自治区	Province	51	79	98	54	56	68	69	49	45	45	48	49
其他单位	Others		31	58	40	37	41	37	40	45	57	70	38
专家提名	Expertise												7
军　口	Military System	76	64	35	50	51	48	46	39	38	36	39	36
二、国家技术发明奖	**National Invention Award**	**23**	**40**	**46**	**77**	**71**	**70**	**66**	**66**	**66**	**67**	**65**	**61**
按行业分组	**by Industries**												
工业交通	Manufacturing and Transportation	16	28	21	45	37	39	36	40	37	37	37	33
农林牧渔	Agriculture, Forestry, Animal Husbandry and Fishery	1	5	4	11	8	12	6	5	3	5	4	4
文教卫生	Education, Culture and Health Care	3	1	3	7	3	3	2	2	2	2	3	1
国防公安	National Defense and Public Security	2	6	13	14	16	16	16	19	17	18	18	17
其　他	Others	1		5		7		6		7	5	3	6
按隶属分组	**by Subordination**												
部　委	Ministries and Commissions	12	12	17	21	22	17	17	14	12	9	7	9
省市自治区	Province	9	15	15	24	17	21	18	19	14	18	19	14
其他单位	Others		6	9	18	16	16	15	14	23	22	21	17
专家提名	Expertise												4
军　口	Military System	2	7	5	14	16	16	16	19	17	18	18	17
三、国家自然科学奖	**National Natural Sciences Award**	**15**	**38**	**30**	**41**	**54**	**46**	**42**	**42**	**35**	**38**	**46**	**46**
按学科分组	**by Disciplines**												
数　理	Maths & Physics	3	7	8	10	12	8	8	7	2	5	7	7
化　学	Chemistry	3	6	6	7	7	6	5	7	5	6	6	7
生物医学	Biol-medical	3	10	6	9	10	10	6	5	7	7	9	8
地　球	Earth Sciences	5	6	4	4	5	7	5	6	6	4	5	5
材料工程	Material Engineering	1	7	4	6	13	8	10	6	4	4	7	9
信　息	Information		2	2	5	7	7	8	6	5	7	7	8
其　他	Others								5	6	5	5	2
按隶属分组	**by Subordination**												
部　委	Ministries and Commissions	11	17	10	27	27	21	12	18	10	10	12	14
省市自治区	Province	4	20	14	12	20	19	20	13	5	5	10	14
其他单位	Others				1	2	2	7	1	1	9	7	
专家提名	Expertise		1	6	1	5	4	3	10	19	14	17	18

8–27 商标注册申请及核准注册商标
Registration Application and Approved of Trademark

单位：件 (piece)

年 份 Year	注册申请 Registration Application				核准注册 Registration Approved			
	国内 Domestic	国际 International	马德里 Madrid	合计 Total	国内 Domestic	国际 International	马德里 Madrid	合计 Total
1988	41683	5866		47549	25448	3604		29052
1989	43202	5209		48411	31810	4625		36435
1990	50853	4371	2048	57272	25966	4036	1269	31271
1991	59124	5885	2595	67604	34501	3523	2306	40330
1992	79837	8367	2591	90795	42710	4198	1180	48088
1993	107758	21014	3551	132323	42668	3999	2059	48726
1994	117186	20238	5193	142617	47482	7803	3016	58301
1995	144610	21442	6094	172146	59895	12591	19380	91866
1996	122057	22615	7132	151804	101178	15843	11407	128428
1997	118577	21676	8502	148755	188047	24958	10033	223038
1998	129394	18252	10037	157683	80095	14137	13478	107710
1999	140620	18883	11212	170715	96139	13896	12366	122401
2000	181717	24623	16837	223177	129441	16327	12807	158575
2001	229775	23234	17408	270417	167563	19017	16259	202839
2002	321034	37221	13681	371936	169904	23364	19265	212533
2003	405620	33912	12563	452095	206070	21188	15253	242511
2004	527591	44938	15396	587925	225394	25069	16156	266619
2005	593382	52166	18469	664017	218731	23792	16009	258532
2006	669276	56840	40203	766319	228814	25254	21573	275641
2007	604952	59714	43282	707948	215161	19159	29158	263478
2008	590525	60704	46890	698119	342498	31870	29101	403469
2009	741763	51966	36748	830477	737228	68471	31944	837643
2010	973460	67838	30889	1072187	1211428	108510	29299	1349237
2011	1273827	95831	47127	1416785	926330	66074	30294	1022698
2012	1502540	97190	48586	1648316	919951	58656	26290	1004897
2013	1733361	95177	53008	1881546	909541	59496	27687	996724
2014	2139973	93284	52101	2285358	1242840	86394	45870	1375104
2015	2658674	116687	60205	2835566	2077037	99852	49552	2226441
2016	3526827	112347	52191	3691365	2119032	97497	38416	2254945
2017	5538980	141951	67244	5748175	2656039	94147	41886	2792072
2018	7127032	174959	68718	7370709	4796851	129336	81208	5007395
2019	7582356	188489	66596	7837441	6177791	155894	72155	6405840
2020	9116454	173128	57986	9347568	5576545	140242	43865	5760652
2021	9192675	195230	62602	9450507	7545358	152766	40823	7738947

8-28 各地区商标注册申请与注册(2021年)
Registration Application and Approved of Trademark by Region (2021)

单位：件 (piece)

地 区	Region	申请数 Applications	核准注册 Registrations Approved
全 国	**National Total**	**9192675**	**7545358**
北 京	Beijing	641220	427911
天 津	Tianjin	95011	67921
河 北	Hebei	282347	239842
山 西	Shanxi	89251	69498
内 蒙 古	Inner Mongolia	75793	58946
辽 宁	Liaoning	132718	103652
吉 林	Jilin	79358	61471
黑 龙 江	Heilongjiang	96990	77776
上 海	Shanghai	559352	420985
江 苏	Jiangsu	590311	507784
浙 江	Zhejiang	837586	748628
安 徽	Anhui	287123	254033
福 建	Fujian	500458	446895
江 西	Jiangxi	181052	172954
山 东	Shandong	545189	465216
河 南	Henan	429656	389068
湖 北	Hubei	220348	181590
湖 南	Hunan	244563	211056
广 东	Guangdong	1738500	1437978
广 西	Guangxi	121037	97297
海 南	Hainan	70885	38277
重 庆	Chongqing	159051	128539
四 川	Sichuan	353261	282109
贵 州	Guizhou	170048	97189
云 南	Yunnan	149049	113873
西 藏	Tibet	14180	9889
陕 西	Shaanxi	169668	142766
甘 肃	Gansu	43494	34945
青 海	Qinghai	15091	13179
宁 夏	Ningxia	24815	18210
新 疆	Xinjiang	102382	62485
香 港	Hong Kong	157963	150987
澳 门	Macao	1857	1198
台 湾	Taiwan	13068	11211

8-29 集成电路布图设计登记申请和登记发证(2021年)

Registration Application and Registration Certification of Integrated Circuit Layout-design (2021)

单位：件 (piece)

地 区	Region	申请数 Application	发证数 Certification
总 计	**Total**	**20353**	**13087**
国 内	**Domestic**	**20274**	**13029**
北 京	Beijing	684	395
天 津	Tianjin	195	134
河 北	Hebei	114	80
山 西	Shanxi	68	55
内蒙古	Inner Mongolia	15	2
辽 宁	Liaoning	169	96
吉 林	Jilin	102	62
黑龙江	Heilongjiang	266	124
上 海	Shanghai	2499	1699
江 苏	Jiangsu	3585	2618
浙 江	Zhejiang	961	648
安 徽	Anhui	616	329
福 建	Fujian	382	238
江 西	Jiangxi	56	47
山 东	Shandong	548	302
河 南	Henan	246	213
湖 北	Hubei	443	263
湖 南	Hunan	131	77
广 东	Guangdong	7536	4667
广 西	Guangxi	59	34
海 南	Hainan	61	43
重 庆	Chongqing	319	159
四 川	Sichuan	621	425
贵 州	Guizhou	89	32
云 南	Yunnan	14	12
西 藏	Tibet	7	5
陕 西	Shanxi	228	152
甘 肃	Gansu	18	9
青 海	Qinghai	3	2
宁 夏	Ningxia	50	23
新 疆	Xinjiang	14	8
香 港	Hong Kong	169	73
澳 门	Macao		
台 湾	Taiwan	6	3
国 外	**Foreign**	**79**	**58**
美 国	USA	78	57

8−30　农业植物新品种权申请和授权(2021年)
Application and Granted of New Variety Rights of Agriculture Plants(2021)

单位：件　　(piece)

项　目	Item	申　请 Application	授　权 Granted
合　计	**Total**	**9721**	**3218**
一、按单位性质分	**by Units**		
国内科研	Domestic Research	3051	1079
国内企业	Domestic Enterprises	5384	1569
国内教学	Domestic Education	597	185
国内个人	Domestic Individuals	304	95
国外企业	Foreign Enterprises	371	286
国外个人	Foreign Individuals		
国外教学	Foreign Education	1	2
国外科研	Foreign Research	13	2
二、按植物种类划分	**by Plant Species**		
大田作物	Field Crops	7113	2462
蔬　菜	Vegetables	1551	354
花　卉	flowers	573	272
果　树	Fruit Tree	392	93
牧　草	Pasture	8	2
其　他	Other	84	35

8–31 农业植物新品种权申请和授权(2021年)
Application and Granted of New Variety Rights of Agriculture Plants (2021)

单位：件 (piece)

项目	Item	申请 Application	授权 Granted
总计	**Total**	**9721**	**3218**
国内	**Domestic**	**9336**	**2928**
北京	Beijing	771	352
天津	Tianjin	110	27
河北	Hebei	524	149
山西	Shanxi	139	35
内蒙古	Inner Mongolia	279	54
辽宁	Liaoning	284	67
吉林	Jilin	235	95
黑龙江	Heilongjiang	759	213
上海	Shanghai	155	58
江苏	Jiangsu	467	187
浙江	Zhejiang	333	60
安徽	Anhui	462	193
福建	Fujian	339	121
江西	Jiangxi	85	32
山东	Shandong	856	238
河南	Henan	780	285
湖北	Hubei	408	58
湖南	Hunan	305	92
广东	Guangdong	399	183
广西	Guangxi	260	75
海南	Hainan	232	32
重庆	Chongqing	56	18
四川	Sichuan	235	77
贵州	Guizhou	44	17
云南	Yunnan	248	70
西藏	Tibet	1	
陕西	Shaanxi	104	33
甘肃	Gansu	175	65
青海	Qinghai	10	3
宁夏	Ningxia	42	5
新疆	Xinjiang	214	24
台湾	Taiwan	25	10
国外	**Abroad**	**385**	**290**
美国	USA	92	100
荷兰	Netherlands	131	99
德国	Germany	60	24
瑞士	Switzerland	25	22
日本	Japan	32	9
法国	France	23	17
以色列	Israel	7	
西班牙	Spain	5	3
意大利	Italy	4	13
韩国	Korea Rep.	2	
英国	England	2	
新西兰	New Zealand	1	1
南非	South Africa	1	
比利时	Belgium		2

8-32 按技术合同构成分全国技术市场成交合同数
Contract Deals in Domestic Technical Markets by Type of Contracts

单位：项 (item)

项　目	Item	2013	2014	2015	2016	2017	2018	2019	2020	2021
合　计	**Total**	**294929**	**297037**	**307132**	**320437**	**367586**	**411985**	**484077**	**549353**	**670506**
一、按合同类别分	**by Type of Technical Income**									
技术开发	Technology Development	153959	148946	153433	148582	169466	180431	198105	217580	256356
委托开发	Commissioned Development	146121	140662	144228	137532	153603	168573	186441	201940	241183
合作开发	Cooperated Development	7838	8284	9205	11050	15863	11858	11664	15640	15173
技术转让	Technology Transfer	11797	12499	12787	12556	16698	15381	16953	23243	34317
技术秘密转让	Technical Secrets Transfer	7416	7277	6928	6094	6361	6048	5595	7022	9533
专利实施许可转让	Patent License Transfer	2301	1961	1999	1862	4176	2615	3222	4654	8189
专利权转让	Patent Right Transfer	1143	1454	1799	2522	4013	4542	5688	8546	12548
专利申请权转让	Patent Application Right Transfer	160	162	204	238	329	398	431	569	754
计算机软件著作权转让	Computer Software Copyright Transfer	381	1258	1216	740	819	837	915	1152	1684
集成电路布图设计专有权转让	Integrated Circuit Layout Design Exclusive Right Transfer	21	21	51	25	27	18	31	72	15
设计著作权转让	Design copyright Transfer				11	25	32	17	100	38
植物新品种权转让	New Species of Plants	160	185	292	385	491	630	726	753	961
生物、医药新品种权转让	New Species of Biology and Medicine Patent Right Transfer	215	181	298	375	252	183	256	260	190
技术咨询	Technology Consultation	32564	27911	33559	24447	26735	29828	31215	36151	44650
技术服务	Technology Service	96609	107681	107353	134852	154687	186345	237804	272379	335183
一般性技术服务	Normal Technology Service	95480	106312	105481	132172	152463	183910	235136	269158	331585
技术中介	Technology Intermediary	124	154	349	1485	586	803	589	856	1339
技术培训	Technology Training	1005	1215	1523	1195	1638	1632	2079	2365	2259
二、按知识产权构成分	**by Intellectural Right**									
技术秘密	Technology Secrets	88649	87700	86266	78319	80258	82230	87763	93654	102099
专利	Patent	6951	7111	7805	9839	15229	16993	21804	30872	43926
发明专利	Invention	4330	4662	4649	5914	9705	11053	14374	20027	27988
实用新型专利	Utility Model	2384	2264	2962	3642	5141	5597	7036	10432	15292
外观设计专利	Design	237	185	194	283	383	343	394	413	646
计算机软件	Computer Software	49107	48593	46931	46264	51026	48533	49602	51930	61594
植物新品种	New Species of Plants	590	514	793	796	891	1099	1622	1438	2081
集成电路布图设计	IC Layout Design	1828	447	685	1079	762	683	693	841	773
生物、医药新品种	New Species of Biology and Medicine	8747	1967	2401	2368	2653	2372	2807	3704	4732
未涉及知识产权	Others	139057	150705	160547	179361	214546	257323	316614	363360	451720
设计著作权	Design copyright				2411	2221	2752	3172	3554	3581

8–32 续表 continued

单位：项 (item)

项 目	Item	2013	2014	2015	2016	2017	2018	2019	2020	2021
三、按技术领域分	**by Technical Field**									
电子信息技术	IT Technology	118496	119066	122538	136246	143633	163812	187716	191574	227044
航空航天技术	Aviation and Aerospace Technology	6340	7440	10079	9680	10396	11178	11956	12578	14012
先进制造技术	Advanced Manufacture Technology	25559	31534	32071	30490	36636	42283	51626	61165	90183
生物、医药和医疗器械技术	Biology,Medicine and Medical Machine Technology	21094	21255	23549	26177	29796	30493	39468	45972	57147
新材料及其应用	Advanced Material and Application	12859	10609	12442	12793	15060	17693	21207	27395	35408
新能源与高效节能	New Energy and Power Saving	22246	19234	20894	18432	23608	26159	30733	60250	42399
环境保护与资源综合利用技术	Environment and Source Application Technology	21707	18436	20887	19205	27603	27389	33170	33702	47503
核应用技术	Nuclear Application Technology	1059	806	404	491	648	679	621	523	555
农业技术	Agriculture Technology	11766	12380	13126	13996	19590	21677	22413	30347	45548
现代交通	Modern Traffic	10950	16160	11526	10895	10923	13256	15880	16110	17561
城市建设与社会发展	Urban Construction and Social Development	42853	40117	39616	42032	49693	57366	69287	69737	93146
四、按社会经济目标分	**by Social and Economic Objectives**									
农林牧渔业发展	Farming,Forestry and Fishery	13204	12820	13981	14995	20059	21932	22627	29899	44915
工商业发展	Industry Promotion	24452	20188	28135	28019	36822	44019	51476	59452	82304
能源生产、分配和合理利用	Energy Production,Distribution and Application	24438	25249	19133	16598	21903	23738	27895	55149	40110
基础设施以及城市和农村规划	Infrastructure,Urban and Rural Planning	24289	23358	20477	23050	22706	23562	27189	29374	31007
环境保护、生态建设及污染防治	Environmental Protection,Ecological Building and Pollution Prevention	19554	17964	18575	18070	26494	22902	27400	30059	40251
卫生事业发展	Sanitation Development	14666	13076	16306	17859	18728	19830	26109	30637	37538
社会发展和社会服务	Social Development and Social Service	96913	106158	111019	116742	127466	143094	165535	171363	201848
地球和大气层的探索与利用	Earth and Atmosphere Exploration and Utility	2516	4080	421	676	548	837	1087	877	1226
教育事业发展	Education Development	6500	7237	7191	10593	10852	11330	13458	12652	13313
民用空间探测及开发	Civil Aerospace Exploration	3674	1585	1844	1415	1725	1898	1841	2172	2197
国防	Defense	7347	7715	11757	11991	12026	12992	14101	15251	18051
其他民用目标	Other Civil Purpose	57376	51049	49233	48157	56757	66401	79404	89745	123683
非定向研究	Nondirective Research			9060	12272	11500	19450	25955	22723	34063

8-33 按技术合同构成分全国技术市场成交合同金额
Value of Contract Deals in Domestic Technical Markets by Type of Contracts

单位：万元 (10 000 yuan)

项　目	Item	2014	2015	2016	2017	2018	2019	2020	2021
合　计	**Total**	**85771790**	**98357896**	**114069816**	**134242245**	**176974213**	**223983882**	**282515092**	**372943030**
一、按技术性收入的类型分	**by Type of Technical Income**								
技术开发	Technology Development	29490054	30471820	34796413	47485447	58885455	71773214	88740760	116739293
委托开发	Commissioned Development	26490243	27339210	31390386	40029867	49362634	60129654	73465753	99600809
合作开发	Cooperated Development	2999811	3132610	3406027	7455580	9522821	11643559	15275007	17138484
技术转让	Technology Transfer	11371714	14665294	16078867	14002811	16096954	21888778	23976580	32465629
技术秘密转让	Technical Secrets Transfer	8533933	11511716	6274102	6792785	6868054	7165852	8497844	14387474
专利实施许可转让	Patent License Transfer	1672625	1172986	3861730	2922040	4550718	3810624	8157296	9584003
专利权转让	Patent Right Transfer	577016	925292	850615	1383493	1692490	8188387	4571110	5242740
专利申请权转让	Patent Application Right Transfer	46003	44672	73770	90058	130087	162206	162062	865065
计算机软件著作权转让	Computer Software Copyright Transfer	238957	617961	408110	366011	603217	1829127	765616	789610
集成电路布图设计专有权转让	Integrated Circuit Layout Design Exclusive Right Transfer	17027	44080	238412	141781	6722	7404	34050	4938
设计著作权转让	Design copyright Transfer			1399	17987	23490	2722	38599	17273
植物新品种权转让	New Species of Plants Patent Right Transfer	38307	182452	194424	121273	70916	122216	97456	202499
生物、医药新品种权转让	New Species of Biology and Medicine Patent Right Transfer	247847	166135	265216	155789	245353	554764	750359	493967
技术咨询	Technology Consultation	2442863	2631180	4683265	4492289	5646121	6141064	11045590	9511586
技术服务	Technology Service	42467158	50589603	58511271	68261698	96345683	124180826	158752162	214226522
一般性技术服务	Normal Technology Service	42304505	49963295	58011939	66742900	95686432	122954691	158070665	213454236
技术中介	Technology Intermediary	74441	197355	241380	179426	320246	173636	67533	150361
技术培训	Technology Training	88213	428953	257952	1339371	339005	1052500	613964	621925
二、按知识产权构成分	**by Intellectural Right**								
技术秘密	Technology Secrets	26257535	25344591	26575542	29912687	34926639	46731818	53812813	63391085
专利	Patent	6614237	6753434	12973196	14204704	20945087	30857642	37903761	54402645
发明专利	Invention	4332886	3572037	7307373	8706940	14363204	17414736	23261556	30618844
实用新型专利	Utility Model	2171791	3067496	5570794	5313921	6215502	13239858	14274242	23515257
外观设计专利	Design	109560	113902	95028	183844	366381	203048	367963	268544
计算机软件	Computer Software	7079207	6866398	8354526	8526746	8793395	12028361	14818532	19522592
植物新品种	New Species of Plants	236727	265589	353516	328249	229036	260925	243499	371673
集成电路布图设计	IC Layout Design	360165	358039	429826	533307	378028	497789	1340403	753842
生物、医药新品种	New Species of Biology and Medicine	730706	831678	734589	1197028	1432862	1454721	2839086	2245032
未涉及知识产权	Others	44493212	57276956	63508536	78735493	108840079	131114916	169977388	230116586
设计著作权	Design copyright			1140085	804031	1429088	1037710	1579609	2139575

8–33 续表 continued

单位：万元 (10 000 yuan)

项目	Item	2014	2015	2016	2017	2018	2019	2020	2021
三、按技术领域分	**by Technical Field**								
电子信息技术	IT Technology	21826327	24973350	33129453	38607227	45051745	56366799	63239892	84986682
航空航天技术	Aviation and Aerospace Technology	2560390	2771133	2676018	4254075	4082361	5403232	4583747	7404529
先进制造技术	Advanced Manufacture Technology	12425453	13507167	14410471	15843314	24908842	29517064	41949439	58193317
生物、医药和医疗器械技术	Biology,Medicine and Medical Machine Technology	4114555	5106516	6127297	7502520	8391509	10579333	17690387	22355590
新材料及其应用	Advanced Material and Application	4422276	4452197	5127952	5010016	6724306	8711065	12200630	20794696
新能源与高效节能	New Energy and Power Saving	9269144	10642935	11388154	12021350	15400556	28135523	28543702	30090682
环境保护与资源综合利用技术	Environment and Source Application Technology	6937698	8004181	9264109	10698894	13269314	16234919	18458047	23745047
核应用技术	Nuclear Application Technology	3296828	3901318	763865	292010	2660383	1192283	779457	648906
农业技术	Agriculture Technology	3093548	3080496	3178260	4074813	4208292	5002269	7476774	8885729
现代交通	Modern Traffic	9683502	9818918	13687734	16653203	25427249	20775555	32559757	39556256
城市建设与社会发展	Urban Construction and Social Development	8142067	12099686	14316503	19284823	26849657	42065841	55033260	76281596
四、按社会经济目标分	**by Social and Economic Objectives Objectives**								
农林牧渔业发展	Farming,Forestry and Fishery	3108331	2649378	3084815	4204404	4689757	5529437	7178247	8613132
工商业发展	Industry Promotion	7592289	11832327	12454604	19246645	24484176	31211072	42238960	62274659
能源生产、分配和合理利用	Energy Production,Distribution and Application	13515100	9822174	10731280	11150576	16276268	22550167	25813656	27116137
基础设施以及城市和农村规划	Infrastructure,Urban and Rural Planning	11784955	11503248	15056385	19033606	30297060	34186555	45092915	60450633
环境保护、生态建设及污染防治	Environmental Protection,Ecological Building and Pollution Prevention	5926020	7714736	9094087	10517303	13219134	16520526	16462018	23206472
卫生事业发展	Sanitation Development	2278378	3234914	4071510	4378747	4990593	6486663	12029398	13872474
社会发展和社会服务	Social Development and Social Service	21931927	30174080	35296542	38821539	41718264	52897407	68363721	87739354
地球和大气层的探索与利用	Earth and Atmosphere Exploration and Utility	1404086	87243	234723	119448	105352	186924	126319	160439
教育事业发展	Education Development	755301	691946	746660	717617	1079244	1853943	1922472	1962236
民用空间探测及开发	Civil Aerospace Exploration	232608	405674	624798	505418	519280	629062	650756	880305
国防	Defense	1606585	2549196	2702260	2975035	3906405	4209612	4266412	6758128
其他民用目标	Other Civil Purpose	13445881	14542349	15911988	20063635	29048652	38765858	43662157	60836405
非定向研究	Nondirective Research		3150633	4060166	2508271	6640029	8956657	14708059	19072655

8-34 按买卖方构成类别分全国技术市场成交合同数
Contract Deals in Domestic Technical Markets by Category of Technology Seller and Buyer

单位：项 (item)

项　目	Item	2014	2015	2016	2017	2018	2019	2020	2021
总　计	**Total**	**297037**	**307132**	**320437**	**367586**	**411985**	**484077**	**549353**	**670506**
一、按卖方构成类别分	**Category of Technology Seller**								
机关法人	Governments	3022	1904	1546	1457	1839	1603	2160	1806
事业法人	Public Organizations	98184	104626	97196	112032	123259	156798	157319	224866
科研机构	Research Institutes	29328	40663	30804	35054	41120	45140	53091	77485
高等院校	Higher Education	54364	57081	59769	69782	76027	102352	90823	127252
医疗、卫生	Medical and Sanitation	3196	2965	2843	2916	2431	4345	6169	6917
其他	Others	11296	3917	3780	4280	3681	4961	7236	13212
社团法人	Social Organization	1116	1258	968	1402	930	847	1261	1180
企业法人	Enterprises	191654	196517	218387	250126	283049	321777	385402	437896
内资企业	Domestic Funded Enterprises	176003	182410	202784	232329	265437	301134	364242	413859
港澳台商投资企业	Enterprises with Funds from Hong Kong, Macao and Taiwan	3048	2780	2977	3267	3792	4467	4196	4482
外商投资企业	Foreign Funded Enterprises	9718	8462	9792	10441	9705	11440	10945	11231
个体经营	Private Enterprises	740	1002	1361	2250	2067	2339	3326	4933
国外企业	Oversea Enterprises	2145	1863	1473	1839	2048	2397	2693	3391
自然人	Natural Person	1171	751	1004	1070	936	1164	1476	2781
其他组织	Other Organizations	1890	2076	1336	1499	1972	1888	1735	1977
二、按买方构成类别分	**Category of Technology Buyer**								
机关法人	Governments	35770	40280	42626	50434	50554	56899	62128	72970
事业法人	Public Organizations	46290	50908	57945	58324	63465	72070	73062	86008
科研机构	Research Institutes	18472	21038	21272	21968	25736	27991	27071	32586
高等院校	Higher Education	9435	9647	11895	11921	12880	15564	14206	18194
医疗、卫生	Medical and Sanitation	4207	4387	4294	4954	4765	6922	6428	7570
其他	Others	14176	15836	20484	19481	20084	21593	25357	27658
社团法人	Social Organization	918	1188	1755	1756	1906	2191	2044	1920
企业法人	Enterprises	209049	209342	211078	250016	287778	343533	402020	498110
内资企业	Domestic Funded Enterprises	190183	189879	191302	228059	255992	306466	361101	448854
港澳台商投资企业	Enterprises with Funds from Hong Kong, Macao and Taiwan	2061	1888	1947	2618	3280	3931	5187	6734
外商投资企业	Foreign Funded Enterprises	10522	9587	9064	9695	10674	11480	11845	13934
个体经营	Private Enterprises	2593	4040	5053	6400	9362	7627	8653	9241
国外企业	Oversea Enterprises	3690	3948	3712	3244	8470	14029	15234	19347
自然人	Natural Person	2201	2132	3496	3343	3868	4516	4052	3889
其他组织	Other Organizations	2809	3282	3537	3713	4414	4868	6047	7609

8–35 按买卖方构成类别分全国技术市场成交合同金额
Value of Contract Deals in Domestic Technical Markets by Category of Technology Seller and Buyer

单位：万元 (10 000 yuan)

项 目	Item	2014	2015	2016	2017	2018	2019	2020	2021
总 计	**Total**	**85771790**	**98357896**	**114069816**	**134242245**	**176974213**	**223983882**	**282515092**	**372943030**
一、按卖方构成类别分	**Category of Technology Seller**								
机关法人	Governments	1109436	1140758	1710637	716844	1653589	1347406	2292910	2326598
事业法人	Public Organizations	8789667	9581703	11495867	13390516	13931972	16252688	18989717	22651926
科研机构	Research Institutes	4588179	5604063	7052147	8667574	8283244	8205709	11117873	12182412
高等院校	Higher Education	3151393	3142568	3600238	3558316	4531826	5929423	5609785	7903807
医疗、卫生	Medical and Sanitation	85284	81060	173344	111225	183588	495230	444939	418504
其他	Others	964811	754011	670137	1053401	933314	1622325	1817120	2147203
社团法人	Social Organization	44653	131479	598008	493553	624787	110338	378524	247268
企业法人	Enterprises	75162885	84769194	98814103	118752821	159779948	204940377	258288103	345506369
内资企业	Domestic Funded Enterprises	61170094	68531378	83839927	102259774	140173773	179779858	225558334	305803966
港澳台商投资企业	Enterprises with Funds from Hong Kong, Macao and Taiwan	1795457	1463283	1906472	2683061	3414617	3825194	5704830	8789093
外商投资企业	Foreign Funded Enterprises	7933445	10112896	8383170	9209708	10762919	15174417	17303779	17595274
个体经营	Private Enterprises	178012	192679	247684	539314	671886	671700	943066	1691667
国外企业	Oversea Enterprises	4085877	4468960	4436849	4060965	4756752	5489208	8778093	11626369
自然人	Natural Person	139362	86970	134922	217213	331102	418526	568198	1039747
其他组织	Other Organizations	525787	2647792	1316280	671296	652816	914547	1997640	1171122
二、按买方构成类别分	**Category of Technology Buyer**								
机关法人	Governments	11175851	16172797	15788418	20884225	23145112	33711303	35549432	44764437
事业法人	Public Organizations	5094104	5831305	8958660	7736797	11282692	12553100	15540356	17471764
科研机构	Research Institutes	2306205	2544706	3140612	3545515	4509365	5032515	4116232	5070308
高等院校	Higher Education	829144	627764	839743	802588	836874	1011267	1458784	1293986
医疗、卫生	Medical and Sanitation	194557	201363	264075	349366	228282	372597	688623	1113472
其他	Others	1764200	2457472	4714229	3039329	5708171	6136720	9276717	9993998
社团法人	Social Organization	57913	67367	117816	218231	485165	648343	427501	307184
企业法人	Enterprises	66095575	74639004	87731832	103126956	138930005	174190568	227674210	303776442
内资企业	Domestic Funded Enterprises	52167494	53056429	68422897	84190424	112164549	140145175	176775515	243930771
港澳台商投资企业	Enterprises with Funds from Hong Kong, Macao and Taiwan	927322	1158264	1512068	2249569	3130719	4336994	6460109	9756465
外商投资企业	Foreign Funded Enterprises	4537178	6852069	4828717	5130969	8063621	7732779	13646808	13571392
个体经营	Private Enterprises	319534	325072	486244	734122	699480	749333	1433813	2453668
国外企业	Oversea Enterprises	8144046	13247170	12481906	10821873	14871636	21226286	29357964	34064146
自然人	Natural Person	260264	186024	221159	436732	581612	1110622	684112	772731
其他组织	Other Organizations	3088083	1461399	1251932	1839304	2549628	1769947	2639481	5850472

8-36 技术市场技术输出地域(合同数)
Contract Exportation from Domestic Technical Markets by Region

单位：项 (item)

地区	Region	2000	2005	2010	2015	2016	2017	2018	2019	2020	2021
全国	**National Total**	**241008**	**265010**	**229601**	**307132**	**320437**	**367586**	**411985**	**484077**	**549353**	**670506**
东部地区	Eastern Region	153858	182325	154181	196087	201660	219178	245586	285980	335007	338772
中部地区	Middle Region	40957	43328	24302	44041	47969	57533	66153	80754	84688	121187
西部地区	Western Region	19469	19611	29024	48748	48607	63739	72696	89446	98221	129412
东北地区	Northeast Region	26724	19746	20996	16155	20415	24972	25015	24919	27788	29261
北京	Beijing	21270	37625	50847	72306	74983	81311	82486	83171	84451	93563
天津	Tianjin	6415	11295	9540	12456	12934	12168	11214	13885	9685	12048
河北	Hebei	3340	3338	4517	3298	3846	4397	6240	7262	7468	11739
山西	Shanxi	290	556	835	698	804	870	1046	965	1059	1424
内蒙古	Inner Mongolia	3075	1160	1231	498	605	678	814	1201	1494	1524
辽宁	Liaoning	11455	13826	15589	11878	13004	14799	17362	16578	17301	18526
吉林	Jilin	5386	3879	3424	2420	5673	7337	4254	4548	5361	3777
黑龙江	Heilongjiang	9883	2041	1983	1857	1738	2836	3399	3793	5126	6958
上海	Shanghai	20974	30290	25945	22119	20843	21223	21311	35928	26356	36450
江苏	Jiangsu	28618	26178	19815	32508	29430	37263	42227	49210	56916	81982
浙江	Zhejiang	31218	20628	12826	11273	14808	13704	16142	18996	25725	36970
安徽	Anhui	3184	5113	4831	12488	12966	18211	20347	19538	16667	23729
福建	Fujian	5597	6510	5120	4132	5115	5893	7638	8642	10753	16121
江西	Jiangxi	5068	3321	2250	1137	1985	2405	3025	2799	4084	6536
山东	Shandong	30962	31908	7865	20422	22068	25720	34255	35167	73639	48029
河南	Henan	4097	3770	4611	3482	4270	5878	7289	9293	11717	17630
湖北	Hubei	7203	11131	6638	22532	23964	24444	28399	39136	39420	54148
湖南	Hunan	21115	19437	5137	3704	3980	5725	6047	9023	11741	17720
广东	Guangdong	5464	14432	17493	17316	17322	17178	23700	33321	39485	48857
广西	Guangxi	912	558	258	1577	1832	2039	2149	2647	3404	6335
海南	Hainan		121	213	257	311	321	373	398	529	1042
重庆	Chongqing	1610	2730	2201	2638	2053	2070	2911	3760	3515	7194
四川	Sichuan	3441	4933	9003	11228	11563	12826	15156	13203	20415	18443
贵州	Guizhou	43	466	650	650	974	2950	2813	2906	3437	5592
云南	Yunnan	2054	1853	1047	2666	2607	3500	3684	3324	3325	4978
西藏	Tibet						3	3	40	67	101
陕西	Shaanxi	4023	3392	9470	22508	21037	31357	37954	52999	52035	68951
甘肃	Gansu	2960	1877	2503	4712	5255	5852	5072	5921	7403	10176
青海	Qinghai		318	460	952	986	1016	1071	836	1073	1275
宁夏	Ningxia	233	323	501	661	990	980	617	1922	1864	3125
新疆	Xinjiang	1118	2001	1700	658	705	468	452	687	189	1819
港澳台	Hong Kong,Macao & Taiwan			123	100	91	122	216	292	867	369
其他	Others			975	2001	1695	2042	2319	2686	2782	3375

8-37 技术市场技术输出地域(合同金额)

Value of Contract Exportation from Domestic Technical Markets by Region

单位：万元 (10 000 yuan)

地区	Region	2000	2005	2010	2015	2016	2017	2018	2019	2020	2021
全国	**National Total**	**6507519**	**15513694**	**39065753**	**98357896**	**114069816**	**134242245**	**176974213**	**223983882**	**282515092**	**372943030**
东部地区	Eastern Region	4167230	11509739	28347883	63561272	73683809	85693153	110035282	142494087	183899127	203420567
中部地区	Middle Region	910023	1484714	2457020	12459587	14071180	17530480	22228831	28601608	37194981	62909333
西部地区	Western Region	858677	1389229	3464842	13450103	15899259	18458078	29284776	33750657	47547457	56321832
东北地区	Northeast Region	571589	1130012	2024024	4212261	5654468	7524637	9823571	12646054	13601683	12134135
北京	Beijing	1402871	4895922	15795367	34538855	39409752	44868872	49578246	56952843	63161622	70056517
天津	Tianjin	262581	507093	1193390	5034369	5526361	5514411	6855875	9092549	10895598	12568262
河北	Hebei	94143	103827	192931	395438	589959	889245	2759840	3811904	5549646	7473182
山西	Shanxi	5258	47980	184911	512007	425622	941471	1507567	1095227	449791	1344737
内蒙古	Inner Mongolia	60287	109939	271464	153872	120492	196087	198398	224793	359540	411478
辽宁	Liaoning	347817	865167	1306811	2674927	3232180	3858317	4744910	5575904	6328126	7551240
吉林	Jilin	71390	122261	188090	264697	1164198	2199199	3419460	4741327	4621541	1081468
黑龙江	Heilongjiang	152382	142585	529123	1272637	1258091	1467121	1659200	2328823	2652015	3501428
上海	Shanghai	738952	2317328	4314374	6637838	7809858	8106177	12251857	14223539	15832248	25454910
江苏	Jiangsu	449568	1008296	2493406	5729178	6356425	7784223	9914475	14715193	20878468	26061663
浙江	Zhejiang	276275	386954	603478	980966	1983716	3247310	5906641	8880078	14033228	18557774
安徽	Anhui	61012	142553	461470	1904669	2173748	2495697	3213131	4496068	6595728	17877084
福建	Fujian	172601	171959	356569	521448	432204	754634	845235	1395883	1635367	1967976
江西	Jiangxi	69299	111227	230479	648484	790077	962096	1158231	1486137	2334099	4093849
山东	Shandong	288135	983614	1006769	3075545	3959453	5116448	8199520	11100178	19038906	24777895
河南	Henan	211621	263737	272002	450442	587075	768528	1492840	2318885	3797786	6073260
湖北	Hubei	276000	501823	907218	7893407	9038371	10330773	12040937	14298358	16658080	20907763
湖南	Hunan	286833	417394	400940	1050578	1056287	2031915	2816126	4906932	7359497	12612640
广东	Guangdong	482104	1124740	2358949	6625775	7581650	9370755	13654186	22230844	32672142	40996121
广西	Guangxi	17741	94059	41362	73132	339922	394228	614077	775572	916691	9405765
海南	Hainan		10007	32651	21861	34431	41079	69407	91077	201902	284162
重庆	Chongqing	296594	357059	794410	572366	1471870	513581	1883529	566518	1177865	1845180
四川	Sichuan	104150	190823	547393	2823202	2993006	4058307	9967010	12119539	12445928	13886947
贵州	Guizhou	620	10488	77191	259626	204437	807409	1710975	2271758	2491150	2892651
云南	Yunnan	187742	159175	108827	518364	582559	847625	894879	827040	499498	1060953
西藏	Tibet						440	394	9577	7783	17269
陕西	Shaanxi	92560	188977	1024140	7218211	8027887	9209395	11252908	14673473	17587198	23434411
甘肃	Gansu	26413	172736	430845	1296958	1506615	1629587	1808778	1964171	2331559	2803921
青海	Qinghai		11812	114051	468849	569190	677186	793553	90969	105626	141042
宁夏	Ningxia	6402	14131	9972	35202	40526	66679	121058	149033	168054	250947
新疆	Xinjiang	66168	80029	45188	30322	42755	57554	39215	78214	151123	188537
港澳台	Hong Kong, Macao & Taiwan			126750	158797	678396	604530	174241	864897	271843	599483
其他	Others			2645234	4515877	4082703	4431367	5427512	5626577	9305442	12762515

8-38 技术市场技术流向地域(合同数)

Contract Inflows to Domestic Technical Markets by Region

单位：项 (item)

地 区	Region	2000	2005	2010	2015	2016	2017	2018	2019	2020	2021
全 国	**National Total**	**241008**	**265010**	**229601**	**307132**	**320437**	**367586**	**411985**	**484077**	**549353**	**670506**
东部地区	Eastern Region	151815	173205	141227	191166	195744	218125	245960	290335	337644	345159
中部地区	Middle Region	41206	42698	27844	42246	44624	54086	61395	74889	78799	115451
西部地区	Western Region	23905	26203	34011	51096	55827	67240	74844	88225	102105	125626
东北地区	Northeast Region	23279	19647	19044	17490	19533	23690	24400	24941	26684	29361
北 京	Beijing	16998	24206	33370	50140	55480	55944	61213	65137	65548	71405
天 津	Tianjin	6297	8719	7291	9439	9612	10208	9309	11277	8466	9886
河 北	Hebei	5230	5719	5664	5989	6956	8109	10572	11324	12070	15769
山 西	Shanxi	1693	2112	2627	2999	3104	3495	4015	4661	5171	6069
内蒙古	Inner Mongolia	3907	2426	2901	2609	2656	3579	5983	5851	7346	6561
辽 宁	Liaoning	9631	12677	12691	10883	10884	12685	14546	14351	14984	16264
吉 林	Jilin	5257	3655	3529	3446	4916	6817	5066	5821	5565	5218
黑龙江	Heilongjiang	8391	3315	2824	3161	3733	4188	4788	4769	6135	7879
上 海	Shanghai	21036	28606	24162	22689	22589	22661	24538	34252	28913	37962
江 苏	Jiangsu	25957	22675	19463	36607	27370	38911	39192	45941	53679	75702
浙 江	Zhejiang	29197	23639	15313	14999	18120	18444	21272	25302	31592	42398
安 徽	Anhui	3276	5299	5318	12687	13011	17953	20131	20297	18308	25690
福 建	Fujian	6532	7729	5305	5629	6334	7826	8723	9719	11886	17634
江 西	Jiangxi	5772	4014	2774	2356	3112	3613	4503	4388	5651	9278
山 东	Shandong	30909	34362	9993	21874	23121	27003	32698	32920	67270	47955
河 南	Henan	5312	5382	5410	5082	5762	7473	9084	11681	13660	19047
湖 北	Hubei	6166	8419	6591	14831	15038	15736	17206	24402	25232	38641
湖 南	Hunan	18987	17472	5124	4291	4597	5816	6456	9460	10777	16726
广 东	Guangdong	9277	16930	19910	22396	24833	27507	36845	52503	56009	71428
广 西	Guangxi	1566	1382	1351	3299	3466	3914	4106	5256	6337	9932
海 南	Hainan	382	620	756	1404	1329	1512	1598	1960	2211	2975
重 庆	Chongqing	1639	2416	2310	3340	3525	3564	5047	6243	5673	9548
四 川	Sichuan	4330	5483	8331	11195	11564	12147	14750	14614	20050	20947
贵 州	Guizhou	806	1294	1849	2346	2777	5615	5408	5770	6062	8160
云 南	Yunnan	2754	3493	2824	4278	4564	5514	6196	5701	6277	7904
西 藏	Tibet	41	87	211	382	511	506	760	703	1073	1096
陕 西	Shaanxi	2582	3427	6775	12657	14626	19498	19353	27706	28879	38463
甘 肃	Gansu	3590	2106	2462	4869	5772	5973	5788	7255	8525	10941
青 海	Qinghai	280	606	882	1997	1958	2335	2134	2189	2291	2642
宁 夏	Ningxia	488	603	1012	1451	1717	2026	1852	3140	3315	4950
新 疆	Xinjiang	1922	2880	3103	2673	2691	2569	3467	3797	4973	5578
港澳台	Hong Kong,Macao & Taiwan	203	383	1106	1017	819	967	1229	1169	1304	1659
其 他	Others	600	2874	6369	4117	3890	3478	4157	4518	4121	4199

8-39 技术市场技术流向地域(合同金额)
Value of Contract Inflows to Domestic Technical Markets by Region

单位：万元 (10 000 yuan)

地区	Region	2000	2005	2010	2015	2016	2017	2018	2019	2020	2021
全国	**National Total**	**6507519**	**15513694**	**39065753**	**98357896**	**114069816**	**134242245**	**176974213**	**223983882**	**282515092**	**372943030**
东部地区	Eastern Region	4000110	9042086	19282530	47863593	55688863	71013023	92428802	127599696	163490136	179443446
中部地区	Middle Region	790834	1661532	3534114	11487804	15220043	17765275	22434422	30575162	38785531	62726155
西部地区	Western Region	898411	1912047	4799891	17041209	21739108	23210751	35370222	35529734	68978499	68927507
东北地区	Northeast Region	560979	1144779	2816954	3934676	4686548	6053796	8658207	9379092	11260926	9722858
北京	Beijing	1031906	2468704	4979527	11475286	17532414	18875180	22471517	32237824	31285506	34390617
天津	Tianjin	231158	381307	1038486	3307079	3891987	4212348	3475942	4615189	6169710	5995914
河北	Hebei	163950	301803	1291728	1453071	1842886	3032426	4956253	5835794	7066817	11540573
山西	Shanxi	49350	215430	509161	972417	2340760	2493192	2510500	4446689	3323323	4892558
内蒙古	Inner Mongolia	79600	301516	862605	1885989	1427117	1574598	2268741	1794584	2511331	3768542
辽宁	Liaoning	326885	855864	1840608	2312705	2000312	2909887	2732168	3558536	4065807	5109910
吉林	Jilin	78926	134995	413970	545214	931123	1993711	4319205	4659198	5295924	2183530
黑龙江	Heilongjiang	155168	153920	562376	1076757	1755113	1150198	1606834	1161358	1899195	2429419
上海	Shanghai	633736	1746358	3291200	5101282	4319878	7121410	8281684	8806901	11628440	14221511
江苏	Jiangsu	411821	849194	3277882	10163396	9055931	9195511	14386430	17673663	22170336	28120349
浙江	Zhejiang	303584	589430	1064031	2019061	2883154	4698659	7176735	11151567	15686093	21358616
安徽	Anhui	66604	204344	516323	1696694	2016750	2706809	3539869	6100149	7379081	18816076
福建	Fujian	193767	250239	442214	3675993	2786969	1791234	3029988	4201391	5137208	6300300
江西	Jiangxi	66104	132315	315103	1077100	1880987	1990802	2427626	2988143	3445638	5961262
山东	Shandong	345610	1143692	1269040	3865607	5052401	6759784	9386978	11109983	20485016	25642310
河南	Henan	190434	358430	440535	1276013	1540513	2019391	3725205	4155088	5366545	7827596
湖北	Hubei	190942	393847	1370448	4949463	6420258	6777445	8284674	9447836	14034603	16008655
湖南	Hunan	227400	357167	382544	1516117	1020776	1777636	1946548	3437257	5236341	9220009
广东	Guangdong	669783	1217999	2435401	6521066	7925607	14514041	18471137	31256930	43062702	54905627
广西	Guangxi	38736	116309	148141	576560	687700	782951	1922079	3167212	4739774	12539980
海南	Hainan	14795	93360	193023	281751	397636	812430	792136	710454	798306	2609940
重庆	Chongqing	164500	322759	884903	1843373	5248893	2341008	5179206	2523163	2255033	5180495
四川	Sichuan	128590	231663	723340	2932644	3317871	5366053	5886135	8147275	8755819	12637617
贵州	Guizhou	16522	53871	218775	1761018	1673802	1932987	5133302	3989215	5561195	5998650
云南	Yunnan	228497	294254	377203	1735786	1714434	1770997	3278498	2150069	3323528	7003373
西藏	Tibet	2994	7989	32390	169821	195055	219609	724998	1122275	811615	1988934
陕西	Shaanxi	84188	189469	597518	2985237	3590984	5218569	5913691	6926313	9410951	13572937
甘肃	Gansu	54557	173761	307727	1181036	1727321	1473137	1834255	2395555	2355782	3717747
青海	Qinghai	7628	29174	245232	471049	792632	775210	762852	1048158	842288	831756
宁夏	Ningxia	9752	35262	126095	286118	427187	770094	964199	507719	1134742	1041655
新疆	Xinjiang	82847	156021	275961	1212578	936111	985539	1502264	1758196	2734948	2634756
港澳台	Hong Kong, Macao & Taiwan	47241	142287	319517	1038655	1252447	2039375	3560696	1920134	2619699	3134955
其他	Others	209944	1610964	8312746	16991958	15482807	14160026	14521864	18980064	21921794	21356864

8-40 按合同类别分技术市场技术流向地域(合同数)(2021年)
Contract Inflows to Domestic Technical Markets by Region (2021)

单位：项 (item)

地区	Region	合计 Total	技术开发 Technology Development	技术转让 Technology Transfer	技术咨询 Technology Consultation	技术服务 Technology Service
全国	**National Total**	**670506**	**256356**	**34317**	**44650**	**335183**
东部地区	Eastern Region	247303	101169	12513	14426	150265
中部地区	Middle Region	133489	48315	6354	8733	33431
西部地区	Western Region	173148	59608	6366	14187	34898
东北地区	Northeast Region	21482	10981	1175	1165	13200
北京	Beijing	71405	32406	1469	3018	34512
天津	Tianjin	9886	3491	889	407	5099
河北	Hebei	15769	5606	881	666	8616
山西	Shanxi	6069	1998	350	361	3360
内蒙古	Inner Mongolia	6561	1810	294	565	3892
辽宁	Liaoning	16264	8299	993	1022	5950
吉林	Jilin	5218	2682	182	143	2211
黑龙江	Heilongjiang	7879	2219	456	445	4759
上海	Shanghai	37962	15598	1512	2130	18722
江苏	Jiangsu	75702	34281	5921	4117	31383
浙江	Zhejiang	42398	19380	2048	2869	18101
安徽	Anhui	25690	8336	1431	2580	13343
福建	Fujian	17634	7127	825	1422	8260
江西	Jiangxi	9278	2813	797	1183	4485
山东	Shandong	47955	21132	5423	2249	19151
河南	Henan	19047	6239	1297	1627	9884
湖北	Hubei	38641	9963	1303	2149	25226
湖南	Hunan	16726	4082	428	1272	10944
广东	Guangdong	71428	31284	2840	6233	31071
广西	Guangxi	9932	2975	863	902	5192
海南	Hainan	2975	1092	124	313	1446
重庆	Chongqing	9548	2208	421	1089	5830
四川	Sichuan	20947	7822	1052	1746	10327
贵州	Guizhou	8160	2449	132	671	4908
云南	Yunnan	7904	2403	211	616	4674
西藏	Tibet	1096	199	13	143	741
陕西	Shaanxi	38463	9843	1065	1988	25567
甘肃	Gansu	10941	1675	288	1360	7618
青海	Qinghai	2642	502	36	425	1679
宁夏	Ningxia	4950	1827	182	314	2627
新疆	Xinjiang	5578	1384	217	473	3504
港澳台	Hong Kong,Macao & Taiwan	1659	954	115	22	568
其他	Others	4199	2277	259	130	1533

8–41 按合同类别分技术市场技术流向地域(合同金额)(2021年)
Value of Contract Inflows to Domestic Technical Markets by Region (2021)

单位：万元 (10 000 yuan)

地 区	Region	合 计 Total	技术开发 Technology Development	技术转让 Technology Transfer	技术咨询 Technology Consultation	技术服务 Technology Service
全 国	**National Total**	**372943030**	**116739293**	**32465629**	**9511586**	**214226522**
东部地区	Eastern Region	179443446	69620522	19482192	3423689	86917043
中部地区	Middle Region	62726155	15202071	2870415	2559329	42094340
西部地区	Western Region	68927507	10541301	2838707	1776642	53770857
东北地区	Northeast Region	9722858	2381295	816241	208864	6316459
北 京	Beijing	34390617	14215634	659942	320345	19194696
天 津	Tianjin	5995914	755253	743583	99030	4398047
河 北	Hebei	11540573	2804413	410096	324909	8001154
山 西	Shanxi	4892558	947329	240785	75262	3629181
内蒙古	Inner Mongolia	3768542	697598	132571	40402	2897971
辽 宁	Liaoning	5109910	1417793	511792	146614	3033710
吉 林	Jilin	2183530	569929	108969	16260	1488372
黑龙江	Heilongjiang	2429419	393573	195479	45990	1794377
上 海	Shanghai	14221511	6402198	2637240	101397	5080677
江 苏	Jiangsu	28120349	12714804	5150735	917016	9337793
浙 江	Zhejiang	21358616	9773564	2328478	954501	8302072
安 徽	Anhui	18816076	7128626	1052933	916182	9718335
福 建	Fujian	6300300	1219512	515501	150749	4414538
江 西	Jiangxi	5961262	1608035	682185	295310	3375732
山 东	Shandong	25642310	9682564	3092279	1183630	11683836
河 南	Henan	7827596	1333690	269761	460241	5763904
湖 北	Hubei	16008655	2640780	499418	680827	12187630
湖 南	Hunan	9220009	1543612	125333	131506	7419558
广 东	Guangdong	54905627	21379655	6803124	437465	26285383
广 西	Guangxi	12539980	2603012	138287	537467	9261214
海 南	Hainan	2609940	355488	233494	118276	1902682
重 庆	Chongqing	5180495	569666	1544621	101136	2965072
四 川	Sichuan	12637617	2049776	479678	160373	9947790
贵 州	Guizhou	5998650	899661	81611	207194	4810184
云 南	Yunnan	7003373	708267	66155	148102	6080849
西 藏	Tibet	1988934	91239	8242	52108	1837344
陕 西	Shaanxi	13572937	1997018	212048	132678	11231193
甘 肃	Gansu	3717747	244979	82926	241783	3148059
青 海	Qinghai	831756	183408	8960	22281	617106
宁 夏	Ningxia	1041655	168196	39038	139538	694883
新 疆	Xinjiang	2634756	419721	52811	45688	2116535
港澳台	Hong Kong,Macao & Taiwan	3134955	1088726	301568	15325	1729335
其 他	Others	21356864	8131574	3055985	291999	9877306

8-42 按地区分的国外技术引进合同(2021年)
Technology Contracts Imported by Region (2021)

地区	Region	合同数(项) Number of Contracts (item)	合同金额(亿美元) Value of Contracts (USD 100 million)	技术费 for Technology
全国	**National Total**	**6023**	**367.06**	**364.06**
东部地区	Eastern Region	4666	291.09	288.56
中部地区	Middle Region	673	33.44	33.22
西部地区	Western Region	443	32.97	32.77
东北地区	Northeast Region	241	9.55	9.51
北京	Beijing	483	36.00	35.34
天津	Tianjin	136	11.29	11.29
河北	Hebei	80	4.29	4.06
山西	Shanxi	4	0.03	0.03
内蒙古	Inner Mongolia	9	0.73	0.72
辽宁	Liaoning	164	5.61	5.58
吉林	Jilin	67	1.00	1.00
黑龙江	Heilongjiang	10	2.93	2.93
上海	Shanghai	1543	69.85	69.04
江苏	Jiangsu	839	45.58	45.58
浙江	Zhejiang	686	30.86	30.85
安徽	Anhui	259	14.77	14.64
福建	Fujian	69	6.44	6.16
江西	Jiangxi	98	0.77	0.77
山东	Shandong	338	18.85	18.78
河南	Henan	46	0.68	0.68
湖北	Hubei	221	10.84	10.75
湖南	Hunan	45	6.35	6.35
广东	Guangdong	481	66.67	66.20
广西	Guangxi	13	0.16	0.16
海南	Hainan	11	1.26	1.26
重庆	Chongqing	145	22.41	22.21
四川	Sichuan	151	7.64	7.64
贵州	Guizhou	1	0.00	0.00
云南	Yunnan	55	0.19	0.19
西藏	Tibet	6	1.50	1.50
陕西	Shaanxi	13	0.12	0.12
甘肃	Gansu	1	0.02	0.02
青海	Qinghai			
宁夏	Ningxia	2	0.01	0.01
新疆	Xinjiang	42	0.10	0.10
新疆建设兵团	The Xinjiang Production and Construction Corps	5	0.08	0.08

8-43 按行业分的国外技术引进合同(2021年)
Technology Contracts Imported by Industry (2021)

行业	Industry	合同数(项) Number of Contracts (item)	合同金额(亿美元) Value of Contracts (USD 100 million)	#技术费 for Technology
总计	**Total**	**6023**	**367.06**	**364.06**
农、林、牧、渔业	Farming, Forestry, Animal Husbandry and Fishery	49	0.36	0.36
采矿业	Mining	14	0.15	0.12
制造业	Manufacturing	3881	303.26	300.74
电力、煤气及水的生产和供应业	Production and Distribution of Electricity, Gas and Water	53	0.81	0.45
建筑业	Construction	32	0.28	0.28
交通运输、仓储和邮政业	Traffic,Transport, Storage and Post	15	2.76	2.76
信息传输、软件和信息技术服务业	Information Transfer, Software and Information Technology Services	589	31.84	31.84
批发和零售业	Wholesale and Retail Trade	66	5.58	5.58
住宿和餐饮业	Accommodation and Restaurants	1	0.06	0.06
金融业	Finance	8	0.66	0.66
房地产业	Real Estate	470	2.87	2.86
租赁和商务服务业	Tenancy and Business Services	155	1.55	1.55
科学研究和技术服务业	Scientific Research, Technical Service	408	10.62	10.61
水利、环境和公共设施管理业	Management of Water Conservancy, Environment and Public Establishment	11	0.04	0.04
居民服务、修理和其他服务业和其他服务业	Resident Services and Other Services	90	0.59	0.59
教育	Education	3	0.01	0.01
卫生和社会工作	Resident Services and Other Services	2	0.00	0.00
文化、体育和娱乐业	Culture, Sports and Entertainment	5	0.03	0.03
公共管理、社会保障和社会组织	Public Management and Social Organization			

注：国外技术引进合同有一部分无法按行业分类，所以分行业之和不等于总计。
Note: Some of the contracts can not be classified by industry. So the sum of different industries does not equal the total.

8-44 国外技术引进合同按引进方式分(2021年)
Technology Contracts Imported by Type of Import (2021)

项目	Item	合同数(项) Number of Contracts (item)	合同金额(亿美元) Value of Contracts (USD 100 million)	#技术费 for Technology
总计	**Total**	**6023**	**367.06**	**364.06**
专利技术的许可或转让(包括专利申请权的转让)	Patent Technology License and Transfer	487	53.80	53.76
专有技术的许可或转让	Technology License and Transfer	1759	205.22	204.26
技术咨询、技术服务	Technology Consultation and Service	3170	78.19	77.37
计算机软件的进口	Import of Computer Software	287	15.29	15.29
商标许可	Trade Mark License	60	3.04	3.04
合资生产、合作生产等	Joint-venture Production and Cooperative Production	55	4.01	3.95
为实施以上内容而进口的成套	Complete Set of Equipment, Key Equipment	17	1.25	0.18
设备、关键设备、生产线等	and Production Line	188	6.25	6.20
其他方式的技术进口	Others			

8-45 按引进国别或地区分的国外技术引进合同(2021年)
Technology Contracts Imported by Country or Area (2021)

国别或地区	Country or Area	合同数(项) Number of Contracts (item)	合同金额(亿美元) Value of Contracts (USD 100 million)	#技术费 for Technology
总　计	**Total**	**6023**	**367.06**	**364.06**
#阿拉伯酋长国	UAE	1	0.00	0.00
中国澳门	Macao, China	1	0.00	0.00
韩国	Korea Rep.	431	17.58	17.29
泰国	Thailand	21	0.25	0.25
印度尼西亚	Indonesia	8	0.06	0.06
中国台湾	Taiwan,China	399	13.56	13.56
马来西亚	Malaysia	16	0.05	0.05
越南	Vietnam	4	0.02	0.02
以色列	Israel	20	0.51	0.51
日本	Japan	1363	78.15	76.94
新加坡	Singapore	160	2.06	2.06
土耳其	Turkey	6	0.08	0.08
菲律宾	Philippines	1	0.01	0.01
中国香港	Hong Kong, China	365	6.46	6.45
印度	India	39	0.19	0.19
南非	South Africa	3	0.01	0.01
塞舌尔	Seychelles	12	0.15	0.15
匈牙利	Hungary	4	0.03	0.03
英国	United Kingdom	184	8.30	8.29
捷克共和国	Czech Republic	5	0.06	0.06
俄罗斯	Russia	33	0.21	0.20
卢森堡	Luxemburg	20	1.03	1.03
荷兰	Netherlands	126	3.98	3.98
瑞士	Switzerland	84	7.03	7.03
法国	France	202	4.68	4.53
德国	Germany	762	63.30	62.57
意大利	Italy	116	2.85	2.69
斯洛文尼亚共和国	The Republic of Slovenia	5	0.02	0.02
瑞典	Sweden	83	7.42	7.42
丹麦	Danmark	33	3.96	3.82
比利时	Belgium	42	3.68	3.62

8-45 续表 continued

国别或地区	Country or Area	合同数(项) Number of Contracts (item)	合同金额(亿美元) Value of Contracts (USD 100 million)	#技术费 for Technology
葡萄牙	Portugal	2	0.01	0.01
希腊	Greece	1	0.09	0.09
波兰	Poland	10	0.12	0.12
西班牙	Spain	23	1.14	1.14
白俄罗斯	Belarus	2	0.00	0.00
斯洛伐克共和国	The Republic of Slovakia	1	0.00	0.00
乌克兰	Ukraine	2	0.08	0.08
爱尔兰	Ireland	38	3.30	3.30
奥地利	Austria	82	1.21	1.21
芬兰	Finland	22	3.60	3.60
挪威	Norway	12	0.35	0.35
英属维尔京	British Virgin	10	0.40	0.38
开曼群岛	Cayman Islands	8	1.00	1.00
波多黎各	Puerto Rico		0.13	0.13
墨西哥	Mexico	2	0.00	0.00
巴西	Brazil	3	0.12	0.12
加拿大	Canada	92	3.92	3.91
美国	United States	1065	124.47	124.31
澳大利亚	Australia	60	0.68	0.68
新西兰	New Zealand	11	0.02	0.02
萨摩亚	Samoa	3	0.22	0.22

九、科技服务

Scientific and Technologic Services

9-1 全国非油气地质勘查分地区情况(2021年)
Basic Statistics on Geological Work by Region (2021)

地区	Region	年末从业人员(人) Year-end Employed Persons (person)	#技术人员 Technical Personnel	地质勘查工作费用(万元) Expenditure on Geological Work (10 000 yuan)
全国	**National Total**	**433171**	**141600**	**1738052**
北京	Beijing	21991	6449	14340
天津	Tianjin	3784	1451	5261
河北	Hebei	35924	12480	83321
山西	Shanxi	15184	4635	89252
内蒙古	Inner Mongolia	12605	4707	173830
辽宁	Liaoning	12558	3506	30703
吉林	Jilin	8749	2896	17290
黑龙江	Heilongjiang	9213	3492	62904
上海	Shanghai	3917	886	2258
江苏	Jiangsu	13066	4004	31652
浙江	Zhejiang	36308	5605	53938
安徽	Anhui	17293	5439	38386
福建	Fujian	3962	1766	37848
江西	Jiangxi	30791	7959	66119
山东	Shandong	18053	6947	52657
河南	Henan	15203	7499	37583
湖北	Hubei	17149	5308	58553
湖南	Hunan	14174	3829	60510
广东	Guangdong	8789	4295	68482
广西	Guangxi	11890	3574	62267
海南	Hainan	1252	596	12961
重庆	Chongqing	4341	2230	17611
四川	Sichuan	22622	10187	71591
贵州	Guizhou	8417	3808	56677
云南	Yunnan	12969	4129	66903
西藏	Tibet	1385	559	54308
陕西	Shaanxi	45219	11328	70844
甘肃	Gansu	11187	4860	63280
青海	Qinghai	5220	2593	75808
宁夏	Ningxia	2192	837	17187
新疆	Xinjiang	7764	3746	137995
其他	Others			45735

注：1.统计范围为具有地质勘查资质的中央管理的地勘单位、属地化管理的地勘单位(包含各局级地勘单位局机关)和其他地勘单位(含拥有地质勘查资质的矿业公司、科研院所、高等院校、勘查公司和勘查技术服务公司)。

2.本表统计不包含油气行业数据和资金投入。其他指全国性、跨区域的地质勘查投入。

Note: a) The statistical range is central geological prospecting units with geological survey qualifications, geological prospecting units of territorial management and other geological prospecting units.

b)The statistical range don't include oil and gas industry data and capital investment. Others refer to national and cross-regional input in geological exploration.

9-2 全国气象部门基本情况
Basic Statistics on Meteorological Units

项　　目	Item	2000	2005	2010	2018	2019	2020	2021
一、气象观测业务台站(个)	**Operating Station (Unit)**							
1. 地面观测	Surface Observation Stations	2819	2405	2418	10602	10701	10648	10955
2. 高空探测	Upper-air Observation Stations	156	120	120	120	123	124	120
3. 自动气象站	Automatic Weather Stations	550	7813	30693	53395	54534	53064	55719
4. 天气雷达观测	Weather Radar Observation Stations	238	253	342	275	294	296	303
5. 大气成分观测	Atmospheric Composition Observation Stations		21	28	166	261	270	315
6. 太阳辐射观测	Solar Radiation Observation Stations	99	105	100	103	137	138	140
7. 农业气象观测	Agro-Meteorological Observation Stations	1125	769	653	653	653	653	653
8. 生态与农业气象观测试验	Ecological & Agro-Meteorological Observation Stations	68	67	68	69	69	72	72
9. 卫星云图接收	Satellite Cloud Images Receiving Stations	319	435	361	329	330	309	300
10.大气本底站	Atmospheric Background Stations	4	6	7	7	7	7	7
11.闪电定位监测	Lightning Location Monitoring Stations		234	425	476	489	499	499
12.沙尘暴监测	Sand and Dust Storm Monitoring		85	29	29	29	28	26
13.紫外线观测	UV Observation		178	164	111	108	108	108
14.风廓线雷达观测	The Wind Profile Radar Observations				123	145	156	156
15.空间天气观测	Space Weather Observation				56	56	55	57
16.酸雨观测	Acid Rain Observation	82	299	342	398	399	345	339
17.臭氧观测	Ozone Observation	3	14	22	53	60	60	59
二、气象科学数据共享服务数据量(GB)	**Quantity of Meteorological Data (GB)**		**2089**	**358318.7**	**1213193**	**545608.6**	**1893058**	**10802175**
三、装备	**Equipment**							
1. 拥有计算机数(台)	Number of Computers (unit)	27724	50683	90040	144715	148640	154234	152990
#高性能计算机	High-powered Computers		62	106	251	276	331	493
服务器及工作站	Servers and Workstations		768	2428	18270	18816	19093	20123
个人计算机(含个人服务器)	Personal Computers (PC Servers)		47950	82744	126194	129548	134810	132374
2. 云图接收机数(台)	Number of Cloud Images Receiving Stations (unit)	354	506	421	1000	984	572	421
3. 电视会商系统设备(套)	TV Conference Facilities (set)		729	1895				
4. 人工影响天气作业(次)	Facilities for Conducting Weather Modification Operations(Time)					20307	34316	22442
5. 设备高炮(门)	Cloud Seeding Guns (unit)		6393	6902	5909	5858	5562	5207
6. 火箭发射系统(部)	Cloud Seeding Rocket Launchers (unit)		4129	7034	7358	7411	7122	7814
四、人员(人)	**Number of Personnel (Person)**							
全国气象部门职工总数	Total Staff and Workers	59113	53214	53606	65460	64657	64039	57867

注：1.从2006年开始气象科学数据共享服务数据量是全国气象部门利用网络向社会提供气象资料的数据量，2005年及以前是国家气象信息中心气象科学数据共享服务网的数据量。

2.2018年地面观测站变动较大，系将部分省级气象观测站纳入国家级气象观测站统计范围所致。

Note: a) Data from the year 2006 are provided by national meteorological units using network and data before 2006 are provided by data sharing serrice network of national meteorological information center.

b) Surface observation stations changed greatly in 2018, which is due to the inclusion of some provincial meteorological observatories in the statistical scope of National Meteorological observatories.

9–3 地震台、网基本情况（2021年）
Statistics of Earthquake Monitoring Stations and Networks (2021)

单位：个 (unit)

地区	Region	地震台数 总数 Number of Seismic Stations	全国地震监测台站 National Earthquake Monitoring Station				市、县级台 Municipality/County-level Stations		宏观观测点 Number of Macro-observation Spots
			国家地震台 Number of National Seismic Stations	省地震台 Number of Provincial Seismic Stations	中心站 Number of Central Stations	一般监测站 Number of General Monitoring Stations	市、县级台 Number of Municipality/County-level Stations	企业台 Number of Enterprise Stations	
全　国	**National Total**	**6503**	**1**	**31**	**140**	**4280**	**1707**	**344**	**35878**
北　京	Beijing	299	1	1	1	278	18		129
天　津	Tianjin	162		1	2	159			188
河　北	Hebei	381		1	7	297	74	2	6439
山　西	Shanxi	251		1	5	141	98	6	1562
内蒙古	Inner Mongolia	148		1	7	95	45		1029
辽　宁	Liaoning	186		1	6	129	49	1	620
吉　林	Jilin	123		1	3	74	45		1133
黑龙江	Heilongjiang	117		1	5	66	43	2	2887
上　海	Shanghai	93		1	1	84	7		
江　苏	Jiangsu	245		1	5	101	136	2	598
浙　江	Zhejiang	255		1	3	135	103	13	463
安　徽	Anhui	144		1	5	47	91		776
福　建	Fujian	294		1	5	254	22	12	274
江　西	Jiangxi	48		1	3	41	3		843
山　东	Shandong	421		1	7	218	190	5	1661
河　南	Henan	170		1	5	58	89	17	2351
湖　北	Hubei	101		1	4	59	12	25	750
湖　南	Hunan	68		1	2	34	29	2	312
广　东	Guangdong	231		1	5	125	95	5	168
广　西	Guangxi	135		1	4	48	42	40	955
海　南	Hainan	65		1	3	50	11		315
重　庆	Chongqing	57		1	1	47	1	7	3292
四　川	Sichuan	417		1	7	324	80	5	2897
贵　州	Guizhou	28		1	1	21	5		7
云　南	Yunnan	798		1	8	453	173	163	1929
西　藏	Tibet	32		1	3	28			55
陕　西	Shaanxi	245		1	5	146	86	7	1377
甘　肃	Gansu	460		1	8	367	77	7	1857
青　海	Qinghai	119		1	5	81	12	20	83
宁　夏	Ningxia	89		1	3	72	13		308
新　疆	Xinjiang	321		1	11	248	58	3	620

9–4 国家标准、
Basic Statistics on National

项　目	Item	2001	2002	2003	2004	2005	2006
本年度制修订标准	**Number of Standards on**	**1045**	**1049**	**1653**	**893**	**1320**	**1909**
合计(个)	**Formulation and Redaction (unit)**						
制　定	Formulation	497	514	734	458	690	1080
修　订	Redaction	548	535	919	435	630	829
国标标准采用程度	**Number of International Standards**	**492**	**608**	**661**	**365**	**711**	**955**
合计(个)	**used on Diffirent Levels (unit)**						
等　同	Same	213	222	361	151	417	518
修　改	Modified	167	269	192	147	220	327
非等效	Non-equivalent	112	117	108	67	74	110
计量基准和社会公用	**Establsihed on Social Public**						
计量标准建立情况	**Standards and Measurement**						
项　别	Items	133	133	130	130	130	130

注：2013及以前年份，计量基准和社会公用计量标准建立情况不包含社会公用计量标准。

Note: In 2013 and previous years, the establishment on Social Public Standards and Measurement does not include social public measurement standard.

计量基本情况
Standards and Measurements

2007	2008	2009	2010	2011	2012	2013	2014	2015	2016	2017	2018	2019	2020	2021
1410	**6373**	**3158**	**2860**	**1993**	**1986**	**1870**	**1530**	**1931**	**1763**	**3811**	**2657**	**2021**	**2252**	**2815**
745	2714	2102	2123	1559	1375	1161	1067	1330	1255	2684	1935	1448	1584	1900
665	3659	1056	737	434	611	709	463	601	508	1127	722	573	668	915
651				**622**	**605**	**600**	**427**	**500**	**483**	**832**	**600**	**457**	**568**	**876**
360				265	301	324	204	283	249	423	351	231	245	521
200				263	242	223	182	171	207	337	221	226	323	355
91				94	62	53	41	46	27	72	28			
130	130	130	130	130	130	130	44157	45991	45612	55387	53083	57479	58870	57781

9–5 分地区产品质量情况
Statistics on Product Quality by Region

地 区	REGION	产品质量合格率(%) Product quality pass rate(%)	
		2020	2021
全 国	**National Total**	**93.39**	**93.08**
北 京	Beijing	96.39	96.92
天 津	Tianjin	94.11	94.41
河 北	Hebei	91.31	91.95
山 西	Shanxi	91.51	92.11
内蒙古	Inner Mongolia	93.58	93.14
辽 宁	Liaoning	93.85	93.88
吉 林	Jilin	90.17	91.28
黑龙江	Heilongjiang	90.38	92.19
上 海	Shanghai	95.65	96.39
江 苏	Jiangsu	94.06	93.93
浙 江	Zhejiang	93.72	93.18
安 徽	Anhui	93.90	95.10
福 建	Fujian	93.97	95.56
江 西	Jiangxi	93.63	93.30
山 东	Shandong	93.92	93.35
河 南	Henan	92.46	93.04
湖 北	Hubei	92.65	93.26
湖 南	Hunan	93.89	93.48
广 东	Guangdong	93.99	94.85
广 西	Guangxi	89.49	91.02
海 南	Hainan	91.71	90.85
重 庆	Chongqing	94.05	93.91
四 川	Sichuan	92.44	92.80
贵 州	Guizhou	91.87	91.36
云 南	Yunnan	92.50	92.93
西 藏	Tibet	91.72	88.89
陕 西	Shaanxi	92.00	92.69
甘 肃	Gansu	92.74	90.46
青 海	Qinghai	86.86	89.19
宁 夏	Ningxia	88.33	90.60
新 疆	Xinjiang	92.57	89.87

注：本资料由75个重点工业城市抽样数据汇总而成。

9–6 各地区测绘地理信息部门生产完成和资料提供情况（2021年）
Statistics on Projects Completed by Geographic Information Department of Surveying and Mapping by Region (2021)

地 区	Region	大地测量 Geodesy GNSS测量(点) Global Navigation Satelite System Survey (point)	水准测量(公里) Leveling (kilometer)	地形图合计(张) Topographic Map (piece)	1:10000	1:50000	测绘基准成果(点) Surveying and Mapping Datum Product (point)	航摄成果(平方千米) Aerial Photograph (Square kilometers)
全 国	**National Total**	**6336**	**56385**	**230060**	**20041**	**8766**	**289980**	**1307370**
北 京	Beijing			1167	28		4888	
天 津	Tianjin	144	7000				3419	
河 北	Hebei	68	823	1282	1184	98	1964	
山 西	Shanxi	187	609				2240	0
内蒙古	Inner Mongolia	220	4346	357	112	245	5463	134149
辽 宁	Liaoning	51	357	1478	40		1399	
吉 林	Jilin	43	324	372		372	2276	
黑龙江	Heilongjiang	57		1371	1134	237	24411	
上 海	Shanghai			184018			8981	
江 苏	Jiangsu	257	3873	194	176	8	708	5731
浙 江	Zhejiang	1430	2611	62		62	4411	29488
安 徽	Anhui	26	69	668	320	346	3711	1276
福 建	Fujian	78	124				1201	5818
江 西	Jiangxi	148	238	945	693	231	730	
山 东	Shandong	8	102	313		313	1099	
河 南	Henan	140		419	297	122	1178	
湖 北	Hubei	136	3087	6		6	558	440
湖 南	Hunan						276	204761
广 东	Guangdong	35	2067	4583	4208	367	8588	
广 西	Guangxi	39		147	53	94	16074	5222
海 南	Hainan	100	4				446	
重 庆	Chongqing	471	3419	746	82	21	3875	
四 川	Sichuan	524	885	191	1	190	8176	8
贵 州	Guizhou	44	10				6640	
云 南	Yunnan	542	20955	3563	3132	230	7080	464
西 藏	Tibet			797		797	11718	
陕 西	Shaanxi	258	2292	311	30	281	11719	
甘 肃	Gansu	162	82	6693	5311	1364	29085	1600
青 海	Qinghai			60		60	818	88840
宁 夏	Ningxia			855	732	123	287	
新 疆	Xinjiang	1168	3106	4985	2508	677	25054	760
青 岛	Qingdao			3358			67	11282
大 连	Dalian							
宁 波	Ningbo			1121			315	14638
深 圳	Shenzhen			1742			240	
厦 门	Xiamen			5652			135	
国家基础地理信息中心	National Geomatics Center of China			2604		2522	90750	802894

9–7 国际科技合作项目
International Cooperation Exchange for Science and Technology

单位：项 (item)

项 目	Item	1995	2005	2010	2015	2016	2017	2018	2019	2020	2021
按出国项目分	**by Type of Project Going Abroad**										
合 计	**Total**	**18845**	**19132**	**40572**	**72103**	**75311**	**73324**	**122776**	**92362**	**11850**	**13461**
考察访问	Field Trip	6133	6218	8316	11136	11986	11258	19763	15396	1342	1532
国际会议	International Conference	5170	6565	17549	34794	35061	32535	57747	42950	4963	6724
合作研究	Cooperative Research	3052	2341	5575	12123	13679	14922	20507	16977	2239	1938
培 训	Training	2687	1593	2635	2954	2929	2851	6537	7833	1018	1962
展览会	Exhibition	496	577	487	472	558	387	1128	906	36	46
其 他	Others	1307	1838	6010	10624	11098	11371	17094	8300	2252	1259
按来华项目分	**by Type of Project Coming to China**										
合 计	**Total**	**8940**	**15829**	**26065**	**28061**	**26078**	**30149**	**60103**	**32437**	**6173**	**11151**
考察访问	Field Trip	5050	6081	10382	9595	8222	9667	25145	14656	2189	2796
国际会议	International Conference	1212	3729	5342	3548	3030	3725	7384	4803	1280	2620
合作研究	Cooperative Research	1522	3470	6655	9751	10921	11712	17653	8559	1602	3240
培 训	Training	363	695	1425	1199	984	1278	2114	1963	221	986
展览会	Exhibition	149	447	116	99	106	116	152	354	30	44
其 他	Others	644	1407	2145	3869	2815	3651	7648	2102	851	1465

9–8 国际科技合作项目参加人数
Personnel Participated in International Cooperation Exchange for Science and Technology

单位：人次 (person-time)

项 目	Item	1995	2005	2010	2015	2016	2017	2018	2019	2020	2021
按出国项目分	**by Type of Project Going Abroad**										
合 计	**Total**	**58883**	**54347**	**103972**	**135550**	**136971**	**137463**	**250419**	**209567**	**29600**	**39285**
考察访问	Field Trip	21578	23335	24891	21590	23090	22629	41523	39367	3234	3308
国际会议	International Conference	10937	10476	36047	56407	56513	56611	94929	76373	13609	20601
合作研究	Cooperative Research	6873	4884	10617	20117	24376	24620	35049	27601	3723	4570
培 训	Training	12127	7520	10151	6273	6121	6191	16237	20579	2811	6898
展览会	Exhibition	3729	3086	3080	5633	3143	3321	30433	26383	180	464
其 他	Others	3639	5046	19186	25530	23728	24091	32248	19264	6043	3444
按来华项目分	**by Type of Project Coming to China**										
合 计	**Total**	**35098**	**70900**	**118747**	**110741**	**161228**	**116146**	**257937**	**182900**	**44058**	**71862**
考察访问	Field Trip	15587	21192	52259	31124	29648	29965	68927	53084	6434	7775
国际会议	International Conference	9101	28765	35798	35860	41585	40755	86217	69544	27032	41162
合作研究	Cooperative Research	4029	8470	13139	16375	24288	24595	31758	17867	3546	6754
培 训	Training	1376	2506	5857	5221	4778	5113	18191	16585	3762	10064
展览会	Exhibition	3271	6822	3477	5506	52736	6955	36206	17227	207	1829
其 他	Others	1734	3145	8217	16655	8193	8763	16638	8593	3077	4278

9–9 中国科协系统
Basic Statistics on Scientific and Technological Activities

指　标	Item	总计 Total
机构和人员	**Associations or Academic Societies and Personnel**	
机构数(个)	Number of Associations or Academic Societies(unit)	3184
从业人员(人)	Number of Persons Engaged(person)	40656
学会数(个)	Number of Academic Societies(unit)	4149
学会个人会员(万人)	Number of Individual Members of Academic Societies(10 000 persons)	1261
学会从业人员(人)	Number of Persons Engaged of Academic Societies(person)	66461
企业科协(个)	Number of Enterprises Association for Science and Technology(unit)	25692
个人会员(万人)	Number of Individual Members(10 000 persons)	298
高等院校科协(个)	Number of Institutions of Higher Learning for Science and Technology(unit)	1607
个人会员(万人)	Number of Individual Members(10 000 persons)	80
街道科普协会(个)	Number of Science Associations of Street Communities(unit)	28750
个人会员(万人)	Number of Individual Members(10 000 persons)	154
乡镇科普协会(个)	Number of Science Associations of Towns(unit)	40710
个人会员(万人)	Number of Individual Members(10 000 persons)	60
农技协(个)	Number of Rural Professional and Technical Associations(unit)	22664
个人会员(万人)	Number of Individual Members(10 000 persons)	350
学术交流活动	**Academic Exchange**	
学术交流活动(次)	Number of Academic Exchanges(time)	18740
参加人数(万人次)	Number of Participants(10 000 person-time)	40483
科学技术普及活动	**S&T Popularization Activities**	
举办科普宣讲活动(次)	Number of S&T Popularization Propaganda Activity(time)	390381
宣讲活动受众人数(万人次)	Number of Participants(10 000 person-time)	232320
实用技术培训人数(万人次)	Number of Persons Trained for Practical Technologies(10 000 persons)	1539
推广新技术、新品种(项)	Promotions of New Technology and New Varieties(item)	25520
参加活动科技人员(万人次)	Number of Scientific and Technical Personnel Participating in Activities(10 000 person-time)	185
青少年科技教育	**Science and Technology Education for Youth**	
举办青少年科普宣讲活动(次)	Science Preaches for Youth(time)	116994
受众人数(万人次)	Number of Audiences(10 000 persons)	35715
举办青少年科技竞赛(次)	Competitions of Science and Technology for Youth(time)	6136
参加人数(万人次)	Number of Participants(10 000 persons)	2916
举办青少年科学营(次)	Science Camp for Youth(time)	781
参加人数(万人次)	Number of Participants(10 000 persons)	10

科技活动情况（2021年）
of China Associations for Science and Technology (2021)

科协小计 Total Number of Associations	学会小计 Total Number of Academic Societies	全国学会 National Academic Societies	省级学会 Provincial Academic Societies
3184			
40656			
	4149	211	3938
	1261	622	639
	66461	3991	62470
25692			
298			
1607			
80			
28750			
154			
40710			
60			
22664			
350			
2321	16419	4058	12361
232	40251	34837	5414
214032	176349	78640	97709
48661	183659	156143	27516
933	606	318	288
16572	8948	1143	7805
38	147	116	32
75480	41514	6417	35097
18043	17672	13578	4094
4821	1315	146	1169
2184	732	364	368
592	189	41	148
7	3	1	2

9-9 续表

指　标	Item	总计 Total
科技开放与交流	**Openness and Communication Technology**	
参加国外科技活动人数(人次)	Number of Participating Foreign Scientific and Technological Activities (person-time)	13847
接待国外专家学者(人次)	Number of Reception Foreign Experts and Scholars(person-time)	7575
科技服务	**S&T Service**	
提供决策咨询报告(篇)	Number of Provided Policy Decision Consultation Report(piece)	6974
为科技工作者服务	**Services for the Scientific and Technological Workers**	
反映科技工作者建议(条)	Number of S&T Workers Proposals(item)	9897
表彰奖励科技工作者(人次)	Number of Recognition and Award S&T Workers (person-time)	159636
#女性科技工作者	Number of Recognition and Award Female S&T Workers	42048
科技期刊与科技传播	**Scientific Journals and Science and Technology Communication**	
主办科技期刊(种)	Number of Scientific & Technological Journals(kind)	1722
总印数(万册)	Printed Copies(10 000 copies)	4103
主办科技报纸(种)	Number of Scientific & Technological Newspapers(kind)	549
总印数(万份)	Printed Copies(10 000 copies)	6437
编著科技图书(种)	Number of Scientific & Technological Books(kind)	5866
总印数(万册)	Printed Copies(10 000 copies)	5688
主办科技网站(个)	Number of Science and Technology Sites(unit)	1572
浏览人数(万人次)	Number of Visitors(10 000 person-time)	1432904
科普基础设施建设	**S&T Popularization Infrastructure Construction**	
科技馆(个)	Number of Science and Technology Museum(unit)	1004
#建筑面积8000平方米以上	Floorage of More Than 8000 Square Meters	196
全年参观人数(万人次)	Number of Participants(10 000 person-time)	5092
科普画廊建筑面积(宣传栏、橱窗)(平方米)	Building Area of Popular Science Galleries(Boards, Showcase)(square meters)	1425480
科普画廊展示面积(平方米)	Display Area of Popular Science Galleries(square meters)	3124577
科普大篷车行驶里程(公里)	Mileage of Popular Science Caravan(kilometers)	7324775

continued

科协小计 Total Number of Associations	学会小计 Total Number of Academic Societies	全国学会 National Academic Societies	省级学会 Provincial Academic Societies
1682	12165	5063	7102
2110	5465	2010	3455
2613	4361	1048	3313
7438	2459	544	1915
37749	121887	41056	80831
14221	27827	7169	20658
77	1645	1002	643
764	3339	2420	919
483	66	5	61
5930	507	93	415
4035	1831	447	1384
5096	592	156	436
543	1029	445	584
1386897	46007	24175	21833
1004			
196			
5092			
1425480			
3124577			
7324775			

9-10 各地区科学普及
Main Indicators of Science and Technology

地 区	Region	科普专职人员（人） Full Time S&T Popularization Personnel (person)	科普兼职人员（人） Part Time S&T Popularization Personnel (person)	科技馆数量（个） S&T Museums (unit)	科技馆建筑面积（万平方米） Construction Area (10 000 sq.m)	科技馆展厅面积（万平方米） Exhibition Area (10 000 sq.m)
全 国	**National Total**	**264339**	**1563130**	**661**	**506**	**262**
东部地区	Eastern Region	86195	608121	265	224	115
中部地区	Middle Region	68543	364167	141	103	52
西部地区	Western Region	90532	521349	201	133	71
东北地区	Northeast Region	19069	69493	54	46	24
北 京	Beijing	8796	44640	22	25	13
天 津	Tianjin	4224	33253	4	5	3
河 北	Hebei	10584	51130	20	12	6
山 西	Shanxi	6180	38031	9	8	4
内蒙古	Inner Mongolia	7524	25970	33	24	11
辽 宁	Liaoning	8204	33702	20	23	11
吉 林	Jilin	6533	14806	16	10	5
黑龙江	Heilongjiang	4332	20985	18	13	8
上 海	Shanghai	7466	46267	26	17	11
江 苏	Jiangsu	11142	88296	25	23	11
浙 江	Zhejiang	11200	111026	32	32	15
安 徽	Anhui	10565	58671	28	20	10
福 建	Fujian	5667	54938	30	23	11
江 西	Jiangxi	8242	45932	10	14	6
山 东	Shandong	12583	63785	42	38	21
河 南	Henan	16495	82455	29	22	12
湖 北	Hubei	12576	85084	49	28	14
湖 南	Hunan	14485	53994	16	11	7
广 东	Guangdong	12159	108340	40	37	19
广 西	Guangxi	7073	58846	9	13	5
海 南	Hainan	2374	6446	24	14	6
重 庆	Chongqing	8002	58148	19	11	8
四 川	Sichuan	15928	100217	28	18	11
贵 州	Guizhou	6633	48330	15	8	5
云 南	Yunnan	13620	82719	20	8	5
西 藏	Tibet	887	2785	2	0	0
陕 西	Shaanxi	11766	57294	23	13	8
甘 肃	Gansu	7469	34062	13	9	3
青 海	Qinghai	1442	10801	3	4	2
宁 夏	Ningxia	2646	10650	9	8	4
新 疆	Xinjiang	7542	31527	27	16	9

基本情况(2021年)
Popularization by Region (2021)

科技馆当年参观人数(万人次) Visitors (10 000 person-time)	年度科普经费筹集额(万元) Annual Funding for S&T Popularization (10 000 yuan)	科普图书 Popular Science Books		科技活动周 Science & Technology Week	
		出版种数(种) Types of Publications (kind)	出版总册数(万册) Total Copies (10 000 copies)	科普专题活动次数(次) Number of S&T Week Held (time)	参加人数(万人次) Number of Participants (10 000 person-time)
5790	**1890722**	**11115**	**8560**	**111563**	**59287**
2907	991338	6458	5600	45943	50627
1174	357038	1911	1288	20254	4226
1336	480456	1848	1059	40711	4067
373	61890	898	613	4655	366
372	227979	3382	2647	3174	32750
101	38953	348	295	6426	1738
44	31545	239	101	4239	202
64	32495	25	4	2843	115
164	16954	149	35	1768	80
170	19486	163	75	2364	128
86	23582	533	495	735	154
116	18821	202	42	1556	84
302	159772	1022	1525	6531	3018
299	98320	319	369	7592	488
424	103381	244	144	4219	905
363	43447	55	29	3174	177
342	67803	418	281	3836	5428
68	71606	790	770	3282	181
460	99705	30	23	3202	247
291	60342	173	81	3714	270
209	94483	150	296	4063	575
179	54664	718	108	3178	2908
428	134636	352	175	5577	5816
166	44353	109	69	4519	361
135	29244	104	40	1147	35
249	70650	440	376	2966	662
231	85635	307	283	6017	975
97	39657	40	6	3495	314
79	86175	432	115	6158	342
1	5205	41	9	190	4
78	35225	188	97	6412	934
81	28798	68	37	3024	130
34	16400	12	1	756	29
62	17233	49	27	1136	51
95	34172	13	5	4270	186

9−11 科技企业孵化器基本情况
Basic Statistics on Technology Business Incubators

指　　标	Item	2017	2018	2019	2020	2021
在统孵化器数量(个)	Number of TBIs with Data (unit)	4063	4849	5206	5971	6227
国家级	State-level	976	967	1155	1285	1412
非国家级	Non State-level	3087	3882	4051	4686	4815
孵化器使用总面积(平方米)	Total Space Area of TBIs(sq.m)	119673944	131929354	129278646	133630302	133882998
#在孵企业用房	Space area for incubatees	80245624	88831774	88690536	93131454	94547288
孵化器内企业总数(个)	Number of Total Resident Companies(unit)	223046	260521	275910	307737	322250
在孵企业(个)	Number of Incubatees (unit)	177542	206024	216828	233776	243635
#留学人员企业	Created by Returned Overseas Scholars	10037	10390	10006	9675	9750
大学生科技企业	Created by College Graduates	32249	34562	33721	33348	32382
高新技术企业	High-tech Enterprises	11057	13672	15370	12054	13377
当年新增在孵企业(个)	New Incubatees of the Year (unit)	56930	60309	58830	63556	66578
在孵企业从业人员(人)	Employees of Incubatees (person)	2596132	2901597	2948824	2974754	3096270
#大专以上人员	with College and Higher Level Education Background	2014421	2253381	2313669	2320556	2429105
留学人员	Returned Overseas Scholars	25362	27724	27564	27400	28125
累计毕业企业(个)	Accumulated Graduates from TBIs (unit)	110701	139396	160850	193935	215969
当年毕业企业(个)	Graduates of the Year	20366	23457	26152	27480	29481
在孵企业总收入(千元)	Total Income of Incuatees	633566769	834303896	821986091	1026765000	1244250939
在孵企业累计获得财政资助额(千元)	Accumulated Amount of Fiscal Subsidies toTBIs (1000 yuan)	20618417	22013046	23814870	26728917	29217172
在孵企业累计获得风险投资额(千元)	Accumulated Amount of Venture Capital toTBIs (1000 yuan)	194023204	275588693	260601335	390299318	475561968
当年获得风险投资额(千元)	Amount of Venture Capital of the Year	47333624	62977820	54548533	78635423	122653293
累计获得投融资的企业数量(个)	Accumulated Number of Incubatees that Obtained Investments (unit)	39875	48060	53369	64313	76366
当年获得投融资的企业数量(个)	Number of Incubatees that Obtained Investments of the Year (unit)	9576	11195	10771	13924	16153
孵化器孵化基金总额(千元)	Total Amount of Incubation Fund (1000 yuan)	84059090	107123441	126429276	191629918	266409350
当年获得孵化基金投资的在孵企业数量(个)	Number of Incubatees Obtained Incubation Fund Investment of the Year (unit) the Year (piece)	11827	11442	10117	11295	10083
拥有有效知识产权数(个)	Valid IPRs Held by Incubatees	308139	440881	563016	728241	916574
#发明专利	Invention Patents	69769	85180	98182	114371	136569

9–12 各地区科技企业孵化器主要指标(2021年)
Main Indicators of Technology Business Incubators by Region (2021)

地区	Region	在统孵化器数量 (个) Number of TBIs with Data (unit)	孵化器内企业总数 (个) Number of Total Resident Companies (unit)	在孵企业 (个) Number of Incubatees (unit)	在孵企业从业人员 (人) Number of Employees of Incubatees (person)	当年获得风险投资额 (千元) Amount of Venture Capital for Incubatees (1000 yuan)
全　国	**National Total**	**6227**	**322250**	**243635**	**3096270**	**475561968**
北　京	Beijing	270	21518	12388	195870	128350008
天　津	Tianjin	109	6241	5120	59727	4157069
河　北	Hebei	289	11169	9371	103809	2829494
山　西	Shanxi	72	3701	3005	39771	1644232
内蒙古	Inner Mongolia	51	2938	1998	26344	829789
辽　宁	Liaoning	94	5168	4432	57314	2491312
吉　林	Jilin	95	4358	3712	53181	1043314
黑龙江	Heilongjiang	200	8012	6697	49365	2030963
上　海	Shanghai	185	11959	7953	74685	52602197
江　苏	Jiangsu	1008	50095	40020	522375	70293877
浙　江	Zhejiang	517	25018	19501	202623	33949452
安　徽	Anhui	216	8525	7289	77574	7210993
福　建	Fujian	137	4995	4159	52504	12271151
江　西	Jiangxi	107	6247	4317	79043	2520815
山　东	Shandong	323	17135	14314	174024	10339406
河　南	Henan	203	11789	9895	151065	6918352
湖　北	Hubei	287	16637	13175	166575	20202345
湖　南	Hunan	124	8295	6619	126183	6862971
广　东	Guangdong	1078	51193	34375	420846	70306375
广　西	Guangxi	120	5138	4374	42639	1475652
海　南	Hainan	6	1096	661	9777	63605
重　庆	Chongqing	158	6663	4863	55361	3181601
四　川	Sichuan	191	12054	9201	124001	15804798
贵　州	Guizhou	48	1956	1607	27397	1466606
云　南	Yunnan	42	3126	2367	23571	2149895
西　藏	Tibet	3	117	88	624	5400
陕　西	Shaanxi	145	8402	5562	108825	11303030
甘　肃	Gansu	77	3697	2749	30531	1350336
青　海	Qinghai	15	752	643	8110	610107
宁　夏	Ningxia	21	1200	969	10572	604879
新　疆	Xinjiang	36	3056	2211	21984	691944

9—13 众创空间运行综合情况
Statistics on Mass Maker Spaces

指　　表	Item	2018	2019	2020	2021
众创空间(个)	Number of Mass Maker Spaces with Data (unit)	6959	8000	8507	9026
国家级	National Mass Maker	1889	1819	2202	2071
非国家级	Non-National Mass Maker	5070	6181	6305	6955
众创空间总面积(平方米)	Space Area (sq.m)	33837046	35709111	36500443	37356488
#常驻团队和企业	For Tenant Groups and Startups	20686460	22177894	22945344	23551913
众创空间服务人员数量(人)	Number of Service Personnel (unit)	145412	94999	95020	104903
当年服务的创业团队数量(个)	Number of Serviced Entrepreneurial Groups(unit)	238969	233767	221083	218004
#常驻创业团队	For Tenant Groups and Startups	126498	132187	127184	127579
当年服务的初创企业的数量(个)	Number of Serviced Startup Companies(unit)	169541	207082	218270	236089
#常驻初创企业	For Tenant Startups	100575	131577	142168	154597
享受财政资金支持额(万元)	Fiscal Fund Received (10 000 yuan)	335924	352836	322228	3672484
当年获得投融资的团队及企业的数量(个)	Number of Groups and Startups that Received Investment (unit)	19045	18739	17393	10126
累计获得投融资的团队及企业的数量(个)	Accumulated Number of Groups and Startups that Received Investment(unit)	64406	71323	82915	92271
团队及企业当年获得投资总额(万元)	Amount of Investment Received by Groups and Sartups (10 000 yuan)	7897703	8730550	5834074	8978737
服务的团队及企业累计获得投资总额(万元)	Accumulated Amount of Investment Received by Groups and Sartups (10 000 yuan)	38025939	48967220	76447400	77228136
创业团队和企业吸纳就业人数(人)	Number of Employment by Groups and Startups(person)	1601549	1909742	1846079	1886892
#吸纳应届毕业大学生	Number of Recruited College Graduates	287627	321186	275469	258951
常驻团队及企业拥有的有效知识产权数量(个)	Valid IPRs Held by Tenants(unit)	227799	208318	263164	336605
#发明专利	Invention Patents	41798	35292	39015	49370

注：表9—17和9—18统计范围为纳入各地方科技管理部门管理范围的符合科技部印发《发展众创空间工作指引》条件的众创空间以及经科技部备案的众创空间。
Note: Statistics on table 9-17 and 9-18 cover all the Mass Maker Spaces identified by the Ministry of Science and Technology.

9-14 各地区众创空间主要指标(2021年)
Main Indicators of Mass Maker Spaces by Region(2021)

地区	Region	众创空间数量 (个) Number of Mass Maker Spaces (unit)	当年服务的企业及团队数 (个) Number of Serviced Entrepreneurial Groups (unit)	享受财政资金支持额 (万元) Fiscal Subsidy (10 000 yuan)	当年获得投融资的团队及企业的数量 (个) Number of Groups and Startups that Received Investment (unit)	团队及企业当年获得投资总额 (万元) Amount of Investment Received by Groups and Sartups (10 000 yuan)	创业团队和企业吸纳就业人数 (人) Number of Employment by Groups and Startups (person)
全国	**National Total**	**9026**	**454093**	**3672484**	**20072**	**8978737**	**1886892**
北京	Beijing	250	38518	263342	1180	3312006	209625
天津	Tianjin	212	13755	62176	289	68673	43393
河北	Hebei	640	21560	40181	773	24336	69375
山西	Shanxi	322	19804	59217	515	23284	67979
内蒙古	Inner Mongolia	167	6956	53852	217	11497	35355
辽宁	Liaoning	261	15086	86575	665	33576	68794
吉林	Jilin	101	4511	2556	137	6279	15529
黑龙江	Heilongjiang	49	3407	11144	39	1771	12630
上海	Shanghai	162	10150	223831	401	1851895	50574
江苏	Jiangsu	1081	38733	644171	2156	609858	148777
浙江	Zhejiang	796	36581	699478	1636	521757	139303
安徽	Anhui	255	9298	87099	574	53358	42166
福建	Fujian	371	11969	66993	676	94315	47412
江西	Jiangxi	184	15308	52887	750	44364	82180
山东	Shandong	527	21874	139858	717	140636	88316
河南	Henan	315	21442	90066	1662	64224	83112
湖北	Hubei	376	22968	143165	917	134831	91121
湖南	Hunan	285	12458	176926	1303	140803	72058
广东	Guangdong	1043	46707	247177	2365	1457189	174567
广西	Guangxi	117	4634	9693	223	10980	17527
海南	Hainan	12	1317	11083	23	2543	4834
重庆	Chongqing	327	18828	156696	605	77903	89781
四川	Sichuan	242	12220	93950	525	104715	52573
贵州	Guizhou	82	2928	15737	114	4583	12758
云南	Yunnan	144	7760	19752	190	11839	27746
西藏	Tibet	31	2267	17735	101	5991	8690
陕西	Shaanxi	247	12386	124228	533	145793	64235
甘肃	Gansu	243	9927	26854	359	7113	36316
青海	Qinghai	51	1951	16261	78	8434	7365
宁夏	Ningxia	55	1948	14246	41	2488	8413
新疆	Xinjiang	78	6842	15556	308	1704	14388

十、国际比较

International Comparison

10-1 研究与试验发展(R&D)经费及
R&D Expenditure and as

单位：10亿本国货币单位

国 家（地区）	Country (Area)	R&D经费									
		1995	1996	1997	1998	1999	2000	2001	2002	2003	2004
中 国	China	34.9	40.4	50.9	55.1	67.9	89.6	104.2	128.8	154.0	196.6
美 国	USA	184.1	197.8	212.5	226.2	245.0	268.6	279.1	278.4	292.2	303.8
日 本	Japan	13369.1	14155.1	14794.0	15169.2	15032.7	15304.4	15542.8	15551.5	15683.4	15782.7
英 国	UK	14.0	14.3	14.7	15.5	16.9	17.7	18.3	19.2	19.9	20.2
法 国	France	27.3	27.8	27.8	28.3	29.5	31.0	32.9	34.5	34.6	35.7
德 国	Germany	40.5	41.2	42.9	44.6	48.4	50.8	52.2	53.6	54.7	55.1
澳大利亚	Australia		8.8		8.9		10.4		13.2		16.0
加拿大	Canada	13.8	13.8	14.6	16.1	17.6	20.6	23.1	23.5	24.7	26.7
意大利	Italy	9.2	9.9	10.8	11.4	11.5	12.5	13.6	14.6	14.8	15.3
瑞 典	Sweden	59.0		67.0		76.6		97.0		96.8	95.1
瑞 士	Switzerland		10.0				10.7				13.1
土耳其	Turkey	0.0	0.1	0.1	0.3	0.5	0.8	1.3	1.8	2.2	2.9
奥地利	Austria	2.7	2.9	3.1	3.4	3.8	4.0	4.4	4.7	5.0	5.2
比利时	Belgium	3.5	3.7	4.1	4.3	4.6	5.0	5.4	5.2	5.2	5.4
捷 克	Czech	14.0	16.3	19.5	22.9	23.6	26.5	28.3	29.6	32.2	35.1
丹 麦	Denmark	18.5	19.7	21.7	23.8	26.4		31.9	34.4	36.1	36.4
芬 兰	Finland	2.2	2.5	2.9	3.4	3.9	4.4	4.6	4.8	5.0	5.3
希 腊	Greece	0.4		0.5		0.8		0.9		1.0	1.0
冰 岛	Iceland	7.0		9.7	11.8	14.5	18.3	22.8	24.1	23.7	
爱尔兰	Ireland	0.7	0.8	0.9	1.0	1.1	1.2	1.3	1.4	1.6	1.8
墨西哥	Mexico	5.7	7.8	10.9	14.5	19.7	20.5	22.9	26.4	30.9	34.3
荷 兰	Netherlands	6.0	6.3	6.8	6.9	7.6	8.1	8.7	8.7	9.1	9.5
新西兰	New Zealand	0.9		1.1		1.1		1.4		1.7	
挪 威	Norway	15.9		18.2		20.3		24.4	25.4	27.2	27.5
葡萄牙	Portugal	0.5	0.5	0.6	0.7	0.8	0.9	1.0	1.0	1.0	1.1
西班牙	Spain	3.6	3.9	4.0	4.7	5.0	5.7	6.2	7.2	8.2	8.9
韩 国	Korea Rep.	9440.6	10878.1	12185.8	11336.6	11921.8	13848.5	16110.5	17325.1	19068.7	22185.3
新加坡	Singapore	1.4	1.8	2.1	2.5	2.7	3.0	3.2	3.4	3.4	4.0
匈牙利	Hungary	41.2	44.9	61.7	68.6	78.2	105.4	140.6	171.5	175.8	181.5
波 兰	Poland	2.1	2.8	3.4	4.0	4.6	4.8	4.9	4.5	4.6	5.2
俄罗斯联邦	Russian Federation	12.1	19.4	24.4	25.1	48.1	76.7	105.3	135.0	169.9	196.0
巴 西	Brazil	5.6	6.0				12.6	14.0	15.0	17.2	18.9
印 度	India	74.8	89.1	106.1	124.7	144.0	162.0	170.4	180.9	200.9	241.2

占国内生产总值的比重
a Percentage of GDP

(billion of national currency)

R&D Expenditure

2005	2006	2007	2008	2009	2010	2011	2012	2013	2014	2015	2016	2017	2018	2019	2020
245.0	300.3	371.0	461.6	580.2	706.3	868.7	1029.8	1184.7	1301.6	1417.0	1567.7	1760.6	1967.8	2214.4	2439.3
326.2	351.7	378.5	405.4	404.2	408.5	427.1	434.4	455.1	477.0	507.4	533.5	565.9	618.5	678.6	720.9
16672.6	17273.5	17756.2	17377.2	15817.7	15696.5	15945.1	15883.6	16680.1	17472.9	17436.1	16911.5	17512.3	17919.0	17954.9	17622.4
21.7	23.2	25.0	25.6	25.9	26.4	27.4	27.0	28.9	30.6	31.5	33.2	34.8	37.3	38.5	
36.2	37.9	39.3	41.1	42.8	43.5	45.1	46.5	47.4	48.9	49.0	49.7	50.5	51.9	53.4	54.2
55.9	59.0	61.5	66.6	67.1	70.0	75.6	79.1	79.7	84.2	88.8	92.2	99.6	104.7	110.0	106.6
	21.8		28.3		30.9	31.7		33.5		31.2		33.1		35.6	
28.0	29.1	30.0	30.8	30.1	30.4	31.7	32.4	32.4	34.2	33.7	35.0	36.1	38.8	40.3	40.6
15.6	16.8	18.2	19.0	19.2	19.6	19.8	20.5	21.0	21.8	22.2	23.2	23.8	25.2	26.3	25.0
98.5	108.5	107.4	118.4	113.4	113.2	118.8	120.9	124.6	123.8	137.1	143.4	155.5	160.4	171.1	175.8
			16.3				18.5			20.6		21.0		22.9	
3.8	4.4	6.1	6.9	8.1	9.3	11.2	13.1	14.8	17.6	20.6	24.6	29.9	38.5	46.0	55.0
6.0	6.3	6.9	7.5	7.5	8.1	8.3	9.3	9.6	10.3	10.5	11.1	11.3	11.9	12.4	12.2
5.6	5.9	6.4	6.8	6.9	7.5	8.2	8.8	9.2	9.6	10.1	10.9	11.9	13.2	15.1	15.4
38.1	43.3	50.0	49.9	50.9	53.0	62.8	72.4	77.9	85.1	88.7	80.1	90.4	102.8	111.6	113.4
38.0	40.4	43.7	50.0	52.6	52.8	54.4	56.5	57.3	57.7	62.2	65.2	64.3	66.8	66.9	69.0
5.5	5.8	6.2	6.9	6.8	7.0	7.2	6.8	6.7	6.5	6.1	5.9	6.2	6.4	6.7	6.9
1.2	1.2	1.3	1.6	1.5	1.4	1.4	1.3	1.5	1.5	1.7	1.8	2.0	2.2	2.3	2.5
28.4	35.0	35.1	39.2	42.2		42.4		33.3	40.4	50.4	53.0	55.1	56.9	70.8	72.7
2.0	2.2	2.4	2.6	2.7	2.7	2.7	2.7	2.8	3.0	3.1	3.2	3.7	3.8	4.4	4.0
38.1	39.3	45.8	54.8	58.3	66.1	69.1	66.6	69.2	76.1	79.8	78.1	72.0	72.2	69.4	69.4
9.8	10.2	10.3	10.5	10.4	10.9	12.2	12.5	14.2	14.6	14.8	15.2	16.1	16.6	17.8	18.5
1.8		2.2		2.4		2.6		2.7		3.1		3.9		4.5	
29.5	32.3	36.8	40.5	41.9	42.8	45.4	48.0	50.7	53.9	60.2	63.3	69.2	72.8	76.8	77.7
1.2	1.6	2.0	2.6	2.8	2.8	2.6	2.3	2.3	2.2	2.2	2.4	2.6	2.8	3.0	3.2
10.2	11.8	13.3	14.7	14.6	14.6	14.2	13.4	13.0	12.8	13.2	13.3	14.1	14.9	15.6	15.8
24155.4	27345.7	31301.4	34498.1	37928.5	43854.8	49890.4	55450.1	59300.9	63734.1	65959.4	69405.5	78789.2	85728.7	89047.1	93071.7
4.6	5.0	6.3	7.1	6.0	6.3	7.3	7.1	7.4	8.3	9.2	9.1	9.0	9.2	9.7	
207.8	238.0	245.7	266.4	299.2	310.2	336.5	363.7	420.1	441.1	468.4	427.2	517.3	654.2	702.2	771.5
5.6	5.9	6.7	7.7	9.1	10.4	11.7	14.4	14.4	16.2	18.1	17.9	20.6	25.6	30.3	32.4
230.8	288.8	371.1	431.1	485.8	523.4	610.4	699.9	749.8	847.5	914.7	943.8	1019.2	1028.2	1134.8	1174.5
21.8	23.8	29.4	35.1	37.3	45.1	49.9	54.3	63.7	73.4	82.2	80.6	73.6	81.8	89.5	
299.3	342.4	394.4	473.5	530.4	602.0	659.6	739.8	793.6	874.7	954.5	1031.0	1138.3	1238.5		

10-1 续表

单位：10亿本国货币单位，%

国家（地区）	Country (Area)	R&D / GDP									
		1995	1996	1997	1998	1999	2000	2001	2002	2003	2004
中　国	China	0.57	0.56	0.64	0.65	0.75	0.89	0.94	1.06	1.12	1.21
美　国	USA	2.41	2.45	2.48	2.50	2.54	2.62	2.64	2.55	2.55	2.49
日　本	Japan	2.56	2.64	2.72	2.83	2.85	2.86	2.92	2.97	2.99	2.98
英　国	UK	1.64	1.57	1.54	1.55	1.62	1.61	1.60	1.62	1.58	1.53
法　国	France	2.24	2.22	2.15	2.09	2.11	2.09	2.14	2.17	2.12	2.09
德　国	Germany	2.14	2.14	2.19	2.22	2.35	2.41	2.40	2.44	2.47	2.44
澳大利亚	Australia	..	1.58	..	1.44	..	1.47	..	1.65	..	1.73
加拿大	Canada	1.65	1.61	1.61	1.71	1.75	1.86	2.02	1.97	1.97	2.00
意大利	Italy	0.93	0.95	0.99	1.00	0.98	1.00	1.04	1.08	1.06	1.05
瑞　典	Sweden	3.10	..	3.27	..	3.38	..	3.87	..	3.58	3.36
瑞　士	Switzerland	..	2.37	..	..	..	2.26	..	..	..	2.60
土耳其	Türkiye	0.28	0.33	0.36	0.36	0.46	0.47	0.52	0.51	0.47	0.50
奥地利	Austria	1.53	1.58	1.65	1.73	1.85	1.89	1.99	2.07	2.17	2.17
比利时	Belgium	1.65	1.74	1.81	1.84	1.91	1.94	2.03	1.90	1.84	1.82
捷　克	Czech	0.88	0.89	0.99	1.06	1.05	1.11	1.10	1.10	1.14	1.14
丹　麦	Denmark	1.79	1.81	1.89	2.01	2.13	..	2.32	2.44	2.51	2.42
芬　兰	Finland	2.20	2.45	2.62	2.78	3.06	3.24	3.19	3.25	3.30	3.31
希　腊	Greece	0.42	..	0.43	..	0.57	..	0.56	..	0.55	0.53
冰　岛	Iceland	1.51	..	1.80	1.95	2.24	2.57	2.84	2.82	2.71	..
爱尔兰	Ireland	1.23	1.27	1.24	1.21	1.15	1.08	1.05	1.06	1.12	1.18
墨西哥	Mexico	0.25	0.25	0.28	0.30	0.34	0.31	0.32	0.35	0.39	0.39
荷　兰	Netherlands	1.82	1.84	1.84	1.74	1.82	1.79	1.80	1.75	1.78	1.79
新西兰	New Zealand	0.92	..	1.06	..	0.96	..	1.10	..	1.15	..
挪　威	Norway	1.65	..	1.59	..	1.61	..	1.56	1.63	1.68	1.54
葡萄牙	Portugal	0.52	0.55	0.56	0.62	0.68	0.72	0.76	0.72	0.70	0.73
西班牙	Spain	0.77	0.79	0.78	0.85	0.84	0.88	0.89	0.96	1.02	1.04
韩　国	Korea Rep.	2.16	2.22	2.25	2.11	2.02	2.13	2.28	2.21	2.28	2.44
新加坡	Singapore	1.10	1.32	1.42	1.74	1.82	1.82	2.01	2.03	2.00	2.08
匈牙利	Hungary	0.71	0.63	0.70	0.66	0.67	0.79	0.91	0.98	0.92	0.86
波　兰	Poland	0.62	0.64	0.64	0.66	0.68	0.64	0.62	0.56	0.54	0.55
俄罗斯联邦	Russian Federation	0.79	0.90	0.97	0.89	0.93	0.98	1.10	1.16	1.20	1.07
巴　西	Brazil	0.87	0.77				1.05	1.06	1.01	1.00	0.96
印　度	India	0.61	0.64	0.69	0.70	0.72	0.76	0.74	0.73	0.72	0.76

continued

(billion of national currency,%)

2005	2006	2007	2008	2009	2010	2011	2012	2013	2014	2015	2016	2017	2018	2019	2020
1.31	1.37	1.37	1.45	1.66	1.71	1.78	1.91	2.00	2.02	2.06	2.10	2.12	2.14	2.24	2.41
2.50	2.55	2.62	2.74	2.79	2.71	2.74	2.67	2.70	2.72	2.79	2.85	2.91	3.01	3.18	3.45
3.13	3.23	3.29	3.29	3.20	3.10	3.21	3.17	3.28	3.37	3.24	3.11	3.17	3.22	3.21	3.27
1.55	1.57	1.61	1.60	1.66	1.64	1.64	1.57	1.61	1.63	1.63	1.65	1.66	1.71	1.71	..
2.05	2.05	2.02	2.06	2.21	2.18	2.19	2.23	2.24	2.28	2.23	2.22	2.20	2.20	2.19	2.35
2.44	2.47	2.46	2.62	2.74	2.73	2.81	2.88	2.84	2.88	2.93	2.94	3.05	3.11	3.17	3.13
..	2.00	..	2.25	..	2.18	2.11	..	2.09	..	1.88	..	1.79	..	1.80	..
1.97	1.94	1.90	1.86	1.92	1.83	1.79	1.77	1.71	1.71	1.69	1.73	1.69	1.74	1.75	1.84
1.04	1.08	1.13	1.16	1.22	1.22	1.20	1.26	1.30	1.34	1.34	1.37	1.37	1.42	1.46	1.51
3.36	3.47	3.23	3.47	3.40	3.17	3.19	3.23	3.26	3.10	3.22	3.25	3.36	3.32	3.39	3.49
..	..	..	2.64	..	..	..	2.85	..	..	3.04	..	3.03	..	3.15	..
0.56	0.55	0.69	0.69	0.80	0.79	0.79	0.83	0.81	0.86	0.88	0.94	0.95	1.03	1.07	1.09
2.37	2.36	2.42	2.57	2.60	2.73	2.67	2.91	2.95	3.08	3.05	3.12	3.06	3.09	3.13	3.22
1.79	1.82	1.85	1.94	2.00	2.06	2.17	2.28	2.33	2.37	2.43	2.52	2.67	2.86	3.16	3.38
1.16	1.23	1.30	1.23	1.29	1.33	1.54	1.77	1.88	1.96	1.92	1.67	1.77	1.90	1.93	1.99
2.39	2.40	2.52	2.77	3.06	2.92	2.94	2.98	2.97	2.91	3.05	3.09	2.93	2.97	2.90	2.97
3.32	3.33	3.34	3.54	3.73	3.71	3.62	3.40	3.27	3.15	2.87	2.72	2.73	2.76	2.80	2.91
0.58	0.56	0.58	0.66	0.63	0.60	0.68	0.71	0.81	0.84	0.97	1.01	1.15	1.21	1.28	1.51
2.68	2.85	2.53	2.46	2.60	..	2.40	..	1.69	1.94	2.18	2.11	2.08	2.00	2.33	2.47
1.19	1.20	1.23	1.39	1.61	1.59	1.55	1.56	1.57	1.52	1.18	1.18	1.25	1.17	1.23	1.08
0.40	0.37	0.40	0.44	0.48	0.49	0.47	0.42	0.43	0.44	0.43	0.39	0.33	0.31	0.28	0.30
1.77	1.74	1.67	1.62	1.67	1.70	1.88	1.92	2.16	2.17	2.15	2.15	2.18	2.14	2.18	2.32
1.12	..	1.16	..	1.25	..	1.23	..	1.15	..	1.23	..	1.35	..	1.40	..
1.48	1.46	1.56	1.55	1.72	1.65	1.63	1.62	1.65	1.72	1.94	2.04	2.10	2.05	2.16	2.28
0.76	0.95	1.12	1.44	1.58	1.54	1.46	1.38	1.32	1.29	1.24	1.28	1.32	1.35	1.40	1.62
1.10	1.18	1.24	1.32	1.36	1.36	1.33	1.30	1.28	1.24	1.22	1.19	1.21	1.24	1.25	1.41
2.52	2.72	2.87	2.99	3.15	3.32	3.59	3.85	3.95	4.08	3.98	3.99	4.29	4.52	4.63	4.81
2.15	2.12	2.32	2.60	2.13	1.93	2.07	1.92	1.92	2.08	2.17	2.07	1.90	1.81	1.89	
0.92	0.98	0.95	0.98	1.13	1.13	1.18	1.25	1.38	1.34	1.34	1.18	1.32	1.51	1.48	1.60
0.56	0.55	0.56	0.60	0.66	0.72	0.75	0.88	0.88	0.94	1.00	0.96	1.03	1.21	1.32	1.39
0.99	1.00	1.04	0.97	1.17	1.05	1.02	1.03	1.03	1.07	1.10	1.10	1.11	0.99	1.04	1.10
1.00	0.99	1.08	1.13	1.12	1.16	1.14	1.13	1.20	1.27	1.37	1.29	1.12	1.17	1.21	
0.82	0.80	0.81	0.86	0.83	0.79	0.76	0.74	0.71	0.70	0.69	0.67	0.67	0.66		

10–2 研究与试验发展 International Comparison

项　目	Item	中国 China	奥地利 Austria	比利时 Belgium	加拿大 Canada	捷克 Czech Republic
一、R&D人员	**R&D personnel**					
1.人力资源	**Human Resources**	**2021**	**2020**	**2020**	**2019**	**2020**
从事R&D活动人员(千人年)	R&D Personnel(1 000 person-years)	5716.3	82.1	96.8	256.1	81.0
#研究人员	Researchers	2405.5	51.9	64.1	182.8	44.2
每万人就业人员中从事R&D活动人员(人年)	R&D Personnel in 10 000 Labor Forces (person-year)	77	184	198	132	152
#研究人员	Researchers	32	116	131	94	83
2.从事R&D活动人员按执行部门分(%)	**R&D Personnel by Performing Sectors (%)**					
企业部门	Business Enterprise Sector	75.4	69.3	63.5	62.6	57.1
政府部门	Government Sector	6.2	6.7	8.5	6.5	17.8
高等教育部门	Higher Education Sector	16.4	23.2	26.9	30.5	24.7
其他部门	Other Sectors	2.0	0.8	1.1	0.5	0.3
二、R&D经费	**R&D Funds**					
1.按经费来源分(%)	**By sources of Funds (%)**	**2021**	**2020**	**2019**	**2021**	**2020**
来源于企业资金	Financed by Enterprise	78.0	49.8	64.3	43.5	35.6
来源于政府资金	Financed by Government	19.0	33.3	17.8	32.3	34.0
来源于其他资金	Financed by Other Sources	2.8	16.9	17.9	24.2	30.4
2.按执行部门分(%)	**By Performing Sector (%)**	**2021**	**2020**	**2020**	**2021**	**2020**
企业部门	Business Enterprise Sector	76.9	69.5	73.9	52.3	61.0
政府部门	Government Sector	13.3	7.5	8.3	7.1	17.1
高等教育部门	Higher Education Sector	7.8	22.4	16.9	40.3	21.6
其他部门	Other Sectors	2.0	0.6	0.9	0.3	0.3
3.按研究类型分(%)	**By types of Research (%)**	**2021**	**2019**	**2019**		**2020**
基础研究	Basic Research	6.5	17.8	12.8		27.3
应用研究	Applied Research	11.3	33.9	50.7		43.1
试验发展	Experimental Development	82.3	48.3	36.5		29.5

(R&D)活动的国际比较
of R&D Activities

丹麦 Denmark	法国 France	德国 Germany	意大利 Italy	日本 Japan	韩国 Korea Rep.	瑞典 Sweden	瑞士 Switzerland	土耳其 Turkey	英国 United Kingdom	美国 United States	俄罗斯联邦 Russian Federation
2020	**2020**	**2020**	**2020**	**2020**	**2020**	**2020**	**2019**	**2020**	**2019**	**2019**	**2020**
62.0	470.6	733.8	342.3	911.6	545.4	95.5	85.9	199.4	475.1		748.7
44.6	321.5	450.8	157.0	689.9	446.7	80.1	47.7	149.7	316.3	1586.5	397.2
209	166	163	137	134	203	189	169	75	145		106
150	114	100	63	101	166	158	94	57	96	99	56
60.1	61.8	63.7	61.9	68.5	76.4	71.5	60.1	65.3	55.3		49.3
3.5	10.6	15.6	11.9	6.8	7.3	5.8	1.2	4.7	3.3		35.5
36.0	25.9	20.7	24.2	23.3	14.2	22.6	38.7	29.9	39.8		14.6
0.4	1.7		2.0	1.4	2.0	0.1			1.6		0.5
2019	**2019**	**2020**	**2020**	**2020**	**2020**	**2019**	**2019**	**2020**	**2019**	**2020**	**2020**
59.2	56.7	62.6	52.8	78.3	76.6	62.4	64.7	57.2	53.6	66.2	29.2
28.7	31.4	29.7	33.7	15.2	22.4	24.2	27.4	28.4	27.1	20.1	67.8
12.1	11.9	7.7	13.5	6.5	1.0	13.3	8.0	14.4	19.2	13.7	3.0
2020	**2020**	**2020**	**2020**	**2020**	**2020**	**2020**	**2019**	**2020**	**2019**	**2020**	**2020**
61.6	66.2	66.6	61.8	78.7	79.1	72.3	67.5	64.8	67.4	75.3	56.6
3.4	11.9	14.6	13.2	8.3	10.1	4.4	0.9	6.8	6.9	9.5	32.8
34.6	20.2	18.7	23.1	11.7	9.0	23.1	28.9	28.4	23.5	11.3	9.8
0.4	1.7		1.9	1.4	1.8	0.1	2.7		2.2	4.0	0.7
2019	**2019**		**2020**	**2020**	**2020**		**2019**		**2019**	**2020**	**2020**
18.6	22.7		22.2	12.8	14.4		42.0		18.3	15.1	18.8
32.3	41.4		40.1	19.4	21.6		29.0		43.2	19.6	20.0
49.1	36.0		37.7	67.8	64.0		29.0		38.5	65.3	61.2

10−3　按ESI论文数量排序的前20个国家和地区*
The Top 20 Most-cited Countries and Area Sorted by Papers in ESI

国家（地区）	Country (Area)	位 次 Rank	论文数量(篇) Papers (piece)	被引用次数(次) Citations (time)	论文引用率(次/篇) Citations Per Paper (time/piece)
美国	USA	1	4379730	87553897	19.99
中国	China	2	3465661	45591820	13.16
英国	UK	3	1396742	29822342	21.35
德国	Germany	4	1186919	22824920	19.23
日本	Japan	5	875069	12290608	14.05
法国	France	6	802799	15205668	18.94
意大利	Italy	7	758293	13434758	17.72
加拿大	Canada	8	751647	14517245	19.31
印度	India	9	725360	8132863	11.21
澳大利亚	Australia	10	690031	13270891	19.23
西班牙	Spain	11	652443	11229911	17.21
韩国	Korea Rep.	12	628139	8434778	13.43
巴西	Brazil	13	502647	5453146	10.85
荷兰	Netherlands	14	444028	10393486	23.41
俄罗斯	Russia	15	378296	3223790	8.52
伊朗	Iran	16	364717	3925991	10.76
瑞士	Switzerland	17	334901	8209522	24.51
土耳其	Türkiye	18	322857	2886922	8.94
波兰	Poland	19	304531	3458178	11.36
瑞典	Sweden	20	302024	6303610	20.87

注： 1.数据来源于 Essential Science Indicators（基本科学指标数据库），年限跨度从2011年1月至2021年9月9日。
2.本表中国数据包含香港、澳门特别行政区，不包含台湾省。

Note: a) Essential Science Indicators covering a ten-year plus four-month period, January 2011-September 9, 2021.
b) Data in China in this table include Hong Kong and Macao Special Administrative Regions, excluding Taiwan Province.

10–4 按ESI论文被引用次数排序的前20个国家和地区*
The Top 20 Most-cited Countries and Area Sorted by Citations in ESI

国家(地区)	Country (Area)	位次 Rank	被引用次数(次) Citations (time)	论文数量(篇) Papers (piece)	论文引用率(次/篇) Citations Per Paper (time/piele)
美国	USA	1	87553897	4379730	19.99
中国	China	2	45591820	3465661	13.16
英国	UK	3	29822342	1396742	21.35
德国	Germany	4	22824920	1186919	19.23
法国	France	5	15205668	802799	18.94
加拿大	Canada	6	14517245	751647	19.31
意大利	Italy	7	13434758	758293	17.72
澳大利亚	Australia	8	13270891	690031	19.23
日本	Japan	9	12290608	875069	14.05
西班牙	Spain	10	11229911	652443	17.21
荷兰	Netherlands	11	10393486	444028	23.41
韩国	Korea Rep.	12	8434778	628139	13.43
瑞士	Switzerland	13	8209522	334901	24.51
印度	India	14	8132863	725360	11.21
瑞典	Sweden	15	6303610	302024	20.87
巴西	Brazil	16	5453146	502647	10.85
比利时	Belgium	17	5270430	244370	21.57
丹麦	Denmark	18	4620560	203133	22.75
伊朗	Iran	19	3925991	364717	10.76
中国台湾	Taiwan, China	20	3856792	291557	13.23

注：1.数据来源于 Essential Science Indicators（基本科学指标数据库），年限跨度从2011年1月至2021年9月9日。
2.本表中国数据包含香港、澳门特别行政区，不包含台湾省。

Note: a) Essential Science Indicators covering a ten-year plus four-month period, January 2011-September 9, 2021.
b) Data in China in this table include Hong Kong and Macao Special Administrative Regions, excluding Taiwan Province.

10–5 PCT专利申请量按

International Comparison of Number of Patent Applications

单位：件

国 家（地区）	Country (Area)	2001	2002	2003	2004	2005	2006	2007	2008
中 国	China	1730	1015	1297	1707	2503	3930	5455	6119
澳大利亚	Australia	1664	1762	1680	1835	2004	2000	2051	1937
奥地利	Austria	620	552	644	709	851	913	1008	951
比利时	Belgium	689	694	775	831	1075	1030	1123	1135
加拿大	Canada	2113	2259	2270	2107	2318	2573	2844	2907
丹 麦	Denmark	919	979	1036	1049	1122	1158	1153	1357
芬 兰	Finland	1696	1761	1557	1672	1893	1845	1994	2212
法 国	France	4706	5091	5169	5183	5747	6262	6566	7076
德 国	Germany	14029	14323	14653	15216	15986	16734	17825	18856
以色列	Israel	1314	1175	1128	1227	1454	1593	1742	1902
意大利	Italy	1623	1980	2163	2190	2349	2701	2949	2884
日 本	Japan	11905	14061	17415	20268	24870	27024	27743	28763
韩 国	Korea Rep.	2324	2520	2945	3555	4689	5946	7064	7902
荷 兰	Netherlands	3411	3977	4479	4284	4499	4552	4421	4361
挪 威	Norway	592	550	535	476	584	609	601	644
波 兰	Poland	99	116	154	107	97	101	107	128
西班牙	Spain	616	719	785	822	1124	1202	1295	1391
瑞 典	Sweden	3421	2990	2608	2851	2884	3333	3654	4135
瑞 士	Switzerland	2354	2755	2862	2897	3290	3614	3816	3778
土耳其	Turkey	76	85	111	115	174	269	359	392
英 国	United Kingdom	5499	5389	5210	5035	5093	5095	5542	5480
美 国	United States	43059	41316	41046	43395	46879	51301	54062	51667
俄罗斯联邦	Russia Federation	557	540	587	522	658	695	735	802
新加坡	Singapore	289	330	282	432	448	473	523	580

注：1.数据来源于世界知识产权组织统计数据库。
2.本表中国数据包含港澳台地区。

Source: a) WIPO Statistics Database.
b) Data in China in this table inclde Hong Kong, Macao and Taiwan.

来源国统计的国际比较
Filed Under the PCT System by Origin

(piece)

2009	2010	2011	2012	2013	2014	2015	2016	2017	2018	2019	2020	2021
7900	12300	16396	18616	21506	25542	29837	43092	48904	53352	59050	68764	69576
1736	1770	1748	1710	1603	1722	1741	1835	1852	1826	1771	1717	1770
1029	1144	1343	1319	1262	1387	1399	1422	1397	1475	1436	1517	1585
1005	1066	1188	1212	1103	1196	1180	1219	1354	1296	1354	1312	1385
2509	2689	2914	2738	2847	3071	2822	2336	2400	2422	2724	2616	2594
1339	1156	1288	1409	1264	1299	1327	1356	1430	1443	1449	1570	1550
2123	2136	2075	2312	2095	1811	1584	1525	1602	1834	1653	1676	1895
7217	7230	7406	7801	7905	8260	8420	8210	8014	7919	7938	7765	7338
16793	17560	18846	18749	17922	17983	18004	18308	18951	19748	19327	18538	17276
1555	1476	1449	1374	1607	1581	1685	1838	1816	1898	2003	1934	2123
2653	2658	2684	2845	2869	3059	3072	3362	3225	3329	3386	3404	3570
29810	32216	38864	43523	43772	42381	44053	45210	48205	49708	52686	50559	50269
8040	9604	10357	11787	12381	13119	14564	15555	15751	17013	19075	20054	20724
4421	4010	3511	4080	4190	4206	4335	4675	4430	4135	4047	4007	4118
633	707	705	664	708	687	679	653	820	767	782	701	722
179	206	237	251	332	348	439	344	330	334	365	344	381
1563	1770	1732	1705	1705	1703	1530	1507	1418	1396	1512	1460	1563
3567	3303	3476	3600	3947	3913	3843	3719	3975	4168	4193	4347	4446
3677	3762	4046	4225	4377	4100	4257	4368	4486	4571	4617	4989	5441
388	479	539	536	805	853	1010	1065	1251	1343	1692	1616	1742
5039	4892	4874	4918	4849	5267	5291	5504	5568	5634	5770	5900	5841
45655	45088	49206	51857	57451	61488	57132	56592	56685	56156	57692	58730	59437
736	814	1009	1111	1187	952	877	893	1058	1037	1185	1084	999
583	643	668	714	838	940	907	864	871	935	1101	1304	1644

主要统计指标解释

Explanatory Notes on Main Statistical Indicators

主要统计指标解释

研究与试验发展(R&D)：指为增加知识存量(也包括有关人类、文化和社会的知识)以及设计已有知识的新应用而进行的创造性、系统性工作，包括基础研究、应用研究和试验发展三种类型。基础研究和应用研究统称为科学研究。R&D 活动应当满足五个条件：新颖性、创造性、不确定性、系统性、可转移性（可复制性）。

基础研究：指一种不预设任何特定应用或使用目的的实验性或理论性工作，其主要目的是为获得（已发生）现象和可观察事实的基本原理、规律和新知识。其成果通常表现为提出一般原理、理论或规律，并以论文、著作、研究报告等形式为主。包括纯基础研究和定向基础研究。纯基础研究是不追求经济或社会效益，也不谋求成果应用，只是为增加新知识而开展的基础研究。定向基础研究是为当前已知的或未来可预料问题的识别和解决而提供某方面基础知识的基础研究。

应用研究：指为获取新知识，达到某一特定的实际目的或目标而开展的初始性研究。应用研究是为了确定基础研究成果的可能用途，或确定实现特定和预定目标的新方法。其研究成果以论文、著作、研究报告、原理性模型或发明专利等形式为主。

试验发展：指利用从科学研究、实际经验中获取的知识和研究过程中产生的其他知识，开发新的产品、工艺或改进现有产品、工艺而进行的系统性研究。其研究成果以专利、专有技术，以及具有新颖性的产品原型、原始样机及装置等形式为主。

R&D 人员：指参与研究与试验发展项目研究、管理和辅助工作的人员，包括项目(课题)组人员，企业科技行政管理人员和直接为项目(课题)活动提供服务的辅助人员。反映投入从事拥有自主知识产权的研究开发活动的人力规模。

R&D 人员中全时人员：在报告年度实际从事 R&D 活动的时间占制度工作时间 90%及以上的人员。

R&D 人员全时当量：指全时人员数加非全时人员按工作量折算为全时人员数的总和。例如：有两个全时人员和三个非全时人员(工作时间分别为 20%、30%和 70%)，则全时当量为 2+0.2+0.3+0.7=3.2 人年。为国际上比较科技人力投入而制定的可比指标。

研究人员：指 R&D 人员中具备中级以上职称或博士学历（学位）的人员。

R&D 经费内部支出：指调查单位用于内部开展 R&D 活动（基础研究、应用研究和试验发展）的实际支出。包括用于 R&D 项目（课题）活动的直接支出，以及间接用于 R&D 活动的管理费、服务费、与 R&D 有关的基本建设支出以及外协加工费等。不包括生产性活动支出、归还贷款支出以及与外单位合作或委托外单位进行 R&D 活动而转拨给对方的经费支出。

日常性支出：指调查单位在报告年度为开展 R&D 活动而发生的人员劳务费，及其各项管理费用和购买非资产性的材料、物资费用等他日常支出。

资产性支出：指调查单位在报告年度为开展 R&D 活动而进行建造、购置、安装、改建、扩建固定资产，以及进行设备技术改造和大修理等实际支出的费用。

政府资金：指 R&D 经费内部支出中来自各级政府部门的各类资金，包括财政科学技术拨款、科学基金、教育等部门事业费以及政府部门预算外资金的实际支出。

企业资金：指 R&D 经费内部支出中来自本企业的自有资金和接受其他企业委托而获得的经费，以及科研院所、高校等事业单位从企业获得的资金的实际支出。

R&D 经费外部支出合计：指报告年度调查单位委托外单位或与外单位合作进行 R&D 活动而拨给对方的经费。

R&D 项目（课题）：指在当年立项并开展研究工作、以前年份立项仍继续进行研究的研发项目（课题）数，包括当年完成和年内研究工作已告失败的研发项目（课题），但不包括委托外单位进行的研发项目（课题）数。

科技进步贡献率：指广义技术进步对经济增长的贡献份额，它反映在经济增长中投资、劳动和科技三大要素作用的相对关系。其基本含义是扣除了资本和劳动后科技等因素对经济增长的贡献份额。

新产品：指采用新技术原理、新设计构思研制、生产的全新产品，或在结构、材质、工艺等某一方面比原有产品有明显改进，从而显著提高了产品性能或扩大了使用功能的产品。既包括经政府有关部门认定并在有效期内的新产品，也包括企业自行研制开发，未经政府有关部门认定，从投产之日起一年之内的新产品。

专利：是专利权的简称，是对发明人的发明创造经审查合格后，由专利局依据专利法授予发明人和设计人对该项发明创造享有的专有权。包括发明、实用新型和外观设计。反映拥有自主知识产权的科技和设计成果情况。

发明专利：指对产品、方法或者其改进所提出的新的技术方案。是国际通行的反映拥有自主知识产权技术的核心指标。

实用新型专利：指对产品的形状、构造或者其结合所提出的适于实用的新的技术方案。反映具有一定技术含量的技术成果情况。

外观设计专利：指对产品的形状、图案、色彩或者其结合所作出的富有美感并适于工业上应用的新设计。反映拥有自主知识产权的外观设计成果情况。

职务发明：指执行本单位的任务或者主要是利用本单位的物质条件所完成的发明创造，申请专利的权利属于本单位。

有效发明专利数：指调查单位作为专利权人在报告年度拥有的、经国内外知识产权行政部门授权且在有效期内的发明专利件数。

专利所有权转让及许可数：指报告年度调查单位向外单位转让专利所有权或允许专利技术由被许可单位使用的件数。

专利所有权转让与许可收入：指报告年度调查单位向外单位转让专利所有权或允许专利技术由被许可单位使用而得到的收入。包括当年从被转让方或被许可方得到的一次性付款和分期付款收入，以及利润分成、股息收入等。

集成电路布图设计登记数：指报告年度调查单位向知识产权行政部门提出登记申请并被受理登记的集成电路布图设计的件数。

形成国家或行业标准数：指报告年度调查单位在自主研发或自主知识产权基础上形成的国家或行业标准。形成国家或行业标准须经有关部门批准。

发表科技论文：指在学术刊物上以书面形式发表的最初的科学研究成果。应具备以下三个条件：（1）首次发表的研究成果；（2）作者的结论和试验能被同行重复并验证；（3）发表后科技界能引用。

出版科技著作：指经过正式出版部门编印出版的论述科学技术问题的理论性论文集或专著以及大专院校教科书、科普著作。但不包括翻译国外的著作。由多人合著的科技著作，由第一作者所在单位统计。

《SCI》：美国《科学引文索引》（Science Citation

Index），是由美国科学情报研究所于 1961 年创立，报道生命科学、医学、生物、物理、化学、农业、工程技术领域内的科技文献。是目前国际上最具权威性的用于基础研究和应用研究科研成果的评价体系。

《EI》： 美国《工程索引》（The Engineering Index），创刊于 1884 年，由美国工程信息公司编辑出版。作为世界著名的工程技术领域的文献检索系统，其收录文献的内容包括以下工程技术领域；生物工程、土木、地质、环境、矿业、石油、冶金、机械、燃料工程、核能、汽车、宇航工程、电气、电子、控制工程、化工、食品、农业、工业管理、数学、物理、仪表等。

《CPCI-S》：（Conference Proceedings Citation Index - Science），原名 ISTP。ISTP 是美国科学情报研究所出版的科学技术会议录索引。该索引收录生命科学、物理与化学科学、农业、生物和环境科学、工程技术和应用科学等学科的会议文献，包括一般性会议、座谈会、研究会、讨论会、发表会等。

东部地区：包括北京，天津，河北，上海，江苏，浙江，福建，山东，广东和海南 10 个省市。

中部地区：包括山西，安徽，江西，河南，湖北和湖南 6 个省市。

西部地区：包括内蒙古，广西，重庆，四川，贵州，云南，西藏，陕西，甘肃，青海，宁夏和新疆 12 个省区市。

东北地区：包括辽宁，吉林和黑龙江 3 个省。